Profession und Koope⟨…⟩

Nadine Bondorf

Profession und Kooperation

Eine Verhältnisbestimmung
am Beispiel der Lehrerkooperation

 Springer VS

Nadine Bondorf
Mainz, Deutschland

Dissertation Johannes Gutenberg-Universität Mainz, 2011

Die vorliegende Arbeit wurde vom Fachbereich 02: Sozialwissenschaften, Medien
und Sport der Johannes Gutenberg-Universität Mainz im Jahr 2011 als Dissertation
zur Erlangung des akademischen Grades eines Doktors der Philosophie (Dr. phil.)
angenommen.

ISBN 978-3-531-19702-9   ISBN 978-3-531-19703-6 (eBook)
DOI 10.1007/978-3-531-19703-6

Die Deutsche Nationalbibliothek verzeichnet diese Publikation in der Deutschen National-
bibliografie; detaillierte bibliografische Daten sind im Internet über http://dnb.d-nb.de
abrufbar.

Springer VS

Gedruckt auf säurefreiem und chlorfrei gebleichtem Papier

Springer VS ist eine Marke von Springer DE. Springer DE ist Teil der Fachverlagsgruppe
Springer Science+Business Media
www.springer-vs.de

Vorwort

Ich möchte allen danken, die mit ihrer Unterstützung zum Gelingen der vorliegenden Arbeit beigetragen haben.

Ich danke Prof. Dr. Franz Hamburger für die hervorragende Betreuung meiner Dissertation, die fachlich wie menschlich vorbildlich war. Zusammen mit den beiden anderen Projektleitern des Praxisforschungsprojekts Lehrerkooperation, Prof. Dr. Heiner Ullrich und Prof. Dr. Till-Sebastian Idel, hat er mir den Einstieg in die Wissenschaft ermöglicht. Ich danke den „Herren" für ihr in mich gesetztes Vertrauen, ihre anerkennende Unterstützung, die wertvollen Diskussionen und Anregungen und nicht zuletzt das konstruktive und angenehme Arbeitsumfeld.

In diesem Arbeitszusammenhang war mir Lisa Baum nicht nur eine tolle Kollegin, sondern ist zu einer wichtigen Wegbegleiterin geworden, für deren Unterstützung ich mich herzlich bedanken möchte. Zusammen mit Dr. Sabine Krömker haben wir gemeinsam viele Stunden an unseren Forschungsprojekten gearbeitet und uns immer wieder gegenseitig unterstützt.

Insbesondere eine kommunikativ ausgerichtete rekonstruktive Forschungsweise bedarf der Unterstützung anderer Personen, die bereit sind an der Interpretation des Datenmaterials mitzuwirken.

Dafür danke ich allen Teilnehmerinnen und Teilnehmern des Doktorandenkolloquiums, insbesondere Silke Schuster, Joachim Wenzel, Dr. Andrea Braun und Laura de Paz Martinez. Ich danke Dr. Frauke Choi für die moralische Unterstützung in schwierigeren Dissertationsphasen und Anna Roch für die Durchsicht meiner schriftlichen Interpretationen.

Sascha Skubski danke ich nicht nur für die Übernahme der Korrekturen am Manuskript, sondern insbesondere für seinen Rückhalt und die Unterstützung, die geprägt war von unendlicher Geduld, stetigem moralischem Zuspruch, aber auch wohlgemeinten Irritationen und Impulsen.

Inhalt

Abkürzungsverzeichnis

APM	Autonomie-Paritäts-Muster
bspw.	beispielsweise
COP	community of practise
d. h.	das heißt
ebd.	ebenda
et al.	et alter
ggf.	gegebenfalls
i. E.	im Erscheinen
IGS	Integrierte Gesamtschule
o. S.	ohne Seitenangabe
PLG	Professionelle Lerngemeinschaft
PSE	Pädagogische Schulentwicklung
SFK	Schulführungskonferenz
SL	Schulleitung
TKA	TeamKoordinationsAusschuss
vgl.	vergleiche
z. B.	zum Beispiel
z. T.	zum Teil

1 Einleitung

Von Lehrkräften wird in ihrer Berufstätigkeit, insbesondere aufgrund von Modernisierungsanforderungen an Schulen, zunehmend kooperative Tätigkeiten verlangt sowie eine Reflexivität, die über die Einzelkämpferrolle hinausgeht. Im Kontext des neuen Steuerungsparadigmas der evidenzbasierten Bildungspolitik - gesteigerte Selbstorganisationszumutungen bei gleichzeitiger externer Evaluation und Outputorientierung - wachsen die Erfordernisse, auf der Ebene von Organisationsentwicklung, Schulmanagement und Schulprofilbildung zusammen zu arbeiten (vgl. Feldhoff/Kanders/Rolff 2008). Insbesondere im Diskurs um Schul- und Unterrichtsentwicklung und kulturelle Veränderung der Schule ist Lehrerkooperation im vergangenen Jahrzehnt zu einem zentralen Topos avanciert (Bauer 2008).

Im Zuge der sich in den 1990er Jahren herauskristallisierten Detailforschung zu Lehrerkooperation fand diese aus ganz unterschiedlichen Gesichtspunkten heraus und mit unterschiedlichster Operationalisierung Eingang in die Forschung. Insgesamt wird eine positive Wirkung der strukturierten ziel- und aufgabenbezogenen Zusammenarbeit von Lehrkräften sowohl auf Schulebene als auch auf Ebene der individuellen Lehrkraft vermutet. Insbesondere Formen sehr unterrichtsnaher Kooperation werden als wertvoll erachtet; die Kooperation in so genannten „Professionellen Lerngemeinschaften" (PLG) (Bonsen/Rolff 2006) als Ideal postuliert. Dennoch belegen empirische Studien nach wie vor den untergeordneten Stellenwert der Kooperation unter Lehrkräften in den Schulen. Seit vielen Jahren wird bis heute fast unverändert der Befund erhoben, dass Kooperation in der Tat erwünscht (Gehrmann 2003), faktisch aber kaum realisiert wird. Auch in jüngeren Studien wird für deutsche Schulen ein nur geringes Ausmaß an Lehrerkooperation ausgewiesen (Bonsen/Rolff 2006, Steinert et al. 2006, Gräsel/Fussangel/Pröbstel 2006). Begründet wird der Mangel an Kooperation vorrangig mit der organisationsstrukturellen Spezifik der Schule, die einen autonomen und von anderen unabhängigen Handlungsvollzug unterstützt.

Zwar findet sich mittlerweile eine breite Basis an Forschungsergebnissen zu Lehrerkooperation, jedoch lässt sich das Forschungsfeld nach wie vor problematisieren. Die Detailforschung präsentiert sich in erster Linie als Vollzugsforschung, die untersucht an welchen Stellen, in welcher Art und Weise und in welchem Ausmaß an Schulen kooperiert wird. Die entsprechenden Befunde erscheinen bislang jedoch unpräzise, da die Zusammenarbeit von Lehrerinnen und Lehrern unterschiedlich operationalisiert wird[1]. Nach wie vor lässt sich eine konsistente theoretische Fundierung und empirische Erfassung des Konstrukts der Kooperation von Lehrkräften vermissen (vgl. Steinert et al. 2006). Das Gros der Forschung befragt die schulischen Akteure bezüglich des Ausmaßes, der Gelegenheiten und Formen ihrer Zusammenarbeit an den Schulen. Lehrerkooperation gerät damit vornehmlich durch das Medium der Selbstauskünfte von Lehrerinnen und Lehrern in den Blick.

Insgesamt wirkt die Thematisierung von und Beschäftigung mit Lehrerkooperation in der Forschung und schulpädagogischen Debatte stark normativ aufgeladen. Die Vorteile der Zusammenarbeit werden in den Vordergrund gerückt und mit Effektivität und einem angenehmeren Arbeitsklima assoziiert. Die Form bisherigen Lehrerhandelns wird diskreditiert und in einschlägiger Ratgeber- und Forschungsliteratur das Heil in der Forderung ausgeprägter Kommunikationsstrukturen und institutionalisierten Kooperationsformen gesucht. Kooperation wird geradezu als Selbstzweck konstruiert (Baum/Bondorf/Hamburger 2007).

Lehrerkooperation, verstanden als das organisierte Zusammentreffen von Lehrkräften, die miteinander kommunizieren, um ihre Handlungen zu koordinieren, stellt jedoch bereits vom Phänomenbestand her ein Problem dar. Es kann als strukturelle Bedingung von Lehrerkooperationsprozessen angesehen werden, dass sich diese stets im Spannungsverhältnis zwischen Kollegialität und Kooperation bewegen müssen. Aus professionstheoretischer Perspektive ergibt sich durch das Prinzip der Kollegialität eine systematische Grenze der gegenseitigen Beeinflussung in Kooperationsprozessen und damit von Kooperationsansprüchen, insofern Kollegialität als Achtung der professionellen Autonomie der Kolleginnen und Kollegen verstanden wird (Wellendorf 1967). Das professionscharakteristische Merkmal der Autonomie ist durch das Handeln in pädagogischen Kontexten bedingt, welches sich stets im Rahmen eines pädagogischen Arbeitsbündnisses vollzieht, dessen herausragende Merkmale die je spezifische Anerkennung, Nicht-Technologisierbarkeit sowie das Prinzip der Unvertretbarkeit der Professionellen sind. Durch die Begrenzung an administrativer Kontrolle und externer Evaluation ergibt sich die Notwendigkeit einer beruflichen Autonomie, die von den Professionellen benötigt und beansprucht wird. Gleichwohl die Autonomie von Lehrerinnen und Lehrern zugleich eingeschränkt wird, bspw. durch den vorhandenen Beamtenstatus, ist das Prinzip der Kollegialität als Standard professionellen Handelns bedeutsam, da es den einzelnen Professionellen vor der Einmischung Anderer schützt und seine individuelle Autonomie und Verantwor-

---

[1] Es muss jedoch eingeräumt werden, dass Kooperation unter Lehrkräften auch in unterschiedlichsten Formaten realisiert wird.

tung wahrt. Innerhalb der Schule dürfte sich unter den Bedingungen der strukturellen Autonomie bei den Professionellen eine insgesamt individualistisch konzeptionierte Autonomievorstellung entwickelt haben, auf die Lehrkräfte sowohl gegenüber Externen als auch gegenüber den eigenen Kolleginnen und Kollegen insistieren. Bislang wurde im Hinblick auf das skizzierte grundlegende Spannungsverhältnis in der Lehrerkooperation kein heuristischer Rahmen entwickelt, der es ermöglicht die Komplexität von Lehrerkooperationsprozessen verstehend zu erfassen.

An diesem Forschungsdesiderat setzt die vorliegende Studie an, in deren Mittelpunkt eine qualitativ-rekonstruktive empirische Untersuchung des Phänomens der Lehrerkooperation steht. Die Fragestellung und Konzeptualisierung ist während meiner Tätigkeit als wissenschaftliche Mitarbeiterin im Praxisforschungsprojekt Lehrerkooperation entstanden, das von 2006 bis 2010 am Institut für Erziehungswissenschaft der Johannes Gutenberg-Universität Mainz angesiedelt war und der Rekonstruktion der Kooperation von verschiedenen Lehrerteams diente.

Das Spannungsverhältnis von Kooperation und professioneller Autonomie als Problembestand des Phänomens der Lehrerkooperation, wird aus professionstheoretischer Perspektive besonders deutlich sichtbar. Deshalb wurde diese als theoretische Zugangsweise gewählt, ohne zugleich durchgängig eine spezielle professionstheoretische Position zu vertreten. Unter Berücksichtigung der besonderen Charakteristik des Lehrerberufs im Sinne der Typik und Entwicklung von spezifischen Funktions-, Handlungs- sowie Wissensmustern, wird Kooperation als Element der pädagogischen Professionalität betrachtet.

Vorrangiges Ziel der Arbeit ist es aufzuzeigen, wie Kooperationsprozesse unter Lehrkräften strukturiert sind. Wie gelingt den eher individualisiert arbeitenden Lehrkräften Kooperation und wie werden die entsprechenden Prozesse von den Beteiligten symbolisch (d.h. durch Sprache) konstruiert? Wie formt sich das aus professionstheoretischer Perspektive abgeleitete Spannungsverhältnis von Kooperation und Kollegialität aus?

Mit Hilfe einer Intensitätsstichprobe, die minimale wie maximale Kontrastierungen zulässt, soll überprüft werden, wie das Phänomen der Lehrerkooperation beschaffen ist, ohne hierbei den Blick auf den Gegenstand durch ex-ante-Hypothesenbildung einzugrenzen. Dabei wird die Kommunikationskultur verschiedener Lehrergruppen als Grundlage ihrer Kooperationsprozesse untersucht. Auf der Grundlage von in-situ-Daten können die fallspezifische kommunikative Praxis von drei Lehrergruppen rekonstruiert und dadurch Strukturbesonderheiten der Lehrerkooperation abstrahiert werden. Letztlich kann anhand des Beispiels der Lehrerkooperation auch eine Verhältnisbestimmung von Profession und Kooperation vorgenommen werden.

Zunächst liefert **Kapitel 2** als theoretische Grundlegung einen Überblick über die bisherige Forschung zu Lehrerkooperation sowie die Skizzierung der Bedingungen kollegialer Kooperation in der Schule. Beide Bereiche werden in Kapitel 2.3 zusammenfassend und problematisierend diskutiert und bilden damit die Überleitung zur eigenen empirischen Studie.

Diese beginnt in **Kapitel 3** mit der Präzisierung der Forschungsfragestellungen und damit verbunden der Darlegung der Entscheidung für die qualitative Rekonstruktionsforschung. Weiterhin werden die beiden angewandten Forschungsmethoden skizziert, um damit die Forschungsergebnisse methodisch nachvollziehbar werden zu lassen.

Kapitel 4 liefert einen Überblick über den Aufbau und die Anlage der Studie. Im Mittelpunkt stehen hierbei die Lehrerteams, die am Forschungsprojekt beteiligt waren. Diese werden zunächst überblicksartig dargestellt und schließlich im gesamten Spektrum verschiedener Kooperationsformaten unter Lehrkräften verortet. Daran anschließend erfolgt die Entscheidung für drei Lehrergruppen, die schließlich in der vorliegenden Studie als Fälle bearbeitet wurden.

Für diese drei Lehrergruppen wurden jeweils Fallstudien entwickelt, die in **Kapitel 5** dargestellt werden. Die Fallstudien bestehen aus einem überwiegend deskriptiven Fallporträt, das die Lehrergruppe in ihrer Spezifik begreifbar machen soll. Daran anschließend erfolgt in den Fallanalysen die sequenzanalytische Rekonstruktion der jeweiligen Kooperation. Aus den Ergebnissen lässt sich schließlich eine je spezifische Fallstruktur der Lehrergruppen ableiten.

Abschließend erfolgt in **Kapitel 6** die Kontrastierung und Theoretisierung der zuvor ausgearbeiteten Ergebnisse. Anhand von Fallstudien und vier empirisch entwickelten Kontrastierungslinien lassen sich verschiedene Konstellationen der Kommunikation und Kooperation von Lehrergruppen rekonstruieren. Von den Fallstudien abstrahierend werden anschließend Strukturbesonderheiten der Lehrerkooperation dargestellt, bevor eine Verhältnisbestimmung von Profession und Kooperation am Beispiel der Lehrerkooperation erfolgt.

2 Theoretische Grundlegung

Nach einem zyklischen Auf- und Abschwung der Beschäftigungsintensität mit Lehrerkooperation, ist das Interesse an diesem Thema in der wissenschaftlichen wie schulpädagogischen Diskussion wieder gestiegen. Vor allem im vergangenen Jahrzehnt wurde und wird im bildungspolitischen Diskurs immer wieder die programmatisch normative Forderung nach mehr Lehrerkooperation deutlich. Was genau darunter verstanden wird, welche positiven Wirkungen damit assoziiert und unter welchen Aspekten Lehrerkooperation in der aktuellen bildungspolitischen und schulpädagogischen Debatte diskutiert wird, ist Inhalt des nachfolgenden Kapitels 2.1 „Lehrerkooperation im Spiegel der Forschung". Dieses Unterkapitel schließt mit einer Zusammenfassung der Forschungsergebnisse zum Ausmaß der realisierten Lehrerkooperation an deutschen Schulen.

Bei der Betrachtung einschlägiger Forschungsarbeiten zu Lehrerkooperation stößt man in der Regel unweigerlich auf die Skizzierung der organisationalen Rahmenbedingungen der Lehrertätigkeit. Dieser Umstand ist nicht verwunderlich, da die Rahmenbedingungen häufig als Erklärungsmuster für die konstatierte ungünstige Kooperationssituation an den Schulen angebracht werden. Auch die vorliegende Forschungsarbeit folgt dieser „Tradition". Allerdings geht es hier nicht um die Einführung von eindimensionalen Begründungsmustern, warum an Schulen so wenig kooperiert wird. Generell steht das tatsächliche Ausmaß der Kooperation in schulischen Kollegien nicht im Vordergrund dieser Arbeit. Sie behandelt vielmehr die konkrete Umsetzung von Kooperation; gewissermaßen die Realität der Zusammenarbeit an den Schulen. In diesem Zusammenhang ist es unerlässlich einen Blick auf die zu Grunde liegenden, schulspezifischen Rahmenbedingungen zu werfen und die Frage zu klären, wodurch Lehrerhandeln in der Organisation Schule und damit auch Lehrerkooperation in der Organisation Schule bedingt wird. Im Kapitel 2.2 „Bedingungen kollegialer Kooperation in der Schule" erfolgt die Einbettung kooperativen Handelns in die strukturell-schulorganisatorischen Bedingungen des Systems Schule sowie in die Spezifik der Lehrtätigkeit als Profession.

Schließlich erfolgt in Kapitel 2.3 „Problematisierung und Forschungsdesiderata" eine Zusammenfassung und Problematisierung der zuvor skizzierten Sachverhalte und Forschungstradition. Damit lässt sich zum einen die Notwendigkeit der eigenen Forschung begründen, zugleich aber auch wichtige Rahmen bedingungen aufzeigen, die die Kooperation von Lehrkräften beeinflussen. Das durch die theoretische Grundlegung entfaltete Vorwissen wird nachfolgend in Form sensibilisierenden Wissens zum Einsatz gebracht.

2.1 Lehrerkooperation im Spiegel der Forschung

Insbesondere drei Aspekte erscheinen bei der Sichtung einschlägiger Literatur über Lehrerkooperation auffällig:

1. Breite, aber uneinheitliche Forschungsbasis
Es findet sich insgesamt eine nur wenig konsistente theoretische Fundierung und empirische Erfassung des Konstrukts der Lehrerkooperation (vgl. Steinert et al. 2006). Häufig taucht letztere auch eher als eine Art „Nebenprodukt" der Forschung auf, wenn sie nicht im Fokus des Forschungsinteresses steht, sondern eher als Erklärungsmodell für andere Phänomene herangezogen wird (Fussangel 2008: 5).

2. Hochloben der Lehrerkooperation
Eine große Einigkeit besteht in der Annahme Lehrerkooperation sei für die Schule und ihre Akteure ein zentraler Prozess, dessen Bedeutung stetig zunehme. Zwar finden sich durchaus die unterschiedlichsten Zugänge und Bedeutungszuschreibungen (bspw. Netzwerkbildung oder Lehrerprofessionalisierung), jedoch besteht überwiegend Konsens dahingehend, dass Kooperation von Lehrkräften wünschenswert und notwendig sei.

3. Lehrerkooperation nur selten realisiert
Der Darstellung der Wichtigkeit der Kooperation von Lehrerinnen und Lehrern folgt zumeist der ernüchternde Befund, dass diese in deutschen Schulen nur selten realisiert wird[2]. Fortwährend wurde in der Lehrerforschung der vergangenen Jahrzehnte auf die nur gering ausgeprägten Kooperationsstrukturen unter Lehrkräften hingewiesen (vgl. z.B. Ulich 1996: 147ff.).

---

[2] Eine differenzierte Betrachtung dieses Befundes erfolgt im weiteren Verlauf.

2.1.1 Lehrerkooperation – eine Begriffsbestimmung

„Kooperation" ist auf den ersten Blick kein fremd- oder fachsprachlicher Begriff, dessen Bedeutung uneindeutig und insofern erläuterungsbedürftig erscheint. Er geht zurück auf den lateinischen Begriff cooperare, der zusammenarbeiten bedeutet [co – zusammen, operare – arbeiten] und wird in der Alltagssprache häufig entsprechend synonym verwendet. Überträgt man diese simple Bedeutung auf das Phänomen der Lehrerkooperation, so ist damit die Zusammenarbeit von mehreren Lehrkräften in einer Situation, zu einem Thema, o.ä. gemeint. Bei der Sichtung einschlägiger Literatur wird schnell deutlich, dass der Begriff keineswegs so eindeutig verwendet wird. Vielmehr wird der Terminus sehr variantenreich angewandt und ausgehend von den verschiedenen Forschungsperspektiven unterschiedlich definiert. „Yet, even a quick look at the literature shows that the term is far from being unequivocal" (Kelchtermans 2006: 220). Hinzu kommt, dass die Verwendung des Begriffs mit dem je spezifisch verbundenen Sinngehalt nicht immer hinreichend geklärt wird. Daneben existieren auch eng verwandte Begriffe und Konzepte, die nur schwer von Kooperation abzugrenzen sind. Als relevant für die vorliegende Studie erscheint der Begriff Kommunikation: Der Untersuchungsgegenstand ist die Kommunikation von Lehrergruppen, die wiederum einen Aufschluss über die Kooperation dieser Gruppen geben soll. Zur Verhältnisbestimmung der beiden Begriffe schreiben Heeg/Sperga:

> „Kooperation akzentuiert in Abgrenzung zum Begriff der Kommunikation den Aspekt des gemeinsamen Handelns. Kommunikation kann dabei als konstituierend für Kooperationsbeziehungen angesehen werden, da einem gemeinsamen Handeln zumindest ein kommunikativer Aushandlungsprozess vorangeht. Doch auch die Kooperation als solche wird gewöhnlich von Kommunikation begleitet" (Heeg/Sperga 1999: 19).

Trotz dieser uneinheitlichen Basis lassen sich dennoch einige allgemeine Definitionen von Lehrerkooperation finden, deren Darstellung für die vorliegende Arbeit ausreichend ist. Im Gegensatz zu Untersuchungen, in denen es um die Ausprägung des Phänomens der Lehrerkooperation geht, stellt sich hier nicht die Frage danach, ob es sich bei den vorgefundenen Situationen tatsächlich um Kooperationssituationen handelt oder nicht. Die Sitzungen der Lehrergruppen des Forschungssamples gelten als sozialer Prozess der Kooperation unter Lehrkräften, den es zu untersuchen gilt.
Für den Bereich der Schule erscheint die Definition von Bauer und Kopka (1996) brauchbar, in der Kooperation nicht als Selbstzweck erscheint, sondern sich auf konkrete Arbeitsaufgaben bezieht:

> „Unter Kooperation verstehen wir das zielorientierte Zusammenwirken von mindestens zwei Lehrpersonen, die versuchen, gemeinsame Arbeitsaufgaben effektiver,

effizienter und menschlich befriedigender zu bearbeiten als dies jeder alleine tun
könnte" (Bauer/Kopka 1996: 143).

Eine ähnliche, schulentwicklungsorientierte Definition findet sich bei Esslinger:
„Unter Kooperation wird die Zusammenarbeit von zwei oder mehr Personen
verstanden, welche mit dem Ziel initiiert und durchgeführt wird, die Effektivität
der Arbeit und die Zufriedenheit bei der Arbeit zu steigern" (Esslinger 2002: 62).
     Diese Definitionen verbleiben auf einer allgemeinen Ebene, explizieren je-
doch bereits einige Ansprüche an Kooperation. Vor allem in Kontrast zur ein-
gangs dargelegten alltagssprachlichen, eher simplen Begriffsbestimmung werden
die Aspekte der Zielorientierung, Effektivität, Effizienz und menschlichen Be-
friedigung deutlich. Insbesondere im Bereich der Schulentwicklung existieren
einige Modelle zu Lehrerkooperation, die diesen Prozess in verschiedene Formen der Zusammenarbeit differenzieren. Einige davon werden im folgenden
Kapitel dargestellt.

2.1.2 Forschungsansätze zur Lehrerkooperation

Dass Lehrerkooperation kein eindeutig zu bestimmender Begriff bzw. Prozess
ist, wurde bereits im vorangehenden Kapitel deutlich. Innerhalb eines organisationsstrukturellen Rahmens können ganz unterschiedliche Ausprägungen kooperativen Verhaltens von Lehrkräften beobachtet und beschrieben werden. Entsprechend existieren innerhalb der Forschung verschiedene Modelle und Konzepte
zu Lehrerkooperation.

Lehrerkooperation als individuelle Handlungskompetenz

Einen ersten Versuch verschiedene Formen der Lehrerkooperation zu differenzieren, haben Rolff und Steinweg (1980) vorgenommen. Zunächst unterscheiden
die Autoren zwischen Arbeitsteilung bzw. Kooperation, die unter Lehrkräften
vollzogen wird und damit auf horizontaler Ebene stattfindet und solcher, die
zwischen Schulleitung und Lehrkräften und damit auf vertikaler Ebene stattfindet. Im Rückgriff auf ein entsprechendes Konzept aus der industriesoziologi-
schen Forschung, unterscheiden Rolff und Steinweg des Weiteren zwischen
gefügeartiger und teamartiger Kooperation. Die Autoren sehen dieses von Popitz
et al. (1957) übernommene Begriffspaar auch für schulische Zusammenhänge als
brauchbar an und übertragen wie nachfolgend dargestellt fast alle Kriterien auf
den Bereich der Schule.

Betrachtet man die Aspekte der gefügeartigen Kooperation (bspw. Arbeitsteilung wird vorgegeben, es existiert eine feste Systematik der Arbeitsplätze und -aufgaben , zeitliche Ordnung ist durch Schulorganisation als konkretes Nacheinander bis ins Detail vorgegeben), so entdeckt man darin die Charakteristik der Schulorganisation; die alltägliche Unterrichtsarbeit der Lehrenden ist insofern als gefügeartig anzusehen (Rolff/Steinweg 1980: 116). Aus der arbeitsteiligen Organisation der Schule ergibt sich für die Lehrkräfte ein Nebeneinanderherarbeiten. „Es besteht eine feste Systematik der Arbeitsplätze, die der Schulorganisation so zugeordnet sind, dass eine freie Beweglichkeit des Einzelnen weitgehend verhindert wird" (Rolff/Haase 1980: 160). Die als erstrebenswert geltende teamartige Kooperation, die sich nicht durch die Schulorganisation ergibt, kann hingegen nur entstehen, wenn von den Beteiligten ein zeitlicher und organisatorischer Mehraufwand aufgebracht wird. Darüber hinaus ist es notwendig, dass sich Lehrerinnen und Lehrer in systematischer Art und Weise kooperative Handlungskompetenzen aneignen. Die Autoren verstehen in diesem Zusammenhang Lehrerkooperation als Problemlösekompetenz, die sich in zunehmend differenzierteren und integrierteren Entwicklungsschritten ausbildet und damit komplexere Kooperationsformen ermöglicht.

Kooperation als Problemlösekompetenz verstehend bilden Rolff und Steinweg (1980) die Kooperationsanforderungen nach Schwierigkeitsgrad auf zwei empirischen Skalen ab, die jeweils einer der beiden Kooperationsdimensionen, der technischen oder pädagogischen Kooperation, zu- und hierarchisch angeordnet sind. Die Maßnahmen der Dimension der technischen Kooperation drehen sich um die zeitökonomische und organisatorische Optimierung der Unterrichtsplanung und -überprüfung. Im Gegensatz dazu scheinen die Maßnahmen der pädagogischen Kooperation eher einen direkten Einfluss auf die Unterrichtsinhalte und -verläufe zu haben.

Formen der Kollegialität[3] nach Little (1990)

Little (1990) differenziert in ihren Forschungsarbeiten Lehrerkooperation in verschiedene Intensitätsstufen. Dabei stellt für sie der Grad, bei dem kooperative Handlungen die individuelle Autonomie der einzelnen Lehrkraft tangieren und möglicherweise einschränken das zentrale Unterscheidungskriterium dar. Damit lassen sich auf einem Kontinuum von Unabhängigkeit bzw. Interdependenz von Lehrerinnen und Lehrern vier verschiedene Kooperationsstufen unterscheiden.

---

[3] Little beschreibt Stufen der Lehrer*kollegialität*; die Begriffe Kollegialität und Kooperation werden bei ihr synonym verwendet. Für die Beschreibung des Stufenmodells übernehme ich diese Vorgehensweise.

In der Tabelle als unterste Kooperationsstufe angezeigt, ist das *storytelling und scanning for ideas*, bei dem die Beteiligten das größte Maß an Autonomie und die höchste Unabhängigkeit voneinander haben. „Geschichten erzählen und nach Ideen suchen" kommt dabei einem informellen, eher allgemeinen Erfahrungsaustausch gleich, bei dem die Lehrpersonen auf eher indirekte Art etwas über die Arbeitsweise der Kolleginnen und Kollegen erfahren. Der informelle Austausch, etwa zwischen „Tür und Angel", verbleibt dabei unverbindlich und tangiert die individuelle Tätigkeit in der Schule nicht zwangsläufig.

Die nächst höhere Stufe, die von Little als *aid and assistance* bezeichnet wird, kennzeichnet eine Form der Kollegialität bzw. Kooperation, in der gegenseitige Hilfe und Unterstützung angeboten wird, wenn danach explizit gefragt wird. Diesbezüglich wirken sich zwei Aspekte die Kooperation begrenzend aus: Zum einen fürchten Lehrkräfte, dass die Bitte um Hilfe und Unterstützung als Mangel an professioneller Kompetenz wahrgenommen wird. Zum anderen sind sie darauf bedacht, im Falle des Hilfe-Anbietens die Grenze zur ungewünschten Einmischung in die Arbeit der Kollegen nicht zu überschreiten. Wenngleich die Unabhängigkeit des Einzelnen bei dieser Kooperationsstufe schon leicht eingeschränkt ist, kann dennoch angenommen werden, dass es nicht zur Veränderung individueller, traditioneller Routinen kommt.

Im Gegensatz dazu wird in der dritten Kooperationsstufe der individuelle Unterricht öffentlicher und weniger privat. Das *sharing* stellt den routinemäßigen Austausch von Ideen, Material und Methoden dar. Durch das Öffentlichmachen der eigenen Unterrichtspraxis lassen die Lehrkräfte damit eine Bewertung der eigenen Arbeitsweise und -materialien durch die Kollegen und damit auch einen Blick auf ihre professionelle Identität zu. Die tatsächliche, qualitative Ausgestaltung des Austauschs ist jedoch sehr unterschiedlich und kann für die einzelne Lehrkraft mehr oder weniger verpflichtend und vor allen Dingen offenbarend sein.

Als intensivste und damit höchste Form der Kollegialität gilt für Little das *joint work* – die gemeinsame Arbeit. In den entsprechenden Interaktionen arbeiten die Lehrerinnen und Lehrer hochgradig interdependent, es existiert eine gemeinsame Ausrichtung und geteilte Verantwortung. Diese Form der Zusammenarbeit greift am stärksten in die individuelle Autonomie der Lehrkraft ein, da gemeinsame Entscheidungen getroffen werden bzw. übergeordnete Ziele existieren, an denen sich die Einzelnen in ihren Entscheidungen orientieren müssen. Auch hier resultieren unterschiedliche Ausformungen aus Kooperationssituationen und -anlässen (Aufgabe, Zeitaufwand, Ressourcen, etc.).

Formen der Lehrerkooperation

In quantitativen Befragungen auf dem Gebiet der Lehrerfortbildung unterscheiden Gräsel, Fussangel und Pröbstel (2006) drei verschiedene Formen der Zusammenarbeit von Lehrkräften. Unterscheidungsmerkmale sind die zugrunde liegenden Aufgaben, die strukturellen Anforderungen an die Schulorganisation sowie die Interdependenz der kooperierenden Lehrkräfte.

1. Austausch

Die erste Form der Zusammenarbeit dient der wechselseitigen Information und Versorgung mit Materialien und kann im Sinne gegenseitiger Unterstützung verstanden werden (z.B. als Unterrichtsvorbereitung). Für einen Austausch benötigen Lehrkräfte nicht zwingend eine gemeinsame Aufgabe bzw. spezifische Ziele. Austausch lässt sich zeitsparend, bspw. zwischen Tür und Angel realisieren und birgt nur wenig Konfliktpotenzial. Vertrauen ist hinsichtlich der Reziprozität relevant: Informationssuche sollte nicht als Inkompetenz gewertet werden. Die Autonomie der einzelnen Lehrkraft wird nur gering eingeschränkt; es herrscht eine Ressourceninterdependenz vor. Der Austausch als erste Form der Zusammenarbeit wird insgesamt als „Low-Cost"-Form der Kooperation angesehen.

2. Arbeitsteilung bzw. Synchronisation

Synchronisation dient der Effizienzsteigerung und bedeutet eine Koordination der Aufgaben, indem diese und die Ergebnisse aufeinander abgestimmt werden. Arbeitsteilige Kooperation erfordert demnach entsprechend strukturierte Aufgaben, die eine verteilte Bearbeitung begünstigen bzw. sogar erfordern. Die konkrete Ausführung der Aufgaben wird individuell erledigt, insofern beschränkt sich der zeitliche und räumliche Aufwand für die Beteiligten auf Koordinationserfordernisse. Die notwendige gemeinsame Zielstellung schränkt die Autonomie der Einzelnen ein, jedoch nicht hinsichtlich der konkreten Ausführung der Arbeit. Dafür wird Vertrauen in die Zuverlässigkeit und Sorgfältigkeit der Partner benötigt.

3. Ko-Konstruktion (zur Steigerung der Schul- und Unterrichtsqualität und professionellen Weiterentwicklung)

Diese Form der Kooperation entspricht dem, was im Alltagsverständnis unter Gruppenarbeit verstanden wird. Die Beteiligten tauschen sich über eine Aufgabe intensiv aus und beziehen dabei ihr individuelles Wissen so aufeinander (konstruieren), dass neues Wissen erworben und/oder gemeinsame Aufgaben- bzw. Problemlösungen entwickelt werden. Die Partner arbeiten bei der Ko-Konstruktion überwiegend zeitlich und räumlich gemeinsam; die Zusammenarbeit unterliegt damit größeren Anforderungen und kann als „High-Cost"-Kooperationsform angesehen werden. Die Autonomie der Individuen ist im Gegensatz zu den zuvor genannten Formen gering, Vertrauen stellt eine zentrale Bedingung für die Ko-Konstruktion dar (vgl. Gräsel/Fussangel/Pröbstel 2006, Pröbstel 2008, Gräsel 2010).

Niveaustufen der Lehrerkooperation

Auch die Forschergruppe um Steinert und Klieme beschreiben Lehrerkooperation aus der Perspektive des einzelnen Lehrers heraus (Schweizer/Klieme 2005). Dabei nehmen sie die in der Schuleffektivitäts- und Schulentwicklungsforschung diskutierten Merkmale von Lehrerkooperation zum Ausgangspunkt. Mittels einer groß angelegten schweizerisch-deutschen Lehrerbefragung arbeiteten Steinert et al. (2006) verschiedene Niveaustufen der Lehrerkooperation heraus, die den Aufgaben und Anforderungsmerkmalen der sozialen Organisation Schule entsprechen.

0. Fragmentierung (die unterste Stufe ist negativ definiert): Mangel an Zielklärung, Koordination, Kooperation, isoliertes Lehrerhandeln ohne Bezug zur funktionalen Arbeitsteilung der Schule
1. Differenzierung: Aktivitäten, die sich auf fachspezifische Zusammenarbeit und das Zusammenwirken innerhalb der Jahrgangsstufen beschränken
2. Koordination: Teamarbeit und Austausch im Kollegium
3. Interaktion: fach- und jahrgangsübergreifende Zusammenarbeit, Ansätze von Teamarbeit und Professionalisierung
4. Integration: Zusammenarbeit geht über den Unterricht hinaus und es sind auch gegenseitige Unterrichtsbesuche möglich (ebd.: 193ff.).

Ein Schulkollegium kooperiert auf dem entsprechenden Niveau, wenn mindestens die Hälfte der Lehrkräfte angaben das „leichteste Item" einer Stufe zu erfüllen (bspw. „Wir haben eine fächerübergreifende Zusammenarbeit, die sich an gemeinsamen Themen orientiert" für die Niveaustufe der Interaktion).

Communities of Practice (COP)

Der aus seiner anthropologisch orientierten Forschungsperspektive resultierende Ansatz der Communities of Practice (COP) wurde von Lave und Wenger erstmalig 1991 eingeführt (Lave/Wenger 1991). Bezeichnet wird damit eine Gemeinschaft von Personen, die in einem bestimmten Wissensgebiet Experten sind.

„Communities of practice are groups of people who share a concern, a set of problems, or a passion about a topic, and who deepen their knowledge and expertise in this area by interacting on an ongoing basis" (Wenger/McDermott/Snyder 2002: 4).

Konstituierende Elemente von COP sind ein gemeinsames Anliegen, aufeinander bezogenes Handeln sowie ein im Laufe der Zeit entstandenes Set an gemeinsamen Artefakten wie bspw. Routinen, Verfahrensweisen und Geschichten. Eine COP organisiert sich weitgehend selbst und handelt eigenverantwortlich (Wenger 1999). Lave und Wenger veranschaulichen das Lernen und Handeln in COP anhand eines Beispiels: In der Gegend Yucatan in Mexiko lernen junge Frauen von Kindesbeinen an wie Hebammen arbeiten, welche Geschichten sie darüber erzählen und auf welche Rituale sie zurückgreifen. Dadurch erwerben sie das benötigte Wissen zur Ausübung des Hebammen-Berufs nicht in systematisierter Weise, bspw. in Form von Unterricht, sondern in ihrem Alltag. Sie wachsen dadurch in den Beruf der Hebamme hinein und werden im Laufe der Jahre zu vollwertigen Mitgliedern der entsprechenden COP. Lernen findet im alltäglichen Leben statt und Lernen erfolgt in erster Linie, um schließlich Mitglied der Gemeinschaft werden zu können. Letztlich dreht sich alles um die Positionierung im sozialen Raum, der Community. Lernen erscheint als eng verknüpft mit der individuellen Identitätsentwicklung. Allerdings erscheint Lernen nicht eindimensional. Vielmehr lernen die Novizen von den Experten ebenso wie die Novizen neue Perspektiven und Sichtweisen in die Community einbringen und diese damit stetig fortentwickeln (Lave/Wenger 1991).

Der Ansatz der COP wurde in der Vergangenheit auch auf die Kooperation unter Lehrkräften bezogen:

"An example in an educational setting might be the professional development of preservice teachers. Most teacher preparation programs require practice, in which preservice teachers take on partial, but meaningful, roles in schools on the way to becoming full participants" (Butler et al. 2004: 437).

Eine Übertragung des Konzepts erscheint in Anbetracht der Betonung des kulturellen und historischen Einflusses auf das Lernen und die Identitätsbildung für Lehrkräfte passend (ebd.). Denn insbesondere der Aspekt der Identitätsentwicklung von Lehrernovizen wird herausgestellt, der als Ziel motivierend wirkt und Lernprozesse formt. Obwohl die Anwendung des COP-Ansatzes insgesamt zu einem verbesserten Verständnis des Lernens von Lehrerinnen und Lehrern beitragen kann, ergeben sich dennoch einige Herausforderungen, vor allem im Hinblick darauf, wie COP eingerichtet werden. Fussangel (2008) führt an, dass COP traditionell intakte und historische Gemeinschaften darstellen, weshalb eine Übertragung auf Lehrerinnen und Lehrer entsprechend auf die gesamte Lehrerschaft als community erfolgen müsse. Dies sei jedoch nicht realistisch und nicht im Sinne der COP-Begründer Lave und Wenger. In Bezug auf Lehrkräfte werden in der Regel kleinere Lerngemeinschaften gebildet, die auf ein konkretes Ziel fokussiert zusammenarbeiten und gemeinsam Lösungen anstreben. In der Regel erscheinen hierbei alle Mitglieder der Lerngemeinschaft als gleichberechtigt und es existieren im engeren Sinne keine Novizen innerhalb der Gruppe. So kommt Fussangel zu dem Ergebnis, dass in Bezug auf die Zusammenarbeit von Lehrkräften Lerngemeinschaften als passenderes Konzept anzusehen seien (Fussangel 2008: 98f.).

Lerngemeinschaften von Lehrpersonen

Ein über die bisherigen Kooperationsansätze hinausgehendes Modell der Zusammenarbeit von Lehrerinnen und Lehrern mit dem Ziel der langfristigen Änderung der Unterrichtspraxis stellen die vornehmlich im anglo-amerikanischen Raum diskutierten Lerngemeinschaften dar. Diese können unterschiedlich organisiert und schulintern oder schulübergreifend angelegt sein. Entsprechend finden sich verschiedene Definitionen in der Literatur (McLaughlin/Talbert 2006). In allen geht es darum, dass sich Lehrkräfte über spezifische Probleme und Fragestellungen ihrer Praxis austauschen und kontinuierlich das eigene Unterrichtshandeln reflektieren. Lerngemeinschaften werden häufig als Möglichkeiten der Lehrerfortbildung diskutiert und ihnen wird in Bezug auf die Veränderung der Unterrichtspraxis ein enormes Potenzial zugeschrieben. Eine empirische Studie über die Präsenz von Unterrichtsrealität in der Arbeit von Lerngemeinschaften und damit verbunden der Möglichkeit zum Wissenserwerb für Lehrkräfte hat Little durchgeführt (Little 2003). Anhand eines Fallbeispiels, einer Gruppe von Englischlehrerinnen und -lehrern, versucht die Autorin herauszufinden, inwiefern Lerngemeinschaften zu einer Veränderung der Unterrichtspraxis beizutragen vermögen. In dem genannten Beispiel berichtet eine Lehrkraft von einem bestimmten Problem in ihrem eigenen Unterricht und macht diesen dadurch für die anderen Lehrerinnen und Lehrer zugänglich. Innerhalb der Diskussion zeigt sich, dass das geschilderte Problem der Lehrerin Teil einer kollektiven Praxis ist, weshalb die anderen Anwesenden das Problem nachvollziehen und an die eigene Unterrichtspraxis anknüpfen können. Gemeinsam eruiert die Gruppe, welche Handlungsmöglichkeiten bestehen und wie jeweils das Lernen der Schülergruppe dadurch beeinflusst werden würde. Die Lerngemeinschaft thematisiert ein real existierendes Unterrichtsphänomen und wägt bestimmte Handlungsalternativen ab, die innerhalb der gemeinsamen Diskussion erarbeitet werden. Für Little zeigt das Fallbeispiel, dass es im Rahmen von Lerngemeinschaften durchaus möglich ist die Unterrichtspraxis der Lehrkräfte zu veröffentlichen und dass Lerngemeinschaften durch die gemeinsame kollegiale Diskussion über die Unterrichtspraxis schließlich zu einem Voneinander-Lernen der Lehrkräfte beitragen können (ebd.). Insofern scheinen sich die mit Lerngemeinschaften verbundene Erwartungen zu erfüllen, wonach es um das gemeinsame Bearbeiten von Problemen, der Reflexion des eigenen Unterrichtshandelns und das Sensibilisieren für Konsequenzen des eigenen Lehrerverhaltens für das Schülerlernen geht (Fussangel 2008).

Professionelle Lerngemeinschaften (PLG)

Die Wurzeln des Konzepts der Professionellen Lerngemeinschaften (PLG) finden sich in den Arbeiten von Rosenholtz über „Teachers' Workplace", wenngleich in der entsprechenden Studie aus dem Jahr 1991 noch nicht die Begrifflichkeit verwendet wurde (Rosenholtz 1991). In die deutschsprachige Schulentwicklungsforschung wurden die PLG von Rolff (2001) eingebracht. Seither gelten PLG als Idealfall schulischer Kooperation, da mit ihnen das Verständnis der Lehrerinnen und Lehrer als Lerner verbunden ist und ein wirksamer Kontext für Schulverbesserung impliziert wird. PLG sind „kommunitarisch" ausgerichtet und heben sich damit von bloßen Gruppen ab. Bonsen/Rolff (2006: 179) skizzieren schließlich fünf Bestimmungskriterien für PLG:
1. Reflektierender Dialog
2. De-Privatisierung der Unterrichtspraxis
3. Fokus auf Schüler-Lernen statt auf Lehren
4. Zusammenarbeit
5. Gemeinsame handlungsleitende Ziele

Während in der anglo-amerikanischen Diskussion zumeist das gesamte Kollegium als PLG verstanden wird, überträgt Rolff das Konzept lediglich auf „die in Schulen ohnehin vorhandenen oder zu schaffenden Gruppen von drei bis ca. zwölf Lehrern" (Rolff 2001: 3). Als PLG können demnach Fachkonferenzen ebenso wie Klassenteams oder andere institutionalisierte Lehrergruppen an einer Schule verstanden werden, die gewissermaßen als „intermediäre Strukturen" (Bonsen/Rolff 2006: 182) zwischen der Einzelschule als Organisation und der autonomen Lehrkraft anzusiedeln sind und insgesamt das Potenzial dazu haben sich entsprechend der Ausführungen von Senge et al. (2000) zur Schule als lernende Organisation zu entwickeln.

Bonsen/Rolff führen aus, dass sich das Konzept der PLG nicht auf den unspezifischen Begriff der Kooperation verkürzen lässt, da auch emotionale und reflexionsbezogene Komponenten eine Rolle spielen. Lehrerkooperation wird als wichtig, ja sogar als Gelingensbedingung gehandelt, letztlich wird diese jedoch eher als „technische" Voraussetzung des Lernens von Lehrkräften verstanden (Bonsen/Rolff 2006).

2.1.3 Vermutete Potenziale der Lehrerkooperation

Lehrerkooperation als strukturierte ziel- und aufgabenbezogene Zusammenarbeit von Lehrenden wurde bereits in der Schulqualitätsforschung der 1980er und Schulentwicklungsforschung des nachfolgenden Jahrzehnts als zentraler Indikator für gute Schulen bestimmt (Terhart/Klieme 2006). In den vergangenen Jahren ist Lehrerkooperation schließlich im Diskurs um Unterrichts- und Schulentwicklung zu einem zentralen Topos avanciert (vgl. Bauer 2008). Im englischsprachigen Raum wird in ihr gar der Status einer Generallösung aller Probleme, die „conditio sine qua non" der professionellen (Weiter-) Entwicklung von Lehrkräften, gesehen (Clement/Vandenberghe 2000).

Auch in der deutschsprachigen Diskussion wird Lehrerkooperation als Schlüssel zur Lösung vieler schulischer Probleme angesehen. Dabei umfassen die Wirkbereiche der Lehrerkooperation sowohl die Schul- und Unterrichtsebene als auch die individuelle Ebene der einzelnen Lehrkraft.

Lehrerkooperation und Schulentwicklung

Noch in den sechziger und siebziger Jahren stand das Schulwesen als Ganzes im Blickpunkt von Schulentwicklungsprozessen und entsprechenden Reformbemühungen (Rolff 1991). Dabei zielte Schulentwicklung darauf ab, durch die Verbesserung bestehender Strukturen, Inhalten, Verhaltensmustern und Gewohnheiten zu einem wirksameren und effektiveren Erreichen der eigenen Ziele zu gelangen. Zunächst standen vorrangig Fragen zur Schulstruktur und -verwaltung im Fokus des Interesses. Seitens der Bildungsadministration wurde versucht nach dem Top-down-Prinzip entsprechende schulische Veränderungen herbeizuführen, bspw. durch die Implementierung neuer Lehrpläne. Ergebnisse schulischer Implementationsstudien zeigten jedoch, dass diese von oben angeordneten Veränderungen nur einen begrenzten Erfolg erzielen (Gräsel/Parchmann 2004). In der Folge kam es zu einem Paradigmenwechsel innerhalb der Schulentwicklungsforschung. Seit den achtziger Jahren herrschten prozessorientierte Ansätze vor, in denen von der Entwicklung der Einzelschule durch die Lehrerkollegien, im Sinne eines Bottom-up-Prozesses, ausgegangen wird (Holtappels 1995). Mittlerweile wird in der Schulentwicklungsforschung postuliert, dass sowohl Top-down als auch Bottom-up-Strategien gleichermaßen für Schulentwicklungsprozesse relevant und erfolgreich sind (Fullan 1999). Mit dieser Entwicklung einhergehend lässt sich eine Bedeutungszunahme von (Lehrer-)Kooperation im Kontext von Schul- und Organisationsentwicklung konstatieren. Die einzelne Schule wird als „pädagogische Handlungseinheit" (Fend 1986) gesehen und ihre Autonomie bei der Umsetzung von Innovationen und Veränderungen als zentral erachtet. In diesem Zusammenhang wird aus unterschiedlichen Perspektiven und von zahlreichen Autoren die Lehrerkooperation als zentraler innerschulischer Prozess herausgestellt. Mit dem neu gewonnenen Verständnis eines „kollektiven Wirkungszusammenhanges der einzelnen Schule" (Popp 1998: 358) ging eine Veränderung der Anforderungen und Erwartungen an die Lehrkräfte einher. Bestand ihre Berufstätigkeit zunächst vor allen Dingen in der traditionellen Kernaufgabe des autonomen Unterrichthaltens, so erweiterte sich ihr Arbeitsfeld um neue, auf Kooperation, Führung und Innovation basierenden Handlungsfelder, die sich vor allem im Kontext von Schulentwicklungsprozessen ergeben (Herzmann 2001). Parallel hierzu rücken die Lehrkräfte zunehmend in den Fokus der entsprechenden Diskussion:

> „Eben weil die Gestaltung von Schulleben und Schulkultur ein so heikles, von außen nur bedingt zu organisierendes Problem ist und weil es schließlich ‚immer an den Personen hängt‘, tritt das Kollegium, rücken die Lehrer/innen ins Zentrum der Aufmerksamkeit" (Terhart 2001: 105).

Lehrerkooperation und Professionalisierung

Im Diskurs über Schul- und Unterrichtsentwicklung wird an entscheidender Stelle auf eine Professionalisierung der Lehrtätigkeit gesetzt. Enormes Potenzial wird dabei dem fachlichen Austausch unter Lehrkräften zugeschrieben, da sich die Professionalisierung, so die Annahme, am ehesten in der intensiven Kommunikation und Kooperation mit anderen Lehrerinnen und Lehrern erreichen lässt (vgl. Bastian/Combe/Reh 2002). „Kooperation scheint gleichzeitig als Anreiz und Anforderung an die Weiterentwicklung der individuellen Selbstreflexionsfähigkeit der einzelnen Lehrkraft gesehen zu werden" (Reh 2008: 163). Lehrerkooperation wird damit zu einer Dimension professioneller Kompetenz (z.B. Baumert/Kunter 2006).

Es gilt die Unterstellung, dass Kooperation umso wertvoller sei, je näher und enger sie auf den Unterricht bezogen ist (Gräsel/Fussangel/Pröbstel 2006). Die im normativen Diskurs als höchste Form bewertete Zusammenarbeit findet dabei in PLG (Bonsen/Rolff 2006) bzw. COP (Wenger 1998) schulintern oder schulübergreifend statt. Mit diesen Konzepten verbunden ist die Vorstellung von Lehrkräften als Lernern (Bonsen/Rolff 2006).

Die Kooperation, vor allem in so genannten Teams (vgl. Schley 1998), wird nicht nur als Voraussetzung und Zeichen für Veränderungsbereitschaft gewertet, sondern auch als Entlastung und Unterstützung für die einzelne Lehrkraft verstanden. Fehlende Zusammenarbeit und mangelnde soziale Unterstützung im Kollegium wird in der Belastungs- und Burnoutforschung als Vulnerabilitätsfaktor herausgearbeitet, dem Vorhandensein eines Konsenses bzw. von kooperativen Strukturen wird hingegen belastungsmindernde Wirkung zugesprochen[4].

Lehrerkooperation und Schuleffektivität

„Zu den zentralen Ergebnissen der Schulqualitätsforschung zählt, dass die Lehrerkooperation eine der wesentlichen Voraussetzungen für die Qualität von Schule darstellt" (Buhren et al. 2001: 21). So wird Lehrerkooperation häufig als Indikator für Organisationsqualität (Steinert et al. 2006) verstanden bzw. als Merkmal effektiver Schulen identifiziert (z.B. Fend 1986).

Seit den 1960er Jahren untersucht die Schuleffektivitätsforschung Faktoren und Variablen, die die Wirksamkeit von Einzelschulen abbilden. Um diese Faktoren identifizieren zu können, wurden Kategorien für das Funktionieren von Organisation und das Erreichen guter Ergebnisse aus der Organisationsforschung übernommen, wie bspw. Ziele, Struktur und Aufbau der Organisation, Kultur, Umgebung sowie stattfindende Prozesse. In all diesen Dimensionen spielt Kooperation eine zentrale Rolle. Aus der Perspektive der Schuleffektivitätsforschung erscheint die Lehrerkooperation relevant für das Funktionieren der Einzelschule und wird entsprechend in den Studien untersucht. Dabei zeigt sich zumeist, dass in effektiven Schulen die Kooperation von Lehrkräften stärker ausgeprägt ist als in weniger effektiven (Fussangel 2008).

Viele Studien weisen nicht nur Korrelationen zwischen dem Umfang bzw. der Intensität der Lehrerkooperation und gemessener Schulqualität, sondern auch zwischen Lehrerkooperation und gemessener Unterrichtsqualität auf. Lehrerkooperation wurde in der Schulleistungs- und Schulentwicklungsforschung als eines jener Merkmale von Schulen identifiziert, die zwischen Schulen variieren und zur Erklärung von Unterschieden in Schülerleistungen beitragen. Aktuell wird die Kooperation von Lehrkräften im Team als eine wesentliche Gelingensbedingung von Unterrichtsentwicklung diskutiert (vgl. Rothland 2007).

---

[4] Die Befundlage ist nicht durchgängig positiv; es gibt auch Studien, die auf eine Belastungssteigerung durch Kooperation hinweisen (vgl. Fussangel 2008).

2.1.4 Ausmaß der Lehrerkooperation an deutschen Schulen

Insgesamt spricht der Forschungsstand zu Lehrerkooperation für eine positive Wirkung für die Organisation Schule und die schulischen Akteure. Demgegenüber steht der eher ernüchternder Befund zur tatsächlichen Realisierung von Lehrerkooperation an deutschen Schulen. Gleichwohl diese in unterschiedlichen Formaten realisiert werden kann, innerhalb der Forschung in verschiedener Hinsicht operationalisiert wird und schulform- und länderübergreifende Untersuchungen bislang noch sehr vorläufig sind, lässt sich zusammenfassen, dass die Kooperation an deutschen Schulen nur gering ausgeprägt ist (Gräsel/Fussangel/Pröbstel 2006). Auch in neueren Studien wird ein nur geringes Ausmaß der Kooperation unter Lehrkräften bestätigt (Steinert et al. 2006). Es findet sich bis heute ein fast unveränderter Befund, dass Lehrerkooperation zwar durchaus erwünscht ist, aber in der Praxis faktisch kaum eine Rolle spielt (Reh 2008). Dies gilt insbesondere für die innerhalb der schulpädagogischen Debatte als besonders wertvoll erachteten Formen der Kooperation von Lehrkräften, die sich auf das unmittelbare Unterrichtsgeschehen beziehen. Terhart und Klieme kommen zu dem Schluss, dass „Kooperation entweder gar nicht oder nicht im notwendigen Maße bzw. nicht in anspruchs- und wirkungsvollen Formen stattfindet" (Terhart/Klieme 2006: 163). Kooperationsmöglichkeiten werden umso zurückhaltender eingesetzt, je mehr der individuelle Unterricht tangiert wird (Esslinger-Hinz 2003).

Auch im Hinblick auf die Differenzierung von Lehrerkooperation in Austausch, gemeinsame (arbeitsteilige) Planung der Arbeit und Kokonstruktion nach Gräsel, Fussangel und Pröbstel (2006) zeigen sich unterschiedliche Ausprägungen der Realisierung dieser Kooperationsformen. Ergebnisse mehrerer Studien belegen, dass Lehrerinnen und Lehrer Kooperation am ehesten im Austausch realisieren, wohingegen die als intensivste Form der Zusammenarbeit beschriebene Kokonstrution eher selten praktiziert wird (Fussangel 2008, Fussangel et al. 2010). Selbst angesichts neuerer Entwicklungen, bspw. der Einführung bzw. Umstellung auf Ganztagsschulen scheint Kooperation nicht zwangsläufig präsenter zu werden. Im ersten Erhebungsdurchlauf der Studie zur Entwicklung von Ganztagsschulen (StEG) wird ebenfalls ein nur gering ausgeprägtes Maß an Lehrerkooperation festgestellt (Dieckmann/Höhmann/Tillmann 2008).

In der Literatur wird beschrieben, dass das Ausmaß der realisierten Lehrerkooperation nach Schulform, z. T. nach Fachgruppen, Geschlecht und (Dienst)Alter der Lehrkräfte variiert[5]. Ein Vergleich von Deutsch- und Englisch-

---

[5] Einschränkend muss darauf hingewiesen werden, dass in den meisten Fällen die Kooperationsbereitschaft und nicht der tatsächliche Grad der Kooperation abgefragt wurde.

lehrkräften im Rahmen der DESI-Studie[6] weist in Bezug auf gemeinsame Unter-
richtsvorbereitung eine größere Häufigkeit entsprechender Kooperation bei
Deutschlehrkräften auf, wenngleich das Ergebnis insgesamt für ein nur geringes
Maß an kollegialer Zusammenarbeit spricht (8% der Deutsch- und nur 2% der
Englischlehrkräfte treffen sich mindestens einmal im Monat zur gemeinsamen
Unterrichtsvorbereitung). Jedoch unterscheiden sich die Angaben stark nach
Schulform: Die meiste gemeinsame Unterrichtsvorbereitung findet an den Ge-
samtschulen statt; die wenigste an Gymnasien (DESI-Konsortium 2006). Über-
einstimmende Ergebnisse finden sich bei Soltau (2007), der für einen Katalog
von 15 verschiedenen Kooperationsformen für Grundschulen das höchste und für
Gymnasien das niedrigste Kooperationsausmaß ermittelt.

Bezüglich der Kooperationsausprägung unter weiblichen und männlichen
Lehrkräften finden sich unterschiedliche Ansichten. Während Ulich (1996) noch
auf der Basis von Untersuchungsdaten von Schümer (1992) für Lehrerinnen ein
höheres Maß an Kooperationsbereitschaft konstatiert, sieht Spieß (2007) keine
geschlechtsspezifischen Ausprägungen der Kooperation.

In Bezug auf das Dienstalter der Lehrkräfte formuliert Ulich (1996) einen
negativen Alterseffekt, wonach mit zunehmendem Dienstalter die Kooperationsbereitschaft der Lehrerinnen und Lehrer sinkt. Little (1990) beschreibt eine ähnliche Entwicklung: Während es für Berufseinsteigerinnen und -einsteiger noch
akzeptabel erscheint, fürchten erfahrene Lehrkräfte, dass bspw. das Bitten um
Hilfe im Rahmen einer Kooperation als Mangel an Professionalität gewertet
wird.

Insgesamt scheinen Lehrkräfte selbst die Kooperation größtenteils zu be-
fürworten bzw. ihr aufgeschlossen gegenüberzustehen. Selbst anspruchsvolle
und unterrichtsnahe Formen der Kooperation wie Unterrichtshospitation und
Teamteaching werden von den von Soltau (2007) befragten Bremer Lehrkräften
als außerordentlich positiv beurteilt. Allerdings wirken sich die insgesamt eher
als günstig beschriebenen Einstellungsvoraussetzungen der Professionellen nicht
wesentlich auf die entsprechende Arbeitspraxis aus (ebd.). Es darf zumindest
vermutet werden, dass sich sowohl hinsichtlich der von den Befragten angegebe-
nen Kooperationsausprägungen als auch hinsichtlich der generellen Kooperationsbereitschaft und -einstellung hierzu ein Effekt der sozial erwünschten Antwort einstellt. Denn bspw. Esslinger-Hinz (2003) konnte mit ihren Forschungsergebnissen zeigen, dass mehr als ein Fünftel der von ihr befragten Lehrkräfte
die Einflussnahme von Kolleginnen und Kollegen im Kontext der Kooperation
fürchten.

---

[6] DESI = Deutsch-Englisch-Schülerleistungen International

2.2 Bedingungen kollegialer Kooperation in der Schule

Es stellt sich angesichts der zuvor skizzierten, eher nur in geringem Ausmaß realisierten, Kooperation von Lehrerinnen und Lehrern die Frage, wie und wodurch diese an den Schulen bedingt ist. Welche Strukturen und Besonderheiten der Organisation Schule wirken sich auf kollegiale Kooperationsprozesse aus? Wodurch ist professionelles Lehrerhandeln geprägt? Welche Aspekte sind für die Gestaltung kollegialer Kooperationsprozesse relevant? Diesen Fragen wird im folgenden Kapitel näher nachgegangen.

2.2.1 Die Organisation Schule – kooperationshemmende Organisationsmerkmale

Lehrerkooperation kann nur unter Einbezug des organisatorischen Kontextes und der spezifischen Bedingungen des Arbeitsplatzes Schule angemessen erfasst werden. Die Rahmenbedingungen bestimmen und beeinflussen die Formate, Inhalte, Wichtigkeit und den Einfluss von Kooperation (Kelchtermanns 2006). Diesem Verständnis über die Bedeutung der Spezifik der Organisation Schule für die Realisierung von Lehrerkooperation folgend, sollen entsprechende Aspekte in diesem Kapitel thematisiert werden.

Ebenso wie andere komplexe Systeme können Schulen als soziale Organisationen betrachtet und als solche unter einer organisationstheoretischen Perspektive analysiert werden (Fuchs 2004). Zur Verhältnisbestimmung zwischen Erziehung und Bildung einerseits und Organisation andererseits, wurden existierende organisationstheoretische Ansätze auf die Schule übertragen und unter erziehungswissenschaftlichen Fragestellungen diskutiert - wenngleich häufig jeweils nur Teilaspekte der Organisation Schule in den Blick genommen werden wurden (Kuper 2001). Eine ähnliche Selektion erfolgt in der Darstellung dieses Kapitels. Die skizzierten Ansätze werden nur schwerlich die Gesamtheit der komplexen schulischen Prozesse nachzeichnen und erklären können. Letztlich geht es um die Darstellung all jener Aspekte der Schule als Organisation, die einen Einfluss auf die alltägliche Gestaltung der Lehrerarbeit haben und eine wie auch immer geartete Rahmenbedingung bzw. Einflussgröße für Lehrerkooperationsprozesse darstellen.

Im wissenschaftlichen Diskurs herrschen die Konzepte der Schule als Institution, Schule als System und Schule als Organisation vor. Diese verschiedenen Konzeptionen entstammen unterschiedlichen wissenschaftlichen Traditionen und haben damit auch differente ihnen zugrunde liegende Vorannahmen und greifen in der wissenschaftlichen Beschäftigung auf je spezifische Terminologien zu-

rück. Nachfolgend geht es um das Verständnis der Schule als einer Organisation. Generell existieren für den Zusammenhang zwischen Schule und Organisation drei Arten von Verhältnisbestimmungen:
-   Schule ist eine Organisation (institutionales Verständnis)
-   Schule hat eine Organisation (instrumentales Verständnis)
-   Schule wird organisiert (funktionales Verständnis) (ebd.).
In Bezug auf die Führungsebene der schulischen Organisation kann die Schule als bürokratische Organisation mit den damit verbundenen Merkmalen der „verordneten Leistungserbringung, regelhaften Amtsausübung, standardisierten Kontrolle und aktenmäßigen Kommunikation" (Herzog 2009: 159) beschrieben werden. Ein Gegenbild dazu ergibt sich in Bezug auf das Kerngeschäft der Lehrtätigkeit, den Unterricht, der sich kaum bürokratisch regulieren lässt. Das Unterrichten der einzelnen Lehrkraft ist bedingt standardisierbar und nicht technisierbar (ebd.). Für den Kernbereich der Schule lassen sich keine eindeutigen Ursache-Wirkungs-Relationen aufstellen (Gamoran/Secada/Marett 2000); Lehrerinnen und Lehrern fehlt eine Technologie, die ihre Handlungen zu entsprechenden Wirkungen zuordnet lässt. „Teachers do not share a powerful technical culture", wie es Lortie (1975: 192) formulierte. Das damit beschriebene Technologiedezifit der Pädagogik ist seither in der erziehungswissenschaftlichen Diskussion vielfach thematisiert worden und findet auch im folgenden Abschnitt noch einmal Beachtung.

Neben dem skizzierten Technologiedefizit existieren weitere Merkmale, mit deren Hilfe sich die Schule als Organisation charakterisieren lässt. Bislang kann noch auf keine ausgearbeitete und anerkannte Theorie der Schule als Organisation zurückgegriffen werden, es lassen sich jedoch einige Beschreibungen zu Spezifika der Organisationsform Schule finden. Dalin (1986: 56) beispielsweise stellt die Schule als eine sensible und komplexe soziale Organisation dar, deren Merkmale folgende sind:

1. *Unklare Ziele* (Die Ziele der Organisation Schule sind oft allgemein formuliert und stehen sich teilweise widersprüchlich gegenüber)
2. *Verletzbarkeit* (Schulen stehen in Bezug auf wirtschaftliche Unterstützung in einer starken Abhängigkeit zur Gesellschaft und haben insgesamt nur wenig Möglichkeiten der Selbstbestimmung)
3. *Schwache Integration* (Die einzelne Lehrkraft arbeitet weitgehend isoliert im Klassenzimmer, es findet wenig Zusammenarbeit über Klassen-, Stufen- oder Schulgrenzen hinweg statt)
4. *Schwache Wissensgrundlage* (Das Wissen über Unterricht und Lernen ist gering, es existieren für Schulen keine Technologien, die ein gezieltes Erreichen der angestrebten Ziele ermöglichen würden)

5. *Fehlende Konkurrenz* (Die Existenz einer Schule basiert nicht auf der Qualität ihrer „Produktion", somit stehen Schulen untereinander kaum unter Konkurrenzdruck)

Über diese, nur teilweise mittels empirischer Daten gesättigte, Charakterisierung der Organisation Schule hinaus, gibt es nach wie vor vergleichsweise wenig Forschung zu Organisationsmerkmalen von Schulen, wenngleich sich dieser Umstand im Kontext der Anwendung von Organisationsentwicklungsmodellen sowie Modellen der Evaluationsforschung an Schulen zu ändern scheint (Herzog 2009). Als unbestritten erscheint das für die Schule herausragende und auch für Lehrerkooperation zentrale Merkmal, dass Schulen eine zelluläre Struktur aufweisen, ihre Organisationseinheiten nur lose gekoppelt erscheinen und die in ihr tätigen Lehrerinnen und Lehrer Einzelarbeiter sind, „wie es sie in vermutlich keiner anderen akademischen Disziplin geben dürfte" (Lortie 1975: 192).

Schulen als lose gekoppelte Systeme

Zur Beschreibung unterschiedlicher Organisationsformen greift Weick (1976) auf das Prinzip der Kopplung der verschiedenen Bereiche einer Organisation zurück. Bildungsorganisationen und damit auch Schulen unterscheiden sich nach Weick von Organisationen, die in der Regel eng und dicht gekoppelte Elemente aufweisen. Charakterisiert werden können eng gekoppelte („tightly coupled") Organisationen mittels vier Merkmalen: (1) es existieren Regeln und eine (2) Einigkeit über diese geltenden Regeln, ebenso wie ein (3) Kontrollsystem zur Überprüfung der Einhaltung der Regeln sowie ein (4) Feedbackkonzept für den Fall der Abweichung von Regeln (Weick 1982: 674). In Bildungsorganisationen ist dies nicht der Fall, sie sind nach Weick als lose gekoppelte Systeme zu betrachten, wobei er diese pragmatisch als Antagonismus zur engen Kopplung beschreibt.

Die Formulierung der „losen Kopplung" wurde bereits von Glassmann (1973) sowie March/Olsen (1975) verwendet und beschreibt folgende Art des Zusammenhangs von Organisationselementen: „By loose coupling, the author [Weick, N.B.] intends to convey the image that coupled events are responsive, but that each event also preserves its own identity and some evidence of its physical or logical separateness" (Weick 1976: 3). Die Umschreibung "lose gekoppelt" impliziert damit sowohl Elemente des Zusammenhalts bzw. der Verbindung der einzelnen Bestandteile als auch Elemente der Eigenständigkeit der einzelnen Bestandteile bzw. der Unbeständigkeit und Auflösbarkeit. Weick bezieht sich wiederum auf Glassman (1973), indem er sich auf dessen Kategorisierung für den Kopplungsgrad zwischen Systemen bezieht. Demnach lässt sich der

Grad der Kopplung von Systemen anhand der Variablen bestimmen, die beiden Systemen zugehörig sind. Weisen beide Systeme nur wenige gemeinsame Variablen oder nur schwache Variablen auf, erscheinen die Systeme als unabhängig voneinander.

Auf die Schule bezogen ergibt sich demnach folgendes Bild: Die verschiedenen Systeme innerhalb der Schule, wie bspw. Schulleitung und Lehrkraft gegenüber Lehrkraft und Schulkasse sind Systeme, die nur lose gekoppelt erscheinen, da sie nur wenige gemeinsame Variablen aufweisen bzw. diese in der jeweiligen „Welt" des Anderen eine nur geringe Bedeutung einnehmen (Weick 1976). In der Schule sind die einzelnen Organisationsbereiche anders als bspw. in Wirtschaftsorganisationen meist nur lose miteinander verbunden und die einzelnen Elemente der Organisation haben eine relative Autonomie. Damit können in ihnen Handlungsmuster entstehen, die unter den Organisationseinheiten nicht koordiniert sind und damit auch in ihrer Wirksamkeit begrenzt bleiben. Gleichzeitig ergibt sich dadurch, im Vergleich zu eng gekoppelten Systemen, ein vergleichsweise hoher Freiheitsgrad für das Handeln in lose gekoppelten Organisationen. Das Handeln in diesen Organisationen folgt keiner linearen Verbindung der Elemente, wie es durch eine hierarchische Koordination der Fall wäre (Kuper 2001).

Da das Konzept der losen Kopplung von Weick „mit gängigen Vorstellungen des pädagogischen Handelns kompatibel ist" (ebd.: 92), fand es im erziehungswissenschaftlichen Diskurs weitestgehend positive Resonanz. Es verdeutlicht, inwiefern in lose gekoppelten Organisationen nicht zwingend die Kooperation ihrer Akteure oder Überwindung der relativen Autonomie erforderlich erscheint. In Schulen ist die Kooperation der in ihr tätigen Lehrkräfte nicht zwingend notwendig und diese können ohne Gefährdung der Organisation ihre relative Selbständigkeit aufrechterhalten. Durch die organisatorischen Bedingungen der Schule wird ein Nebeneinanderherarbeiten nicht nur ermöglicht, sondern sogar begünstigt. Die Aufgaben der einzelnen Organisationselemente werden unabhängig voneinander und ohne gemeinsame Koordination erledigt. Das ist jedoch erst durch die besondere organisatorische Struktur der Schule möglich. Darin existiert zunächst eine Binnendifferenzierung in ein pädagogisches und ein administratives Teilsystem. Das pädagogische Teilsystem erfährt eine weitere Ausdifferenzierung im Kontext der Unterteilung in Fächergruppen, Fächer sowie Klassenstufen[7] und das administrative Teilsystem differenziert sich in Schul-, Stufen- und Fach(bereichs)leitung. Analog zur Differenzierung des Arbeitsgefüges in Schulen findet sich eine Arbeitsteilung, die horizontal (Aufteilung des Lehrstoffs in Unterrichtsfächer, Differenzierung der Inhalte in Klassenstufen)

---

[7] In Rheinland-Pfalz tritt aktuell in Fällen der Fusion von Hauptschulen und Realschulen zu Realschulen+ noch die Differenzierung in Schulformen

bzw. vertikal (Differenzierung in Leitungs- und Lehrtätigkeit) ausgerichtet ist (Breiter 2002). Bereits Lortie (1975) hat auf diese zellularen Grundstruktur der Schule mit der damit verbundenen exakten Regelung zeitlicher Abläufe, Arbeitsplätze sowie -räume und vor allem auf die Spezialisierung und Qualifizierung und damit verbundenen klaren Arbeitsteilung hingewiesen. Letztlich ist die organisatorische Grundstruktur der Schule auf Einzelarbeit der in ihr tätigen Lehrerinnen und Lehrer hin ausgelegt, wenngleich Modernisierungsanforderungen an Schulen neue Arbeitsfelder hervorbringen, die es verstärkt koordiniert und kooperativ zu bearbeiten gilt.

2.2.2 Lehrerhandeln in der Organisation Schule

Aus der im vorherigen Kapitel geschilderten organisatorischen Struktur der Schule ergeben sich zwangsläufig Besonderheiten des Arbeitsplatzes für Lehrkräfte, die eine Auswirkung auf die Realisierung von Lehrerkooperation haben. Die relative Unabhängigkeit der Organisationseinheiten und -mitglieder zeigt sich im Tätigkeitsfeld der Lehrerinnen und Lehrer vor allem in ihrer Unabhängigkeit des beruflichen Auftrags. Auf der Ebene der Unterrichtstätigkeit im Klassenzimmer verfügt die einzelne Lehrkraft über einen hohen Grad an Autonomie. Besteht hinsichtlich der Organisations- und Führungsebene schulischer Organisation noch eine relativ starre Bürokratie (bspw. hinsichtlich der Personalhoheit und Vorgaben der Bildungsbehörde: Curricula, Schulgesetz, etc.), gilt dies keineswegs für den Kernbereich der Lehrtätigkeit. Unterrichten lässt sich, angesichts des Mangels an Technologisierung und Standardisierung, nur begrenzt bürokratisch regulieren. Für Lehrerinnen und Lehrer zieht dieser Umstand eine gewisse Erfolgsunsicherheit nach sich. Es kann als Besonderheit des Arbeitsplatzes Klassenzimmer gelten, dass „Unterrichten eher als eine von der Persönlichkeit getragene, praktisch-moralische Kunst betrachtet wird, bei der die Bedingungen des Gelingens sehr instabil sind und nicht allein vom Lehrer selbst kontrolliert werden können" (Terhart/Klieme 2008: 1). Die innere Prozessstruktur des Unterrichts lässt diesen fast privatistisch werden.

Lehrerinnen und Lehrer werden in die Struktur des self-contained classroom, wie Lortie (1972) es genannt hat, einsozialisiert. Von Beginn der Berufstätigkeit als Lehrkraft ist diese im Unterricht auf sich selbst gestellt und nur in Ausnahmefällen wohnen andere Erwachsene als Gast oder Aufsichtsperson dem Unterricht bei. In Bezug auf die Berufsausübung mangelt es Lehrerinnen und Lehrern an Rückmeldung zu ihrem Tun. Sie erhalten diesbezüglich in der Regel weder Kritik noch Verstärkung.

Feuser und Meyer sprechen davon, dass sich dadurch bei Lehrkräften ein „beruflicher Solipsismus habitualisiert, der sich gegen Formen der Kooperation im
Unterricht sperrt" (Feuser/Meyer 1987: 170). Allerdings darf die berufliche Vereinzelung der Lehrkraft nicht als ein psychologisches Phänomen diskutiert werden, das sich nach entsprechenden aufklärerischen Appellen schnell abschaffen
lässt. Die Einzelkämpferorientierung, die in der Schule lange Tradition hat und
empirisch belegt ist, resultiert auch als notwendige Systemfolge auf das nach
bürokratischen Prinzipien organisierte und verwaltete Schulwesen. Im Unterricht
führen Lehrerinnen und Lehrer im Wesentlichen das aus, was andernorts geplant
und festgelegt wurde. Bestimmte Rahmenbedingungen stehen dabei bereits fest,
etwa die Anzahl und Dauer der Unterrichtsstunden, die Größe und Zusammensetzung der Klasse sowie die Ziele und Inhalte, die curricular verankert sind. Die
vor allen Dingen methodische Autonomie der einzelnen Lehrkraft beginnt im
eigenen Klassenzimmer, denn dort arbeiten die Lehrerinnen und Lehrer in Unabhängigkeit voneinander. Unterricht wird zur Privatsache der einzelnen Lehrkraft
und findet zumeist ohne einen Austausch unter Kolleginnen und Kollegen statt
(Gräsel/Fussangel/Pröbstel 2006). Für gelingenden Unterricht ist Lehrerkooperation keine notwendige Bedingung (Helmke 2003).

Dabei stellt der bereits genannte self-contained classroom „mehr als eine
physische Realität dar, denn er verweist in gleichem Maße auf ein soziales Muster" (Lortie 1972: 42). Aus der zellulären Struktur der Schule mit der autonomen
und unabhängigen Berufsausübung im Klassenzimmer sowie dem geringen
Strukturierungs- und Formalisierungsgrad der schulischen Koordinations- und
Kooperationsbeziehungen resultieren entsprechende Normen innerhalb der Organisation Schule, die auf eben jene Strukturen rekurrieren und diese letztlich
stärken und sich als „psychische Entsprechung" (ebd.: 14) zur zellulären Organisationsstruktur von Schule bezeichnen lassen. Auf Grundlage von soziologischen
Analysen des amerikanischen Schulsystems hat Lortie (1972) das Autonomie-
Paritäts-Muster (APM) als dominierende berufliche Orientierung von Lehrpersonen identifiziert, welches als prägendes Merkmal auch der deutschen Schulkultur
angesehen werden kann. Demnach soll Unterricht ausschließlich vom einzelnen
Lehrer verantwortet und damit der Einmischung Dritter („Autonomie") entzogen
werden. Gleichzeitig herrscht die Vorstellung vor, dass alle Lehrpersonen bezüglich ihrer Arbeitsqualität als gleich betrachtet und behandelt werden sollen („Parität"). Lehrerinnen und Lehrer organisieren ihre Arbeit entsprechend, insofern
ist das APM zunächst als eine Haltung der Lehrkräfte zu verstehen. Da diese
jedoch die entsprechenden Prämissen ebenfalls als Erwartung an ihre berufliche
Umwelt richten, sind jene zugleich als Normen zu begreifen (Altrichter/Eder
2004).

Sowohl die organisationsstrukturellen Gegebenheiten der Schule mit der physischen Abgeschiedenheit als auch die Normen des APM verhindern kollegialen Austausch in der Schule. Abgesehen von Fachgruppen gibt es in der Regel in Schulen keine Organisationsstrukturen, die zwischen den Kolleginnen und Kollegen vermitteln. Die Einzelkämpferorientierung – gleichsam sozialisiert wie habitualisiert – führt letztlich dazu, dass ein Voneinander-Lernen und gemeinsames Reflektieren der wichtigen Aspekte ihrer Berufstätigkeit für Lehrerinnen und Lehrer nahezu verunmöglicht wird (Hargreaves 1994).

Die Begrenzung von Kooperationsansprüchen ergibt sich professionstheoretisch aus dem Prinzip der Kollegialität, da sehr enge Formen der Kooperation auf der Ebene des pädagogischen Handelns von den Lehrerinnen und Lehrern als Belastung und Einbuße ihrer professionellen Autonomie wahrgenommen werden (Reh 2008). Pädagogisches Handeln wird in Form von pädagogischen Arbeitsbündnissen realisiert. Diese unterliegen angesichts eines nicht-technologisierbaren Handlungsvollzuges dem Prinzip der Unvertretbarkeit. Für die einzelne Lehrkraft bedeutet dies professionelle Autonomie und individuelle Verantwortung für den Umgang mit Ungewissheit im pädagogischen Arbeitsbündnis. Kooperation als „Einmischung" in den Arbeitsbereich eines Anderen steht dem Prinzip der Unvertretbarkeit entgegen, ebenso wie dem Prinzip der Kollegialität, wenn man den Vorschlag Luhmanns folgt und Profession und Organisation als zwei Formen der Respezifikation der guten Absicht zu erziehen versteht (Luhmann 2002: 142-167). Denn dann kann Kollegialität als eine Ressource verstanden werden, die vor übergriffiger Einmischung schützt und die individuelle Verantwortung für den Umgang mit Ungewissheit wahrt. Kollegialität bedeutet in dem Fall nichts anderes als die gegenseitige Achtung der professionellen Autonomie der Kolleginnen und Kollegen. Die in der schulpädagogischen Debatte als Ideal postulierten, engen und unterrichtsnahen Formen der Kooperation würden demnach dem Prinzip der Kollegialität entgegenstehen.

2.3 Zwischenbetrachtung: Problematisierung und Forschungsdesiderata

Lehrerkooperation ist kein gänzlich neues Tätigkeitsfeld von Lehrerinnen und Lehrern: Schon immer gab es kooperative Prozesse in Schulen in Form des Konferenzwesens. Bedeutung in der Tradition der Schulpädagogik und Forschung hatte die Kooperation von Lehrkräften ebenfalls. Jedoch ursprünglich vorrangig im Hinblick auf die postulierte Notwendigkeit eines einheitlichen Lehrerethos und von allen Lehrkräften gemeinsam gestalteter schulischer Bildungs- und

Erfahrungsraum[8]. Neben die etablierten Kooperationsformen wie Fach- und Notenkonferenzen sind inzwischen neue Formen der Zusammenarbeit getreten, die sich zunehmend durch Modernisierungsanforderungen an Schulen ergeben – vor allem im Zuge der Erweiterung der Gestaltungsautonomie der Einzelschule und dem veränderten Verständnis der Schule als „pädagogischer Handlungseinheit" (Fend 1986). Dabei lässt die aktuelle Situation an den Schulen, geprägt durch gesteigerte Innovationszumutungen, stärkere Outcome-Orientierung und regelmäßiger Konfrontation mit externer Inspektion und Evaluation, den Ausbau innerschulischer kooperativer Prozesse im Kontext von Organisations- und Unterrichtsentwicklung unabdingbar werden (vgl. Feldhoff/Kanders/Rolff 2008). Aus unterschiedlichen Anlässen resultierend und in vielfältigen Formaten realisiert, wird Kooperation damit zunehmend zu einem festen Bestandteil der Lehrerarbeit an den Schulen.

Parallel ist das Thema Lehrerkooperation in den vergangenen Jahren im Diskurs um Unterrichts- und Schulentwicklung zu einem zentralen Topos avanciert (Bauer 2008). Im Hinblick auf die Einzelschule wird Lehrerkooperation als Indikator für Organisationsqualität verstanden. Die zentrale These lautet, dass in guten Schulen das Ausmaß der Zusammenarbeit höher und die Formen der Kooperation anspruchsvoller sind (Steinert et al. 2006). Für Lehrerkooperation wird ein positiver Effekt auf die Bewältigung von Organisations- und Entwicklungsprozessen vermutet. Professionelle könnten in institutionalisierten Kooperationsstrukturen ein reflexives Verhältnis zur Schule und zur eigenen Berufstätigkeit erlangen (Reh 2008). In Bezug auf das Tätigkeitsfeld der einzelnen Lehrperson gilt Lehrerkooperation als Dimension professioneller Kompetenz. Der Kooperation im Sinne des fachlichen Austauschs unter Kollegen und Kolleginnen wird großes Professionalisierungspotenzial beigemessen (Baumert/Kunter 2006). Diesbezüglich gilt die Annahme, dass die Zusammenarbeit umso produktiver sei, je enger und je näher sie dem Unterrichtsgeschehen kommt (Gräsel/Fussangel/Pröbstel 2006). Als Idealform der Lehrerkooperation werden PLG (Bonsen/Rolff 2006) bzw. COP (Wenger 1998) postuliert. Ihre Etablierung wird als anzustrebendes Ziel im Kontext von Schul- und Organisationsentwicklung identifiziert.

In Anbetracht der in beeindruckender Breite aufgeführten vermuteten Potenziale der kollegialen Kooperation an Schulen, ist der verbreitete Eindruck, Lehrerkooperation sei ein nur seltenes Phänomen an deutschen Schulen, ernüchternd. Auch in aktuellen Studien wird ein Mangel an schulischer Zusammenarbeit bzw. anspruchs- und wirkungsvollen Formen der Kooperation diagnostiziert und zugleich durch quasi-experimentelle Forschungsdesigns die hohen Erwar-

---

[8] Die individuelle Lehrerpersönlichkeit wurde jedoch stets als zentral für das Gelingen der schulischen Bildungsprozesse und damit als Gegenpol proklamiert.

tungen an Lehrerkooperation insistiert (Bonsen/Rolff 2006, Steinert et al. 2006, Gräsel/Fussangel/Pröbstel 2006).

Erklärt wird dieser Umstand in erster Linie unter Rückgriff auf die Organisationstheorie Weicks (1976), wonach Schulen eine zelluläre Organisationsstruktur aufweisen und insgesamt nur lose gekoppelt erscheinen. Der Lehrerberuf stellt sich als eine Tätigkeit dar, die trotz der Einbindung in eine partiell bürokratische Organisation aufgrund der Raumverteilung ein hohes Maß an Autonomie im eigenen Unterricht aufweist. In traditionellen Schulkulturen herrscht darüber hinaus die implizite Übereinkunft des Autonomie-Paritäts-Musters vor, wonach der Unterricht ausschließlich von der jeweiligen Lehrerin bzw. dem jeweiligen Lehrer zu verantworten ist und vor der Einmischung Dritter geschützt werden sollte (Autonomie). Alle Lehrkräfte sollten zudem in ihrer Arbeitsqualität als gleichwertig angesehen und behandelt werden (Parität) (Altrichter/Eder 2004). Das Autonomie-Paritäts-Muster als eine auf gegenseitige Schonung bedachte kollegiale Haltung findet einerseits in der organisationsstrukturellen Spezifik der Schule als lose gekoppeltes System und andererseits im traditionellen berufskulturellen Habitus der Lehrerschaft seinen Ursprung (Idel/Baum/Bondorf i.E.).

Mittlerweile kann auf eine sehr breite Basis an Forschungsergebnissen zurückgegriffen werden, jedoch lässt sich das Forschungsfeld Lehrerkooperation nach wie vor problematisieren. Ein Großteil dieser Forschung ist quantitativ ausgerichtet und im Kontext von Arbeits- und Organisationspsychologie entstanden. Zumeist werden die schulischen Akteure bezüglich des Ausmaßes, der Gelegenheiten und Formen von Zusammenarbeit an Schulen befragt. Thematisch werden die Selbstwahrnehmungen der Akteure hinsichtlich verschiedener Aspekte der Kooperation (bspw. im Hinblick auf Belastungsempfinden, subjektiven Theorien zur Kooperation, etc.). Lehrerkooperation gerät damit vornehmlich durch das Medium der Selbstauskünfte von Lehrerinnen und Lehrern in den Blick. Trotz der zahlreichen Befunde ist eine konsistente theoretische Fundierung und empirische Erfassung des Konstrukts „Kooperation von Lehrkräften" bislang nur in Ansätzen geleistet worden (vgl. Steinert et al. 2006). Insgesamt erscheint der in der aktuellen schulpädagogischen Diskussion auftauchende Kooperationsbegriff stark normativ aufgeladen. Mit dem Prozess der Lehrerkooperation werden, wie bereits dargelegt, vielfältige Erwartungen verbunden.

Kooperation lässt sich jedoch nicht per se als vorteilhaft qualifizieren. Dazu müsste eine größere Klarheit darüber herrschen, was in der Lehrerkooperation als Interaktionssituation tatsächlich passiert. Problematisiert werden muss daher die in der Debatte vorherrschende normative Sicht, die allein die positiven Aspekte der Kooperation thematisiert und Kooperation als Selbstzweck konstruiert. Die Praxis individualisierten Lehrerhandelns wird diskreditiert und in der Debatte über Schul- und Unterrichtsentwicklung das Heil in der Forderung ausgeprägter Kommunikationsstrukturen und institutionalisierten Kooperationsformen gesucht. Bislang wurde jedoch noch kein heuristischer Rahmen entwickelnd, der es gestattet die Komplexität von Interaktionssituationen in Lehrerkooperationsprozessen verstehend zu erfassen. Die Bedeutung des aus professionstheoretischer Sicht als Begrenzung von Kooperationsansprüchen zu verstehenden Prinzips der Kollegialität bleibt zumeist unbeachtet ebenso wie die Analyse der kommunikativen Herstellung von Kooperation in Lehrergruppen.

3 Fragestellung und Methoden der empirischen Untersuchung

Im Mittelpunkt dieser Studie steht eine qualitativ-rekonstruktive empirische Untersuchung des Phänomens der Lehrerkooperation. Ein Legitimationsdruck bei der Anwendung von qualitativen Forschungsmethoden scheint mittlerweile nahezu nicht mehr existent. Dennoch muss, insbesondere im Hinblick auf die Vielfalt methodischer Herangehensweisen und Auswertungsverfahren im Bereich der empirischen qualitativen Forschung, eine Explikation der konkreten Vorgehensweise erfolgen. Nachfolgend werden hierfür zunächst Ausführungen zum zugrundeliegenden Datenmaterial, dem Erkenntnisinteresse sowie den damit verbundenen methodologischen Überlegungen unternommen. Im Anschluss werden die beiden Auswertungsmethoden der Studie dargestellt. Die Skizzierung der Methoden dient dazu die dargelegten Erkenntnisse methodisch nachvollziehbar werden zu lassen. Weiterhin wird die Begründung für die Triangulation dieser beiden Forschungsmethoden geliefert und zudem veranschaulicht, in welcher Hinsicht Unterschiede beim Forschungsvorgehen und bezüglich der Forschungsergebnisse zu finden sind.

3.1 Datenmaterial, Erkenntnisinteresse und methodologische Positionierung

Die Fragestellung und Konzeptualisierung dieser Studie ist im Rahmen der Tätigkeit als wissenschaftliche Mitarbeiterin im Praxisforschungsprojekt Lehrerkooperation entstanden, das von 2006 bis 2010 im Zentrum für Bildungs- und Hochschulforschung (ZBH) der Johannes Gutenberg-Universität Mainz angesiedelt war und der Rekonstruktion der Kooperation verschiedener Lehrerteams diente. Ich knüpfe in meiner Studie an das Themengebiet und die Forschungsweise im Projekt an.

Die im vorangegangenen Theoriekapitel herausgearbeiteten Forschungsdesiderata beziehen sich auf die Analyse der kommunikativen Herstellung von Kooperation in Gruppen von Lehrkräften; die entsprechende Interaktion bleibt empirisch nach wie vor weitgehend unscharf. Insbesondere zur Dynamik und Komplexität von Prozessen der Lehrerkooperation finden sich vergleichsweise wenige Forschungen. Die vorliegende Studie bzw. das ihr zugrunde liegende Forschungsprojekt setzt an diesem Forschungsdesiderat an und wählt hierzu das Vorgehen einer qualitativen, rekonstruktiven Forschung[9].

Letztlich lassen sich zwei zentrale Aspekte identifizieren, an denen sich Unterschiede zur gängigen Kooperationsforschung ergeben. Bislang erschien die Forschung weitestgehend normativ aufgeladen. Eine normative Haltung im Sinne der Idealisierung von Kooperation wird meinerseits nicht eingenommen. Die bisherige Ausblendung der Vollzugsebene wird zudem überschritten, indem der Vollzug unmittelbar in den Blick genommen wird und insgesamt eine Dezentrierung vom Optimierungsmodell erfolgt. Prozessen der Lehrerkooperation unterstelle ich ein systematisches Problem der Kooperation, insofern das nicht aufzulösende Spannungsverhältnis zwischen professioneller Autonomie der einzelnen Lehrkraft und kollegialer Kooperation existiert.

Auch wenn man Kooperation unter Lehrkräften aus dem Blickwinkel ihrer Potenziale und Entwicklungsmöglichkeiten betrachtet, ist es notwendig den Blick zunächst auf die strukturellen Eigenheiten von kollegialen Kooperationsprozessen zu richten. Ich begreife Kooperation als eine Anforderung und Zumutung, die sich an die Professionellen stellt und von diesen bewältigt werden muss. Lehrerkooperation wird dabei nicht verkürzt als Sozialtechnologie verstanden, sondern vielmehr als berufs- und organisationskulturelles Entwicklungsproblem.

Die zentralen Fragestellungen der Untersuchung sind demnach:
-   Wie sind Lehrerkooperationsprozesse strukturiert?
-   Welche Eigenheiten, Schwierigkeiten, Antinomien, Dilemmata ergeben sich, wenn Professionelle, die ansonsten eher individualisiert arbeiten, miteinander kooperieren?
-   Welche Strukturprobleme der Kommunikation/Kooperation werden aus professionstheoretischer Perspektive sichtbar?
-   An welchen Stellen wird das zentrale Spannungsverhältnis zwischen professioneller Autonomie und Kooperation bzw. zwischen Kollegialität und Kooperation sichtbar, ausbalanciert, bearbeitet, virulent?
-   Wie wird Kooperation von den Akteuren symbolisch konstruiert (in Bezug auf das professionelle Dasein/Handeln in der Schule?)
-   Wie ist das Verhältnis von Profession und Kooperation bestimmt?

---

[9] Oevermann hält die Differenzierung in rekonstruktiver und subsumtionslogischer Forschungsverfahren für fruchtbarer als die klassische Unterscheidung zwischen qualitativer und quantitativer Forschung – an dieser Stelle werden die beiden Begriffspaare zunächst synonym verwendet.

Die Fragestellungen wurden bewusst sehr weit gefasst. Es geht schließlich nicht darum, bestehende Hypothesen zum Gegenstandsbereich zu überprüfen, sondern herauszufinden, wie das Phänomen beschaffen ist ohne den Blick auf den Gegenstand zuvor eingegrenzt zu haben. Das Erkenntnisinteresse bezieht sich auf die konkreten Erfahrungen einzelner Lehrkräfte. Dem angemessen erscheint die Entscheidung für ein qualitatives Untersuchungsvorgehen mit Einzelfallbezug. Hauptbezugspunkt dieser Forschung ist die über einen längeren Zeitraum hinweg andauernde Beobachtung des unmittelbaren prozessualen Vollzugs der Zusammenarbeit von Lehrkräften durch teilnehmende Beobachtung und audiographische Aufzeichnung der entsprechenden Kommunikation. Flankierend hierzu wurde nach Möglichkeit mit allen Teams eine Gruppendiskussion durchgeführt, die als Anstoß der Reflexivität dienen und auf die Selbstthematisierung der Gruppe zielen sollte. Themen der Gruppendiskussion waren die Geschichte der Gruppe, Aufgaben und Funktionen, Selbstverständnis und Zukunftsvorstellung.

Die Kooperation wird in situ, im Akt der Kommunikation untersucht. Dieses Vorgehen scheint begründungsbedürftig, wenn kritisch entgegen gehalten wird, dass dabei entscheidende Elemente der Kooperation außer Acht gelassen werden (z.b. Elemente der non- oder para-verbalen Kommunikation, die Handlungsebene, etc.). Die Rekonstruktion der Zusammenarbeit von Lehrkräften kann jedoch anhand der Kommunikation untersucht werden, da für Kooperationsprozesse Kommunikation zentral ist:

> „Kooperation akzentuiert in Abgrenzung zum Begriff der Kommunikation den Aspekt des gemeinsamen Handelns. Kommunikation kann dabei als konstituierend für Kooperationsbeziehungen angesehen werden, da einem gemeinsamen Handeln zumindest ein kommunikativer Aushandlungsprozess vorangeht. Doch auch die Kooperation als solche wird gewöhnlich von Kommunikation begleitet." (Heeg/Sperga 1999: 19).

Die Kommunikation der Lehrergruppen wird als Grundlage ihrer Kooperationsprozesse untersucht. Unter Kooperation wird das organisierte Zusammentreffen der Lehrenden in ihrer jeweiligen Gruppe verstanden, bei denen diese miteinander kommunizieren, um ihre Handlungen zu koordinieren. Auch wenn die Kommunikation ein zentraler Indikator für Kooperationsprozesse ist, muss ein methodisches Bewusstsein vorhanden sein, dass eben nur untersucht werden kann, wie die Gruppen mit der Kooperationsanforderung kommunikativ umgehen und nicht wie sie tatsächlich miteinander kooperieren. Diese Einschränkung ergibt sich auch aus dem Datenmaterial, das sich auf die Aufzeichnung der regulären Teamsitzungen bezieht und mehr oder weniger zufällige und informelle Zusammentreffen (zwangsläufig) ausklammern muss, insofern sie nicht in den Sitzungen thematisiert werden. Darüber hinaus muss bezüglich der teilnehmenden Beobachtung und Aufzeichnung der Sitzungen ein methodisches Bewusstsein herrschen, denn die Teamsitzungen zu besuchen und aufzuzeichnen stellt auch bei größter Zurückhaltung der Forscherin eine Art der Intervention dar. Diese Form der Begleitung von Teams setzt in der Regel ein vertrauensvolles Verhältnis zwischen Forschung und Feld voraus. Inwieweit das Handeln der Beforschten durch die Intervention beeinflusst wird, kann nicht nachvollzogen werden.

Die Analyse bezieht sich auf das interne Geschehen in den Gruppen. Die Interaktion der Lehrerinnen und Lehrer wird als Keimzelle von Kooperation in der Einzelschule angesehen. Diesem Ansatz liegt ein systemtheoretisches Verständnis von Kommunikation und Organisation zugrunde, wonach soziale Kommunikation als Erzeugungsmechanismus des Sozialen stets eigensinnig und kontingent verläuft (vgl. Luhmann 2000). Sozialität wird nicht als Verkettung absichtsvoller kommunikativer Akte konzeptualisiert, wie dies gemäß einem handlungstheoretischen Verständnis der Fall wäre und wonach sich die Beteiligten innerhalb der Kommunikation intentionale Handlungen und Motive als Ursache für die Kommunikation unterstellen. Stattdessen erscheinen Handlungen und Motive lediglich als Ableitungen der rekursiven Kommunikation. Sie müssen als symbolische (durch Sprache hergestellte) Konstruktionen der Akteure verstanden werden. Bei der Rekonstruktion geht es nicht um den Nachvollzug dessen, was die Lehrkräfte intentional beabsichtigen, meinen oder sich rückblickend als handlungsleitende Orientierung zuschreiben. Vielmehr ist der Bedeutungsgehalt der vollzogenen Sprechakte in ihrer sequenziellen Verknüpfung von zentralem Interesse.

3.2 Datenauswertung mittels rekonstruktiver Sozialforschung

Fällt die Wahl für ein Forschungsparadigma (ob quantitativ oder qualitativ), wird sich der Forschungsprozess entsprechend unterschiedlich gestalten. Bei quantitativen Vorgehensweisen lässt sich das Forschungsprojekt weitgehend linear konzeptionieren und durchführen. Zu Beginn werden aus theoretischen Annahmen Hypothesen aufgestellt, die schließlich anhand der Erhebung und Auswertung überprüft werden sollen. Im Gegensatz hierzu entfällt bei qualitativen Verfahren die ex-ante Hypothesenbildung. Theoretisches Vorwissen wird ,lediglich' in Form sensibilisierenden Wissens, das heißt bewusst vage gehaltenes theoretisches Wissen in die Forschung eingebracht und weiterhin nicht grundsätzlich auf seine Gültigkeit hin geprüft. Änderungen bzw. Umformulierungen der ursprünglichen Forschungsfragen sind dabei durchaus möglich, da der Forschungsprozess als rekursives Verfahren bzw. als zirkulärer Prozess angelegt ist (Flick 2002: 68-72). Im Forschungsverständnis der häufig als methodologisches Rahmenkonzept der qualitativen Sozialforschung deklarierten Grounded Theory wird diese Zirkularität im Prinzip des ‚theoretical samplings' realisiert, wonach stetig ein Wechselprozess zwischen Datenerhebung und Auswertung erfolgt (Przyborski/Wohlrab-Sahr 2008: 194f.).

Qualitative Forschungsmethoden zielen nach Lüders/Reichertz auf den „Nachvollzug subjektiv gemeinten Sinns, der Deskription sozialen Handelns und sozialer Milieus, der Rekonstruktion deutungs- und handlungsgenerierender Tiefenstrukturen" (Schründer-Lenzen 2003: 109) ab. Die grundlegende Perspektive, die bei einem qualitativen Verfahren eingenommen wird, ist eine solche, dass das wonach man sucht nicht bestimmt ist. Qualitative Methoden sind gegenstandsnah, insofern die Eigenschaften eines Forschungsfeldes möglichst ganzheitlich erfasst werden und keine Einschränkung auf einzelne Aspekte sozialer Wirklichkeit erfolgt.

Dabei werden unterschiedliche Forschungsansätze unter die Bezeichnung der qualitativen Forschung subsumiert, die sich hinsichtlich ihrer theoretischen Annahmen, Forschungszielen und angewandten Methoden unterscheiden. Trotz dieser Unterschiede lassen sich folgende gemeinsame Grundannahmen identifizieren:

1. „Soziale Wirklichkeit als gemeinsame Herstellung und Zuschreibung von Bedeutungen.
2. Prozesscharakter und Reflexivität sozialer Wirklichkeit.
3. ‚Objektive' Lebensbedingungen werden durch subjektive Bedeutungen für die Lebenswelt relevant.
4. Der kommunikative Charakter sozialer Wirklichkeit lässt die Rekonstruktion von Konstruktionen sozialer Wirklichkeit zum Ansatzpunkt der Forschung werden" (Flick/von Kardorff/Steinke 2007: 22).

Neben diesen Grundannahmen gibt es weitere Merkmale, die als gemeinsame Kennzeichen unterschiedlich gestalteter qualitativer Forschung beschrieben werden können (ebd.).

In der qualitativen Forschungspraxis existiert nicht die Methode, sondern vielmehr ein Methodenspektrum unterschiedlicher Ansätze, die jeweils entsprechend der Forschungstradition und zugrunde liegenden Fragestellung angewandt werden können. Dabei richtet sich die Methodenwahl nach dem untersuchten Gegenstand und den an diesen herangetragenen Fragestellungen, wodurch sich eine Gegenstandsangemessenheit der Methoden ergibt. Insgesamt sind qualitative Forschungen an dem Alltagsgeschehen und dem Alltagswissen der Untersuchten orientiert, weshalb Handlungsprozesse in ihrem alltäglichen Kontext situiert und erhoben werden. Der Gedanke der Kontextualität setzt sich auch in der Analyse fort, indem Aussagen im Kontext einer längeren Erzählung oder des gesamten Interviewverlaufs analysiert werden. Berücksichtigung finden auch die

unterschiedlichen Perspektiven der Befragten. Durch die Anwendung von offenen Fragen oder der offenen, ethnographischen Beobachtung (d. h. ohne vorge-
fertigte Beobachtungsraster) soll den Perspektiven der Untersuchten ein möglichst großer Spielraum gewährt werden. Bei der Datenerhebung gilt deshalb das
Prinzip der Offenheit. Als wesentlicher Teil der Erkenntnis der qualitativen Forschung gilt auch die Reflexivität des Forschers über sein Handeln und seine
Wahrnehmung im Feld. Als weiteres Merkmal qualitativer Forschung kann das
Erkenntnisprinzip des Verstehens[10] benannt werden. Es geht um das Verstehen
von komplexen Zusammenhängen und ist im Sinne des methodisch kontrollier-
ten Fremdverstehens auf den Nachvollzug der Perspektive des Anderen gerichtet.
Qualitative Forschung setzt die Konstruktion von Wirklichkeit, d. h. die subjektiven Konstruktionen der Untersuchten und das Forschungsvorgehen als kon-
struktiver Akt, voraus. Häufig gehen qualitative Studien von der Rekonstruktion
von Einzelfällen aus und erst in einem nächsten Schritt dazu über Fälle verglei-
chend oder verallgemeinernd zusammenzufassen. Qualitative Forschung ist in
den Interpretationsverfahren zumeist auf Texte als Datengrundlage angewiesen,
weshalb sie trotz der zunehmenden Bedeutung visueller Datenquellen nach wie
vor in erster Linie eine Textwissenschaft darstellt. Entdeckung und Theoriebildung gelten als Ziele der qualitativen Forschung (vgl. Flick/von Kardorff/Steinke
2007: 22ff).

Die vorliegende Studie folgt der Logik fallrekonstruktiver Forschung, die in
Spezifizierung zu einem qualitativ-empirischen Vorgehen vor allem durch eine
nicht standardisierte und sequenzanalytische Forschungslogik charakterisiert ist
(vgl. Kraimer 2000). Aktuell werden vor allem drei Methoden als rekonstrukti-
onslogische Forschungsvorgehen subsumiert: die Narrationsstrukturelle Methode, die Dokumentarische Methode sowie die Objektive Hermeneutik (vgl.
Bohnsack 2008).

Unter Anwendung sequenzanalytischer Vorgehensweisen werden Fallstudien rekonstruktiv erschlossen, die die Logik des je spezifischen Falls beschreiben und als ein eigenlogischer Zusammenhang verstanden werden müssen. Dabei stellen die einzelnen Fälle aber stets auch eine Ausformung des Allgemeinen
dar:

> „Die so gebildete und sich potentiell in sich ständig transformierende Lebensgesetzlichkeit ei-
> ner konkreten Praxis [...] hat logisch ebenfalls den Status einer Allgemeingültigkeit, jedoch
> nur für den inneren Kosmos einer konkreten Praxis, nicht für deren Außenwelt und nicht oder
> nur potentiell, als angeboter Lebensentwurf für andere Praxen" (Oevermann 2000: 120f.).

---

[10] Der Verstehensprozess als solcher wird zum Teil sehr verschieden, teilweise konträr aufgefasst
(vgl. Oevermann 2000: 87).

Mit der Anwendung eines rekonstruktionslogischen Verfahrens ist das Ziel verbunden eine rein subsumtionslogisch-vorgängige Unterordnung des Einzelfalls unter allgemeine Sätze zu vermeiden und stattdessen den Einzelfall in seiner Spezifik zu durchdringen. Zur Verdeutlichung der grundlegenden Perspektive des Ansatzes einer rekonstruktiven Sozialforschung soll folgendes Zitat angeführt werden:

> „Eine hermeneutische Erfahrungswissenschaft konzentriert sich auf die Rekonstruktion der Strukturiertheit komplex aggregierter sozialer Praxen. Komplexe und konkrete praktische Konstellationen lassen sich – einschließlich der in ihnen eingetragenen und vorhandenen praktischen Problemlagen – *nur in der Durchdringung des Einzelfalls* angemessen erfahren, darstellen und rekonstruieren" (Combe/Helsper 1991, 248 f.; Hervorhebung N.B.).

Die drei Fallstudien der vorliegenden Studie basieren auf der Rekonstruktion der symbolischen Konstruktionen der Akteure zu ihrer Kooperation einerseits und der Herausarbeitung von Strukturproblemen der Lehrerkooperation andererseits. Dazu wurden zwei qualitative Forschungsverfahren trianguliert: die Objektive Hermeneutik und die Dokumentarische Methode. Nachfolgend werden die beiden angewandten Methoden dargestellt, wobei auf eine weitere grundlegende diskursive methodologische Begründung verzichtet wird.[11]

3.2.1 Objektive Hermeneutik

Obwohl eine Methodentriangulation erfolgte, stellt die Objektive Hermeneutik die Leitmethode der vorliegenden Studie dar. Als Methodologie und sequenzanalytisches Verfahren wurde die Objektive Hermeneutik in den 1970er Jahren von Ulrich Oevermann und seinen Mitarbeitern entwickelt. Bereits in seiner Bezeichnung bringt dieser Ansatz die Spannung zwischen zwei Sinnebenen zum Ausdruck (*objektiv* und *hermeneutisch*), deren Verhältnisbestimmung im Zentrum der Analyse steht. Damit richtet sich das Verfahren der Objektiven Hermeneutik in methodologischer und theoretischer Hinsicht ebenso gegen die an den Naturwissenschaften orientierte Tradition der Sozialwissenschaften wie gegen eine sinnverstehende Soziologie, die an die hermeneutische Tradition anschließt. Eine Abgrenzung erfolgt demnach sowohl gegen die Auflösung von Handlungsphänomenen in einzelne Merkmalsausprägungen als auch gegen das Verständnis, den „Sinn" auf den subjektiven Prozess der Sinnzuschreibung der Handelnden zu beschränken.

---

[11] Vgl. Oevermann (2000).

Latente Sinnstrukturen und objektive Bedeutungsstrukturen von Ausdrucksgestalten

Stattdessen interessiert sich die Objektive Hermeneutik für das, was der Handelnde tatsächlich ausgedrückt hat und nicht auszudrücken intendierte und rekurriert damit auf die Möglichkeit des objektiven Verstehens des objektiven bzw. latenten Sinns. Als strukturale Theorie von Sozialität geht die Objektive Hermeneutik von der Regelerzeugt- und Sinnstrukturiertheit jeglichen menschlichen Handelns aus. Diese Regelhaftigkeit lässt sich im Verständnis Oevermanns anhand des zu interpretierenden Handlungs- und Interaktionsprotokolls aufzeigen, indem die Regeln, die in einem bestimmten Wirklichkeitsausschnitt zur Anwendung kommen, expliziert werden. Oevermann unterscheidet zwischen verschiedenen Typen von Regeln.

„(1) Die Regeln wohlgeformter Syntax und Phonologie als elementare universelle Regeln sprachlicher Kompetenz. (2) Die universalpragmatischen Regeln der illokutiven bzw. kommunikativen Kompetenz als Regeln verständigungsorientierten Handelns. (3) Die Regeln kognitiver Kompetenz und moralischer Urteilsfähigkeit. (4) Historisch bzw. soziokulturell variierende Regeln wie z.B. milieuspezifische Typisierungen, soziale Normen und Deutungsmuster" (Oevermann et al. 1979: 388, zit. nach Idel 2007: 62).

In Hinblick auf diese Regeln, die Interpreten als Mitgliedern der jeweiligen Sprachgemeinschaft als sicheres intuitives Wissen zur Verfügung stehen, lassen sich die objektive Bedeutungen bzw. der latenter Sinn bestimmen.

„Latente Sinnstrukturen sind jene abstrakten, d.h. sinnlich nicht wahrnehmbaren Gebilde, die wir alle mehr oder weniger gut und genau 'verstehen', wenn wir uns verständigen, Texte lesen, Bilder und Bewegungsabläufe sehen, Ton- und Klangsequenzen hören, und die durch bedeutungsgenerierende Regeln erzeugt werden [...]" (Oevermann 1996: 1).

Um latente Sinnstrukturen rekonstruieren zu können, bedarf es als Grundlage der protokollierten Form des Ablaufs sozialer Interaktionen oder Dokumente ihrer Objektivationen (vgl. Oevermann 1981: 46). Dabei sind insbesondere möglichst natürliche oder wörtliche und nicht durch Erhebungskategorien (wie bspw. Interviewfragen) vorstrukturierende Datentypen geeignet. Die Texte werden dabei als Material verstanden, in dem soziale Strukturen erzeugt werden und sich konstituieren. Hier liegt der entscheidende Unterschied zu anderen Verfahren der Textanalyse, bei denen das analysiert wird, was die beteiligten Handlungssubjekte auf Befragungen hin über die Handlungsabläufe, an denen sie beteiligt sind, aussagen. Für Oevermann besteht bei solch einem Datenmaterial die Gefahr, dass diese Art der Analyse systematisch eingeschränkt ist und lediglich „verzerrte mentale Repräsentationen" (ebd.: 47) der Befragten wiederspiegelt. Entscheidend ist also das Verhältnis von objektiven Strukturen und Bewusstseinsstrukturen. Letztere sind nicht als psychische Dispositionen anzusehen, die innerhalb des Textes auf etwas Äußeres verweisen. Bewusstseinsstrukturen stellen vielmehr textförmige mentale Repräsentanzen dar, „die als Bedeutungsstrukturen im argumentierenden und darstellenden Handeln hergestellt und repräsentiert werden" (ebd.: 47).

Die Objektive Hermeneutik zielt auf die Rekonstruktion objektiver Strukturen und damit auf das, was sich innerhalb der Interaktion als objektive Bedeutung dokumentiert. Die Interaktion von Bewusstseinsstrukturen ist dem nachgeordnet, weshalb für die objektiv hermeneutische Analyse stets Protokolle von Interaktionen denen von Befragungen vorzuziehen sind. Letztere können ebenso interpretiert werden, jedoch werden diese ausgehend von der Interaktion zwischen Interviewer und Interviewpartner analysiert, indem die Haltung des Interviewten vor dem Hintergrund der Interaktion mit dem Interviewer rekonstruiert wird (Przyborski/Wohlrab-Sahr 2008: 246).

Zur Formulierung von Fallstrukturhypothesen muss vorab bestimmt werden, was im vorliegenden Text von besonderem Interesse ist. Mittels Textstellen, die der zuvor ausformulierten Fallstrukturhypothese eher entgegen zu laufen scheinen, kann eine Überprüfung derselben in falsifikatorischer Absicht erfolgen. Erst wenn die Sinnstruktur und Strukturhypothese – denn Strukturrekonstruktion bleibt Sinnexplikation – in ausreichendem Maße material gesättigt erscheint, kann die Sequenzanalyse beendet werden. Es muss an dieser Stelle noch einmal auf den Strukturbegriff hingewiesen werden. Dieser impliziert, dass die Selektivität einer konkreten Wirklichkeit keineswegs zufällig, sondern stattdessen durch die geltenden Regeln vorbestimmt ist. Insofern folgen die Selektionen einer Struktur.

Es existiert entgegen der weitverbreiteten Meinung nicht **ein** Verfahren der objektiv-hermeneutischen Textinterpretation. In einschlägigen Texten zur Methode der Objektiven Hermeneutik finden sich vielmehr drei verschiedene Varianten der Textauslegung: die Feinanalyse, die Sequenzanalyse sowie die Interpretation der objektiven Sozialdaten[12]. In dieser Studie wird nach dem Verfahren der Sequenzanalyse vorgegangen. Der Interaktionsbeitrag wird dabei ohne den vorliegenden inneren oder äußeren Kontext vorab zu explizieren, Zug um Zug analysiert. Die Sequenzanalyse stellt das forschungspraktische „Herzstück der objektiven Hermeneutik" (Oevermann 1993: 177) dar, die an ausgewählten Textstellen nach dem Prinzip der extensiven Bedeutungsexplikation durchgeführt wird. Dabei werden alle denkbaren objektiven Bedeutungen analysiert und dadurch letztlich die spezifische Selektivität der vorliegenden Lebenspraxis

---

[12] Eine kurze Übersicht bzw. Unterscheidung der verschiedenen Formen findet sich bei Reichertz 2007: 517

nachvollzogen. Schließlich lässt sich die so herausgearbeitete latente Sinnstruktur als Fallstrukturhypothesen von protokollförmigen Ausdrucksgestalten sozialer Praxis explizieren. Fallstrukturhypothesen sind zunächst stets approximativ (eine Annäherung an die faktische Fallstruktur) und können durch nachfolgende Interpretationen falsifiziert werden (Idel 2007: 64).

Das Ergebnis von Sequenzanalysen spiegelt nicht nur den jeweils spezifischen Fall, sondern verweist gleichsam auf den nicht realisierten Falltyp und stellt somit eine Art der Strukturgeneralisierung dar, die sich von empirischer Generalisierung abgrenzen lässt (Oevermann 1996a). Jede Fallrekonstruktion bringt sowohl allgemeine als auch besondere Erkenntnisse hervor und geht damit über eine rein deskriptive Fallbeschreibung hinaus. „Einen konkreten Fall gewissermaßen von innen her" (ebd.: 11) zu erschließen ist Ziel der Fallrekonstruktion.

Zum Verfahren der Sequenzanalyse

Für die Objektive Hermeneutik ist der Akt der Interpretation als methodischer Kern einer sinnverstehenden Wirklichkeitserschließung und die intersubjektive Überprüfbarkeit der Interpretation eine tragende Säule. Entsprechend existieren für die Rekonstruktionsarbeit das Vorgehen strukturierende Prinzipien, die die methodische Kontrolle der Interpretation gewährleisten. Nach Wernet (2000: 21ff.) sind folgende fünf Prinzipien anzuführen: Kontextfreiheit, Wörtlichkeit, Sequentialität, Extensivität sowie Sparsamkeit.

Kontextfreiheit: Das Prinzip der Kontextfreiheit impliziert keineswegs eine Interpretation ohne Einbezug der Umstände einer Handlung. Dieser spielt sogar eine herausragende Rolle in der Interpretation, jedoch erst nachdem zuvor eine kontextfreie Interpretation vollzogen wurde. In der Interpretation wird zunächst eine Haltung künstlicher Naivität eingenommen. „Die Kontextuierung ist der kontextfreien Bedeutungsexplikation *systematisch nachgeordnet"* (ebd.: 21f.), da nur dadurch gewährleistet werden kann, dass die Interpretation nicht voreilig auf klassische Deutungen hinausläuft und der Fall unter bereits Bekanntes subsummiert wird. Die Zuhilfenahme des Kontextwissens würde den faktischen Raum möglicher Lesarten einschränken. Nachdem eine Fallstruktur rekonstruiert wurde, wird diese mit dem tatsächlich vorliegenden Kontext bzw. außertextlichen Verweisungszusammenhängen konfrontiert, was einen weiteren wichtigen Analyseschritt der Interpretation darstellt. Insgesamt wird mit dem Prinzip der Kontextfreiheit die Vermeidung von Zirkularität intendiert.

Wörtlichkeit: Der Text muss als Ausdruck der Wirklichkeit in seiner tatsächlichen Form ernst genommen werden. Dies gilt auch und insbesondere in

Fällen, in denen der Text zunächst unverständlich oder gar widersprüchlich erscheint. Der Interpret ist im Vorgehen dazu verpflichtet den Text „auf die Goldwaage zu legen" (ebd.: 24). Nur durch die Bedeutungsrekonstruktion des Textes in seiner protokollierten Form und damit der konsequenten Beachtung innertextlicher Verweise, öffnet sich ein interpretatorischer Zugang zur Explikation der Differenz zwischen subjektiv gemeintem und latentem Sinngehalt. Erst wenn diese Differenz im Text nachzuvollziehen ist, entfaltet das Prinzip der Wörtlichkeit seine Wirkung. Seine methodische Bedeutung erhält es demnach erst dadurch, dass eine textimmanente Diskrepanz zwischen der intendierten Motiviertheit eines Sprechaktes und ihrer sprachlichen Realisierung offensichtlich wird.

Sequentialität: Auf den Begriff der Sequentialität bzw. Sequenzanalyse ist bereits ausführlicher eingegangen worden. Als Interpretationsprinzip bedeutet es sich in der Analyse streng an den im Text protokollierten Ablauf zu halten und nicht im Text umherzuspringen. Ebenso ist nicht zulässig die Folgesequenzen in die Interpretation mit einzubeziehen, um Bedeutungsrekonstruktionen nicht frühzeitig engzuführen oder gänzlich auf die Explikation von wohlgeformten Anschlüssen zu verzichten, nachdem der faktische Anschluss bekannt ist.

Extensivität: Diesem Interpretationsprinzip liegt die Annahme zugrunde, dass sich aus den Textprotokollen als Ausschnitte sozialer Realität „ein Allgemeines" (ebd.: 32) rekonstruieren lasse. Das Prinzip der Extensivität ist als ein Vollständigkeitsgebot zu verstehen, das sich in zwei Richtungen auswirkt: Zum einen geht es darum, alle Textelemente zu berücksichtigen und keine willkürliche Auswahl oder Auslassung von einzelnen Textteilen zu vollziehen. Zum anderen gilt es die Interpretation sinnlogisch erschöpfend vorzunehmen, also eine Vollständigkeit hinsichtlich möglicher Lesarten des Textes zu erreichen. Von Nöten ist eine extensive Sinnauslegung einzelner Textsequenzen, denn die „Trifftigkeit und Aussagekraft der *extensiven Feinanalyse* bemisst sich an der *Qualität* der Interpretation, nicht an der *Quantität* des einbezogenen Datenmaterials" (ebd.: 33).

Sparsamkeit: Das Prinzip der Sparsamkeit stellt gewissermaßen die natürliche Grenze des zuvor skizzierten Extensivitätsprinzips. Die Sparsamkeitsregel ist forschungslogisch zu begreifen und gibt vor nur jene Lesarten bilden zu dürfen, die wohlgeformt (ausgehend von der Wohlgeformtheit sozialer Handlungsabläufe) und aus dem zu interpretierenden Text erzwungen sind. Es sind folglich nur Fallstrukturhypothesen zulässig, die tatsächlich textlich überprüfbar sind. Das Prinzip der Sparsamkeit erscheint damit als ein übergeordnetes Interpretationsprinzip.

Die konkrete methodentechnische prozedurale Umsetzung der Sequenzanalysen folgt dabei einem Dreischritt[13]:

Geschichten erzählen: Als ersten Schritt gilt es für die Textausschnitte passende Geschichten zu erzählen, für die es zwei Beschränkungen gibt: Die Geschichten dürfen sich nicht im realen Äußerungskontext bewegen und es sollen nur jene Geschichten erzählt werden, die den sprachlichen Äußerungen des Textes tatsächlich als angemessen erscheinen. Hierzu bedienen sich die Interpreten ihrem intuitiven Regelwissen und gehen gedankenexperimentell vor.

Lesarten bilden: Die daraufhin entwickelten Geschichten werden hinsichtlich struktureller Gemeinsamkeiten und Unterschiede zu verschiedenen Lesarten gruppiert. Aus den Typen von Lesarten (bzw. der Lesart, denn mitunter lässt sich auch lediglich eine einzelne Lesart bilden) ergibt sich die fallunspezifische Textbedeutung.

Gebildete Lesarten mit dem tatsächlichen Kontext konfrontieren: Die kontextfrei und fallunspezifisch herausgearbeitete Textbedeutung wird schließlich mit dem tatsächlichen Kontext konfrontiert. Aus der Konfrontation mit der dem Text immanenten Aussageintention lässt sich die Besonderheit der Struktur identifizieren und eine Fallstrukturhypothese aufstellen.

Die zuletzt skizzierten Interpretationsprinzipien und -schritte der Objektiven Hermeneutik fanden bei der Rekonstruktion der Sequenzanalysen dieser Studie Anwendung, wenngleich die schriftliche Darstellung des Forschungsvorgehens notwendigerweise pragmatischen Abkürzungsstrategien unterliegt.

Kritik an der Methode der Objektiven Hermeneutik ist von vielen Seiten formuliert worden (vgl. Reichertz 1995). Auf eine Darstellung der entsprechenden Kritikpunkte kann an dieser Stelle verzichtet werden, da sie die eigene Vorgehensweise nicht tangieren.

3.2.2 Dokumentarische Methode

Die Objektive Hermeneutik ist die Leitmethode der vorliegenden Studie, die um einzelne Verfahrensschritte der Dokumentarischen Methode ergänzt wurde. Da diese lediglich in pragmatischer und abkürzender Weise adaptiert wurde, werden nachfolgend ausschließlich die angewandten Verfahrensschritte näher erläutert.

Die Dokumentarische Methode der Interpretation geht auf die Arbeiten des Soziologen Karl Mannheim zurück. Seine Idee wurden vor allem durch Ralf Bohnsack verbreitet und im Zuge der Entwicklung des Gruppendiskussionsver-

---

[13] Wenngleich der Dreischnitt lediglich die „Gleichursprünglichkeit" der drei Schritte analytisch auflöst und keineswegs den Erkenntnisakt in seinem Fortschreiten rekonstruiert oder die entsprechende Darstellung der Interpretation vorgibt (Wernet 2000:51).

fahrens für die sozialwissenschaftliche Empirie fruchtbar gemacht (Przyborski/Wohlrab-Sahr 2008). Inzwischen weitet sich das methodische Anwendungsfeld stark aus. So werden mittlerweile auch Bilder, Fotos und Videographien mittels Dokumentarischer Methode ausgewertet, weshalb sie als „Verfahren der Interpretation von Kulturobjektivationen sprachlicher, bildlicher und auch gegenständlicher Natur" (ebd.: 271) bezeichnet werden kann.

Die Gesprächsanalyse der Dokumentarischen Methode zielt auf die Identifikation kollektiver Orientierungen der Gesprächsteilnehmenden. Dahinter steht das Verständnis, dass handlungspraktisches Wissen stets kollektiv konzipiert ist. Mannheim bezeichnet dieses Wissen als „konjunktives Wissen" (Mannheim 1980: 207), das in gemeinsamen Erfahrungsräumen der Beteiligten emergiert.

Auch die Dokumentarische Methode folgt, ähnlich wie die Objektive Hermeneutik, jedoch in anderer Form, dem theoretischen Grundprinzip der Trennung zweier Sinnebenen. Für die Dokumentarische Methode ist die Unterscheidung zwischen kommunikativem bzw. immanentem und konjunktivem bzw. dokumentarischem Sinngehalt konstitutiv.

Immanente Sinngehalte können unabhängig von ihren je konkreten Entstehungskontexten überprüft, d.h. auf ihre wörtlichen, expliziten Bedeutungen hin untersucht werden. Der immanente Sinn kann in sich noch einmal differenziert werden. Unter dem subjektiv gemeinten intentionalen Ausdruckssinn sind die Absichten und Motive des Sprechers zu verstehen, wohingegen der Objektsinn auf die allgemeine Bedeutung eines Textes oder einer Handlung rekurriert.

Der *dokumentarische Sinngehalt* nimmt den soziokulturellen Hintergrund einer Aussage in den Blick. Von Interesse ist demnach vor allen Dingen die Herstellungsweise der Schilderung, d. h. die Frage danach, welche Orientierung der geschilderten Erfahrung zugrunde liegt (Nohl 2006).

Die Sequenzanalyse der Dokumentarischen Methode

Die Leitdifferenz der beiden Sinngehalte schlägt sich forschungspraktisch in den beiden Schritten der Formulierenden (immanenten) und Reflektierenden (dokumentarischen) Interpretation nieder. Während der intentionale Ausdruckssinn einer Aussage empirisch nicht erfassbar ist, lässt sich der Objektsinn thematisch identifizieren. Den entsprechenden Interpretationsschritt stellt die Formulierende Interpretation dar. Zunächst wird ein thematischer Verlauf[14] des Textes erstellt,

---

[14] Im Gegensatz zu vielen anderen Autoren schlägt Przyborski vor, den thematischen Verlauf nicht als Bestandteil der Formulierenden Interpretation zu verstehen, da es sich dabei um „eine erste Orientierung im Text" (Przyborski 2004:50) handelt, in der gleich-

der die angesprochen Themen, Themenwechsel sowie Interaktionsmerkmale der Textstellen enthält. Dabei werden einzelne Stellen der Behandlung eines bestimmten Themas identifiziert, so genannte Passagen, die im weiteren Verlauf die kleinste Einheit für einzelne Interpretationen darstellen. Diese Passagen werden für die weitere Analyse transkribiert; ihre Auswahl folgt inhaltlichen (entsprechend der Forschungsfrage) oder formalen (z.B. besondere interaktive Dichte) Kriterien (Przyborski 2004). Die Formulierende Interpretation ist schließlich der Schritt, in dem die zusammenfassende (Re-)Formulierung des allgemein kommunikativ-generalisierten Sinngehalts des Textes erfolgt. Dabei verbleibt diese Interpretation gänzlich innerhalb des vorliegenden Relevanzsystems. Erst im nächsten Verfahrensschritt, der Reflektierenden Interpretation, wird die Selektivität mit der ein Thema behandelt wird, explizit gemacht (Bohnsack 2008). Dabei muss der Geltungscharakter der Aussagen zunächst einmal eingeklammert werden, um dadurch zur Ebene des dokumentarischen Sinngehalts gelangen zu können. Das von Mannheim so bezeichnete „konjunktives Wissen" (Mannheim 1980: 207) findet als atheoretisches, d. h. handlungsleitendes, inkorporiertes Wissen Eingang in die Handlungspraxis. Auf der Grundlage milieuspezifischer kollektiver bzw. konjunktiver Erfahrungen werden die entsprechenden Bedeutungsgehalte unmittelbar verstanden. Die dokumentarische Interpretation stellt als Verfahren die begrifflich-theoretische Explikation dieser Bedeutungen dar (Przyborski/Wohlrab-Sahr 2008). Indem der das Thema einbettende Orientierungsrahmen, der modus operandi, rekonstruiert wird, lassen sich Handlungsorientierungen und Habitusformen der Sprecher herausarbeiten. Weitere Schritte der Rekonstruktion bzw. dokumentarischer Interpretation stellen die Diskursbeschreibung sowie Typenbildung dar (vgl. Bohnsack 2008), die jedoch in der vorliegenden Studie keine Anwendung fanden.

3.2.3 Methodisches Vorgehen mittels Methodentriangulation

Methodentriangulation

In dieser Studie erfolgt eine Triangulation der zuvor skizzierten Methoden der Objektiven Hermeneutik und der Dokumentarischen Methode. Eine entsprechende Diskussion im Kontext qualitativer Forschung befindet sich im deutschsprachigen Raum nach wie vor noch in den Anfängen. Unter Triangulation werden zumeist solche Bestrebungen verstanden, die qualitative mit quantitativen

---

ermaßen Elemente des ‚was' und ‚wie' und damit des immanenten und zu analysierenden Dokumentsinn einfließen.

Datensätzen und Methoden zu verbinden versuchen (Graßhoff 2008). Im Fachdiskurs lassen sich weitere zentrale Positonen nachzeichnen:

> „Hence two meanings of triangulation have emerged in these debates: triangulation as a process of cumulative validation or triangulation as a means to produce a more complete picture of the investigated phenomena" (Kelle 2001: o. S.).

Die Autoren Fielding und Schreier verwenden für die beiden geschilderten Intentionen der Triangulation die Begriffe Validitätsmodell („validity model") sowie Ergänzungsmodell („complementarity model") (Fielding/Schreier 2001: o.S.).

Durch die realisierte Methodentriangulation soll in der vorliegenden Studie zu einer systematischen Erweiterung von Perspektiven und damit einer umfassenderen Felderkenntnis beigetragen werden. Es geht darum mehr über den Untersuchungsgegenstand der Lehrerkooperation herausfinden zu können und damit zu einer „umfassenderen Gegenstandsabbildung" und zu einer „größeren Angemessenheit" zu gelangen (Flick 2004: 19).

Als Leitmethode steht die Objektive Hermeneutik im Vordergrund der Studie und dient der Rekonstruktion latenter Sinnstrukturen. Die Rekonstruktion kollektiver Orientierungsmuster und Erfahrungsräume ist mittels Dokumentarischer Methode intendiert. Die Gültigkeit der jeweiligen Analysen wird durch die Explizietheit und Überprüfbarkeit des jeweils angewandten Verfahrens selbst gewährleistet und erfolgt nicht durch die Triangulation als solche, weshalb letzterer keine Kontrollfunktion zukommt. Denn insbesondere in der Differenz der Methoden liegt der entscheidende Erkenntnisgewinn, in dem die beiden Methoden den Gegenstand der Lehrerkooperation auf unterschiedliche Art und Weise in den Blick nehmen.

Methodisches Vorgehen

Alle Sitzungen der teilnehmenden Lehrergruppen wurden protokolliert und mit Hilfe der Dokumentarischen Methode paraphrasiert (Formulierende Interpretation). Dieser erste Schritt diente hauptsächlich der Komplexitätsreduktion. Zugleich entstanden in der Folge dieses Arbeitsschrittes die überwiegend deskriptiven Fallporträts der einzelnen Lehrergruppen. Im nächsten Schritt wurden interessante Passagen des Datenmaterials zur Feinanalyse identifiziert: Dabei handelt es sich zum einen um Stellen mit hoher thematischer Relevanz, also solche, in denen Kooperation explizit thematisiert wird und zwar einerseits im Rahmen der regulären Gruppensitzungen und andererseits initiiert durch Projektbeteiligte (Gruppendiskussionen und Rückspiegelungen). Zum anderen und hauptsächlich wurden Stellen mit auffallender interaktiver oder metaphorischer Dichte zur

Intensivinterpretation ausgewählt. Die entsprechenden Passagen wurden objektiv hermeneutisch interpretiert, d. h. einer ausführlichen, sequentiell verfahrenden Rekonstruktion ihrer Sinnlogik unterzogen. Zugleich erfolgte eine Rekonstruktion der kollektiven Orientierungsmuster und Erfahrungsräume der Lehrkräfte. Dadurch entstehen thematisch fokussierte Fallstudien verschiedener Lehrergruppen, die aufzeigen wie die realisierten Lehrerkooperationsprozesse symbolisch strukturiert sind.

3.3 Potenziale einer fallorientierten Forschung zu Lehrerkooperation

Mit dem sequenzanalytischen Vorgehen bei der Untersuchung des Phänomens Lehrerkooperation unterscheidet sich die vorliegende Studie vom Gros einer entsprechenden empirischen Kooperationsforschung im Bereich der Organisation Schule. Der Hauptbezugspunkt dieser fallorientierten Forschungsweise stellt die Beobachtung des unmittelbaren Vollzugs der Kooperation durch die Teilnahme an den Gruppensitzungen sowie die audiographische Aufzeichnung der Kommunikation unter kooperierenden Lehrkräften dar sowie der Aufzeichnung der flankierend durchgeführten Gruppendiskussionen. Obwohl in den Gruppensitzungen selbst wie in den von Forscherseite aus initiierten Gruppendiskussionen stets auch das Gruppenumfeld betreffende Aspekte thematisch wurden, erfolgt eine Fokussierung und Begrenzung auf die Binnenperspektive der Lehrergruppen. Die (Aus)Wirkungen der Kooperation innerhalb der Organisation und auch auf Ebene des professionellen Handelns der Akteure werden nur durch ihre Äußerungen, also der individuellen Perspektive der Einzelnen zugänglich.

Die Untersuchung der aufgezeichneten Kooperationsgespräche innerhalb der Teamsitzung zielt auf die Herausarbeitung der Strukturprobleme und Bezugsprobleme in der Kommunikation (Schneider 2009). Als grundlegend erscheint hierbei das Verständnis, dass die Lehrergruppen über die Zeit hinweg eine je spezifische Kommunikationskultur entwickeln, indem sich die konstitutiven Elemente ihrer Kommunikationsstruktur ständig wiederholen[15]. Die Beschäftigung mit dem Einzelfall im Kontext einer fallrekonstruktiven Forschung vermag die Komplexität der Konstellationen sozialer Praxen, d.h. hier der jeweiligen kooperierenden Lehrergruppe, adäquat erfahren und darstellen. Wichtig erscheint, dass der einzelne Fall aus der Perspektive rekonstruktiver Forschung stets als eigenlogischer Zusammenhang verstanden wird.

Das Ziel einer fallorientierten Forschung zu Lehrerkooperation besteht darin, durch die Analyse der Struktur- und Entwicklungsprobleme der einzelnen Teams

---

[15] Wenngleich Wiederholung gleichbedeutend mit Reproduktion ist, sondern Variationen auftreten, personelle Änderungen mitgedacht werden müssen, etc.

einen Beitrag zur Kooperationsforschung zu leisten, der eine Erweiterung der bisherigen Forschung zu Lehrerkooperation darstellt. Nur durch die längerfristige Teilnahme am Gruppengeschehen und Orientierung an der sowie Fokussierung auf die Kooperationspraxis ermöglichte einen mikroskopischen Blick auf die Komplexität und Dynamik des Feldes. Durch die Rekonstruktion der fallspezifischen kommunikativen Praxis der Lehrerkooperation auf Grundlage von in-situ-Daten und daraus resultierend der Abstraktion bestimmter Strukturprobleme der Lehrerkooperation lässt sich letztlich in ersten Ansätzen bestimmen, „was genau die Qualität der Interaktion in der Kooperation mit Kolleg(inn)en auszeichne und was daran vorteilhaft sei" (Kolbe/Reh 2008: 816). Für konkrete Fälle lassen sich Kooperationsformen und -strukturen und mit diesen assoziierten Probleme, Ge- und Misslingensbedingungen sowie Entwicklungsaufgaben analysieren, die stets auch immer Aufschluss über allgemeine Kooperationsformen und -strukturen und damit auch Strukturprobleme der Lehrerkooperation geben. Im Gegensatz zu reinen Fallbeschreibungen, die lediglich unter allgemeine Gesetzmäßigkeiten subsumiert werden, impliziert eine sequenzanalytisch rekonstruierte Fallstruktur nämlich neben dem Besonderen auch immer das Allgemeine des Falls:

„Die Fallstruktur ist *Besonderes*, weil die Sequenzanalyse die Verkettung je konkreter Selektionsentscheidungen und damit einen individuellen Bildungsprozess zum Vorschein bringt. Sie ist *Allgemeines*, weil sie sich *erstens* der Allgemeinheit der bedeutungsgenerierenden Regeln bedient, *zweitens*, weil sie in ihrer Besonderheit zugleich fallübergreifende Gesetzmäßigkeiten [...] zum Ausdruck bringt, und *drittens* [...] weil ihr konkretes Handeln zugleich als konkrete Antwort auf eine allgemeine Problemlage angesehen werden kann" (Hericks 2006: 146 f.).

4 Anlage, Aufbau der Studie

4.1 Feldzugang

Der Feldzugang zu den Lehrergruppen erfolgte im Jahr 2006 zunächst über das rheinland-pfälzische Ministerium für Bildung, Wissenschaft, Jugend und Kultur, das sich bereit erklärte als Gatekeeper für das Forschungsprojekt zu fungieren. Entsprechend informierte das Ministerium alle Schulleiterinnen und Schulleiter rheinland-pfälzischer Gymnasien und Integrierten Gesamtschulen über die Möglichkeit der Teilnahme am Projekt. Obwohl der Erstkontakt über die Ebene der Bildungsadministration erfolgte, agierte das Forschungsprojekt unabhängig von ministeriellen Intentionen und stellte keine Auftragsevaluation des Ministeriums oder anderer öffentlicher Einrichtungen dar. Dennoch kann sich der Feldzugang mit ministerieller Beteiligung in das Feld zurückwirken. Insofern bspw. die Beteiligungen einzelner Schulen und Lehrergruppen verhindert wird oder die Selbstdarstellungen der teilnehmenden Gruppen beeinflusst werden. Da der Kontakt zu den tatsächlich am Projekt beteiligten Lehrergruppen zu einem überwiegenden Teil auf persönlichem Wege zwischen Projektverantwortlichen und einzelnen Schulen hergestellt werden konnte, dürfte die Auswirkung des Feldzugangs über das Ministerium letztlich nur von geringer Bedeutung sein.

Die Projektteilnahme der Lehrergruppen fand nach Zustimmung aller Gruppenmitglieder auf freiwilliger Basis statt, weshalb der Schluss nahe liegt, dass es sich um ein spezifisch selektiertes Sample handelt. Es ist wahrscheinlich, dass vorwiegend jene Lehrergruppen zur Begleitung vorgeschlagen wurden bzw. sich zur Teilnahme bereit erklärten, die den eigenen Kooperationszusammenhang als positiv erleben und als gelingend resumieren. Für die Untersuchung von Kooperationsprozessen bedeutet dies im ungünstigsten Fall zweierlei: Zum ersten werden Forschungsergebnisse im Feld von „best practice"-Beispielen generiert und zum zweiten ergeben sich adäquat dazu entsprechend nuancierte Selbstdarstellungen der Lehrerteams. Aus methodologischer und methodischer Sicht ergibt sich aus diesem Umstand jedoch kein grundsätzliches Problem. Die Rekonstruktion der Lehrerkooperation ist nicht auf den subjektiven Prozess der Sinnzuschreibung der Akteure beschränkt, weshalb das generierte Strukturwissen über die reine Selbstbeschreibung der Akteure hinausgeht. Die Methode der Objektiven Hermeneutik rekurriert auf den objektiven bzw. latenten Sinn und

damit auf das, was der Handelnde tatsächlich ausgedrückt hat und nicht nur aus-
zudrückten versuchte. Insofern erscheint es in Bezug auf Strukturbesonderheiten
zunächst einmal irrelevant wie die Beteiligten ihre eigenen Kooperationsprozesse
evaluieren.

Für eine Praxisforschung, wie sie in dieser Arbeit realisiert wurde, ist der
Bezug zum Forschungsfeld ein zentrales Thema. Durch die Beteiligung der Lehrergruppen am Projekt ist jedoch nicht automatisch ein bestimmtes Format der
Relationierung zwischen Forschung und Feld eingerichtet. Vielmehr geht mit
dem Ansatz der teilnehmenden Forschung ein fragiles Verhältnis zwischen Feld
und Wissenschaftlerin einher, das fallspezifisch ausgestaltet wird und sich im
Spannungsfeld von Integration und Aussonderung bewegt. Sichtbar wird die je
spezifische Relationierung bspw. an der räumlichen Positionierung der Forscherin (Sitzposition), der Versorgung mit Informationen (Arbeitsmaterialien, etc.)
sowie insbesondere an der Art der Ansprache bzw. des Umgangs (Wahrnehmung
als Forscherin, uninvited guest, Expertin, etc.). Letztlich entstehen verschiedene
Formate des Bündnisses oder Nicht-Bündnisses. Das vorliegende Forschungssample betrachtend, lassen sich drei idealtypische Varianten[16] der Relation zwischen Feld und Forschung differenzieren (Idel/Baum/Bondorf i. E.).

1. Duldung

Alle Lehrergruppen beteiligten sich freiwillig am Forschungsprojekt. Auf einen
vertraulichen Umgang mit den erhobenen Daten wurde zu Beginn ebenso hingewiesen, wie auf die Möglichkeit, die Sitzung ohne audiographische Aufzeichnung und Anwesenheit der Forscherin fortzuführen, insofern dies gewünscht
bzw. datenschutzrechtlich erforderlich sein sollte. Wenngleich auf diese „radika-
le" Variante der Grenzsetzung gegenüber der Forschung nicht zurückgegriffen
wurde, zeigte sich insbesondere bei einer der teilnehmenden Gruppen eine Skep-
sis in Bezug auf das Forschungsprojekt und seine Effekte. Deutlich wurde dies
insbesondere in prekären Situationen innerhalb der Teamkommunikation, aber
auch im Rahmen der von Projektseite initiierten Gruppendiskussion. Auf die
Gesprächsimpulse im Rahmen der Gruppendiskussion erfolgte nur sehr zögerlich
eine Reaktion und Fragen zur Gruppe wurden äußerst zurückhaltend beantwortet.
Informationen und Materialien, die die begleiteten Gruppensitzungen betrafen,
wurden der Forscherin nicht automatisch überliefert, sondern mussten angefor-
dert werden. Die Forscherin wurde in die Kommunikation nicht einbezogen.

2. Annäherung

Ähnlich zur zuvor distanzierten Positionierung, wurde die Forscherin in einem
anderen Team ebenfalls zunächst eher als Externe betrachtet. Im Laufe des Begleitungszeitraums änderte sich jedoch das Verhältnis. Die Forscherin rückte

---

[16] Idealtypisch, insofern die Varianten auch in Mischformen vorkommen bzw. sich im Laufe der Zeit
verändern.

räumlich näher an das Team heran – saß sie zuvor noch hinter dem Gruppentisch in zweiter Reihe, hatte sie am Ende stets einen eigenen Platz am Gruppentisch. Das zunehmende „Heranrücken" in den Kreis der Gruppe zeigte sich auch in der Ansprache, insofern der Forscherin gegen Ende der Begleitung das Du angeboten wurde. Die Lehrergruppe baute zunächst ein vertrauensvolles Verhältnis zur Forscherin auf, bevor sie sie in den Gruppenprozess und die sozialen Kontaktformen integrierte. Jene Form der Annäherung zwischen Forschung und Feld lässt auf Seiten der Wissenschaftlerin das Ausbalancieren der Nähe zur Lehrergruppe notwendig werden.

   3. Vergemeinschaftung
Schließlich fand sich ein noch engeres Bündnis zwischen Feld und Forschung, bei dem das Maß an Assoziierung der Wissenschaftlerin durch die entsprechende Lehrergruppe noch gesteigert wurde. Auch hier entwickelte sich aus der zunächst eher als Eindringling wahrgenommenen Forscherin ein Gruppenmitglied. Die zunehmende Einbindung in den Gruppenprozess begann mit der permanenten Spiegelung der Gruppe in der Wissenschaftlerin, insofern Aspekte der gemeinsamen Arbeit expliziert und Prozesse transparent gemacht wurden, die ohne fremde anwesende Person implizit geblieben wären. Auch in dieser Lehrergruppe wurde erst ein vertrauensvolles Verhältnis aufgebaut, bevor ein Prozess der Annäherung und schließlich Vergemeinschaftung stattfand. Über den Begleitungszeitraum hinweg wurde die Forscherin schließlich in einer sehr hohen Intensität vergemeinschaftet, insofern der Wunsch geäußert wurde, sie auch inhaltlich in die eigene Gruppenarbeit einzubeziehen. Für die beteiligte Forscherin war damit eine besondere Distanzierungsanforderung verbunden.

4.2 Forschungssample

Im Praxisforschungsprojekt Lehrerkooperation wurden insgesamt sieben Lehrerteams mit je spezifischer Aufgabenstellung und institutioneller Verankerung und Mandatierung unterschiedlicher Sekundarschulen in Rheinland-Pfalz über einen Zeitraum von einem bis anderthalb Jahren wissenschaftlich mit Methoden der qualitativen Forschung begleitet. Darunter fanden sich Lehrergruppen, die gemeinsam im Bereich der Schulsteuerung, methodisch-didaktischen Entwicklungsarbeit, Fach- oder Jahrgangskoordination sowie pädagogischen Reflexion arbeiten. Im Einzelnen handelte es sich um die gymnasialen Kooperationszusammenhänge des Mittelstufenteam, Steuerungsteam, eine Steuergruppe und Arbeitskreis Unterrichtsentwicklung und -praxis; ein Jahrgangsstufenteam sowie eine Fachkonferenz Mathematik aus Integrierten Gesamtschulen sowie eine Mandatsgruppe Unterrichtsorganisation einer Schule aus freier Trägerschaft.

Nachfolgend werden alle Kooperationszusammenhänge des Forschungssamples jeweils kurz hinsichtlich des jeweiligen Feldzugangs, der Zusammensetzung und Zielstellung der Lehrergruppe sowie den zentralen Themen während der Begleitung skizziert[17].

4.2.1 Mittelstufenteam – Gymnasium A

Zugang zur Schule und zur Gruppe

Der Kontakt zwischen dem Projektteam und der Schule erfolgte auf persönlichem Wege zwischen einem Projektleiter und der Schulleiterin des Gymnasiums. In einem gemeinsamen Telefonat wurde das Mittelstufenteam bereits als mögliche teilnehmende Gruppe identifiziert und die Kontaktdaten des Gruppenleiters Lars Hammen an das Forschungsteam übermittelt. Der Projektleiter nahm direkt Kontakt zum Gruppenleiter auf, der großes Interesse an einer wissenschaftlichen Begleitung zeigte. Bereits zur konstituierenden Sitzung des Mittelstufenteams wurde das Forschungsprojekt eingeladen. Nach einer kurzen Vorstellung der Anwesenden durfte die Sitzung direkt aufgezeichnet werden Alle Beteiligten stimmten der Teilnahme an der wissenschaftlichen Begleitung direkt zu und äußerten keine Bedenken über die Tonbandaufnahme.

Das Mittelstufenteam

Das Mittelstufenteam setzt sich aus dem Didaktischen Koordinator[18], dem Leiter der Mittelstufe sowie fünf weiteren Lehrkräften zusammen. Ein Teammitglied ist zwischenzeitlich erkrankt und nimmt nicht durchgängig an den Teamsitzungen teil. Die Aufgabe des Mittelstufenteams ist die Erarbeitung von einzelnen Bausteinen für ein Methodentraining in der Mittelstufe. Die erarbeiteten Module sollen am schuleigenen Studientag dem Gesamtkollegium vorgestellt und gemeinsam diskutiert werden, um schließlich ein Umsetzungsmodell für die Zukunft festzulegen.

Das Mittelstufenteam ist ein auf Zeit angelegtes und in seiner Aufgabenstellung klar festgelegtes Team, das gewissermaßen eine Mischform von formeller und

---

[17] Die Beschreibung der Lehrergruppen erfolgt vorrangig im Präsens, auch wenn sich einige der Lehrergruppen zwischenzeitlich bereits wieder aufgelöst haben.
[18] Die Schulleitung des Gymnasiums übernahm das Konzept des Didaktischen Koordinators von den Integrierten Gesamtschulen und richtete eine entsprechende Funktionärsposition an der eigenen Schule ein.

informeller Gruppe darstellt. Auf einem Studientag des Lehrerkollegiums wurde über den Bedarf an Methodentraining diskutiert und eine entsprechende Bedarfsmatrix einzelner Elemente eines Trainings für die jeweiligen Jahrgänge erstellt. Daraus ergab sich eine Übersicht der Notwendigkeit aus Fachschaftsicht, bestimmte Elemente des Methodentrainings in der entsprechenden Klassenstufe zu unterrichten. Sowohl für die Orientierungs- als auch für die Oberstufe bestand zu diesem Zeitpunkt schon ein Konzept zum Methodentraining, welches bereits durchgeführt wurde. In der Mittelstufe wurde eine Lücke ausgemacht, die geschlossen werden sollte. Zunächst bat die Schulleitung die Kolleginnen und Kollegen darum auf freiwilliger Basis Ideen zu den einzelnen Bestandteilen eines Methodentrainings zu erarbeiten. Nachdem dies nicht funktionierte, erhielten der Gesamtverantwortliche für das Methodentraining Lars Hammen sowie der Leiter der Mittelstufe Jan Sippel und seine Vertreterin Marie Scholl den Auftrag sich um das Methodentraining in der Mittelstufe zu kümmern. Diese suchten sich weitere Lehrkräfte als „freiwillige Mitstreiter" (Hammen 06.11.06) für eine Gruppe, innerhalb derer entsprechende Vorschläge erarbeitet werden sollten.

Themenverlauf während des Begleitungszeitraums

Das Mittelstufenteam stellt sich als eine Lehrergruppe dar, die als eine Projektgruppe zur Bearbeitung einer klar begrenzten Aufgabenstellung eingesetzt wurde. Die Aufgabenstellung bezieht sich auf die Ausarbeitung verschiedener Bausteine für ein Methodentraining, insofern ist der Themenkomplex, mit dem sich das Mittelstufenteam auseinanderzusetzen hat, bereits mit Konstituierung des Teams klar umrissen. Ebenfalls wurden bereits entsprechende Bausteine aus Fachschaftsicht identifiziert. Dem Mittelstufenteam lag damit zu Beginn der gemeinsamen Arbeit als Vorarbeit eine Liste mit verschiedenen Bausteinen für ein Methodentraining vor. Zunächst beschäftigten sich die Mitglieder in der ersten Teamsitzung damit einzelne Bausteine daraus auszuwählen, die in den kommenden Sitzungen intensiver behandelt und exemplarisch für das gesamte Kollegium aufbereitet werden sollten. Über die insgesamt vier Teamsitzungen erstreckte sich die Arbeit an den einzelnen Bausteinen. Eine darüber hinausgehende Thematisierung von Aspekten, die sich nicht auf das Methodentraining bezogen, fand nicht statt.

4.2.2   Steuerungsteam – Gymnasium B

Zugang zur Schule und zur Gruppe

Der Kontakt zum Gymnasium B wurde über einen Projektleiter und dem Schulleiter hergestellt. Die Schulmitglieder entschieden sich dazu das Steuerungsteam zur Begleitung durch das Forschungsprojekt vorzuschlagen und diesbezüglich ein erstes gemeinsames Gespräch durchzuführen. In diesem Gespräch zwischen Vertretern des Forschungsprojekts und Mitgliedern des Steuerungsteams wurde einer Teilnahme am Projekt direkt zugestimmt.

Das Steuerungsteam

In Folge der Teilnahme am zweijährigen Programm der Pädagogischen Schulentwicklung (PSE) nach Heinz Klippert wurde am Gymnasium B das Steuerungsteam gegründet. Das PSE-Programm schreibt die Initiation eines solchen Steuerungsteams unter Beteiligung der Schulleitung, des Stundenplaners sowie eines Personalratsmitglieds vor. Insgesamt sollen dem Team nicht mehr als sieben Mitglieder angehören. Die übrigen Mitglieder arbeiten freiwillig im Team mit und eine Teilnahme stand jedem Kollegiumsmitglied offen. Auch nach Ende der intensiven Beteiligung am PSE-Programm blieb das Steuerungsteam bestehen; ein entsprechender Beschluss ging durch die Gesamtkonferenz der Schule. In den Folgejahren entschloss sich das Steuerungsteam jedoch dazu die Gruppe umzustrukturieren und in ihrer Zusammensetzung zu mandatieren: In der Folge besteht das Team aus den Schulleitungsmitgliedern (A15er), einem Personalratsmitglied sowie vier „normalen" Lehrkräften („Basis" in Klippert-Sprache). Diese werden von der Gesamtkonferenz auf zwei Jahre gewählt.

Laut Aussage eines Mitglieds hat sich mit der Konstitution des Teams sowie deren Fortbestehen auch einiges innerhalb der Schule verändert, insofern sich die Schule in einem Schulentwicklungsprozess befand, ohne dies zu bemerken. Jedoch kann das Steuerungsteam auf keine Weisungs- oder Entscheidungsbefugnis zurückgreifen. Im Rahmen einer Selbstthematisierung 2007 einigten sich die aktuellen Mitglieder des Steuerungsteams auf folgende Funktionen und Aufgaben: Koordination von (fächerübergreifenden) Projekten, Information des Kollegiums, im Kontext von Schulentwicklung Impulse geben und Entwicklungen initiieren, Schwerpunkte festlegen, Vernetzung der Fachkonferenzen und übrigen Arbeitsgruppen, Erstellen von Zeit- und Ressourcenplänen. Das Steuerungsteam versteht sich als Motor der Schulentwicklung und Dienstleister für das Kollegium. Gemeinsame Sitzungen finden unregelmäßig, insgesamt etwa vier bis sechs Mal im Schuljahr statt. Die Gruppe trifft sich jeweils am Freitag-nachmittag, nachdem alle zuvor gemeinsam Mittagessen waren.

Themenverlauf während des Begleitungszeitraums

Das Steuerungsteam beschäftigt sich mit Fragen der Schulentwicklung. Diesbe-züglich wurden innerhalb des Begleitungszeitraums durch das Forschungsprojekt folgende Aufgaben bzw. Themen bearbeitet:
- Methodentraining: Hierbei ging es um die Sicherung und Weiterent-wicklung der Methoden-Basistrainings, die jeweils zu Beginn eines Schuljahres angeboten werden.
- Schulevaluation: Eine zweite schulinterne Evaluation wurde geplant, bei der sowohl Schülerinnen und Schüler als auch deren Eltern zur Schulentwicklung befragt werden sollten.
- Selbstverständnis des Steuerungsteams: In einer Teamsitzung beschäf-tigte sich das Steuerungsteam intensiv mit den eigenen Aufgaben und Funktionen innerhalb der Schule, seiner Zusammensetzung und vor al-lem auch seinem Selbstverständnis.
- Studientag: Ein schulinterner Studientag wurde vorbereitet.
- Thematisierung von aktuellen Ereignissen: Einzelne Mitglieder berich-teten innerhalb der Sitzung bspw. von ihrer Teilnahme am Bilanzsemi-nar des PSE-Programms.
- Qualitätsprogramm: Zu den einzelnen Punkten des Qualitätsprogramms erfolgte eine entsprechende Bestandsaufnahme und Aktualisierung.
Manche der aufgelisteten Themen wurden im Rahmen von mehreren Sitzungen thematisiert (bspw. Methodentraining), während andere Aspekte bereits nach einmaliger Absprache wieder aus dem Tätigkeitsbereich des Steuerungsteams verschwanden.

4.2.3 Steuergruppe – Gymnasium C

Zugang zur Schule und zur Gruppe

Der Zugang zu diesem Gymnasium kam über den Kontakt eines Projektleiters zu einer Lehrerin dieser Schule zustande. Die Lehrerin kontaktierte ihren Schuleiter; in Folge dessen organisierte dieser ein Informationsgespräch zwischen den Pro-jektvertretern und Schulleitungsmitgliedern. Im Rahmen dieses Gesprächs stellte der Schulleiter verschiedene Lehrergruppen seiner Schule vor, die für eine Teilnahme am Forschungsprojekt in Frage kamen. Eine dieser Gruppen war die Steuergruppe, zu deren darauffolgenden Sitzung das Forschungsprojekt geladen war. In dieser Sitzung wurde den Gruppenmitgliedern das Forschungsprojekt vorgestellt, woraufhin die Steuergruppe ihre Beteiligung direkt zusagte.

Die Steuergruppe

Im Jahr 2002 forderte das rheinland-pfälzische Bildungsministerium alle staatlichen Schulen dazu auf, ein schuleigenes Qualitätsprogramm zu erstellen. Als Reaktion auf diesen Außenimpuls bildete sich am Gymnasium C die aus Schulleitung, Lehrkräften, Schülerinnen und Schülern sowie Eltern zusammengesetzte Steuergruppe. Zentrale Aufgabe nach Erstellung des Qualitätsprogramms ist die Bearbeitung der darin festgeschriebenen Schwerpunkte wie z. B. Methodenlernen und Soziales Lernen sowie die Evaluation der Schwerpunkte. Die Steuergruppe kann keine verbindlichen Entscheidungen über die weitere Entwicklung der Schule treffen. Stattdessen werden ihre Ideen und Konzepte in Form von Beschlussvorlagen in die Gesamtkonferenz eingebracht und dort entschieden. Als ein breit zusammengesetztes Gremium stellt die Steuergruppe eine Art Mikrokosmos der Schulgemeinschaft dar. Sie setzt sich aus ungefähr 16 Lehrkräften (inkl. Schulleiter und zweiter Stellvertreterin), etwa fünf Mitgliedern des Schulelternbeirats und zwei bis drei Mitgliedern der Schülervertretung zusammen; in den Sitzungen sind meist etwa 15 Personen anwesend. Die Mitarbeit in der Steuergruppe erfolgt auf freiwilliger Basis. Gemeinsame Treffen finden in der Regel alle acht Wochen statt und werden von einer Lehrerin moderiert. Mit dem Ende des Schuljahres 2007/2008 beendet die Steuergruppe ihre Arbeit. Ein großer Teil der Mitglieder arbeitet von diesem Zeitpunkt an in der neu gebildeten Projektgruppe Ganztagsschule weiter.

Themenverlauf während des Begleitungszeitraums

Originäre Aufgabe der Steuergruppe ist die Entwicklung des schuleigenen Qualitätsprogramms. Nach Erstellung desselben wählte die Gruppe die Kooperation von Schule und Elternhaus als Schwerpunkt aus, der weiterführend bearbeitet werden sollte. Nach Beendigung dieses inhaltlichen Themas setze sich die Steuergruppe mit dem Methodenlernen als weiterer Schwerpunkt des Qualitätsprogramms auseinander, bevor das Soziale Lernen in den Fokus der gemeinsamen Arbeit rückte. Themen und Arbeitsschwerpunkte, die über das Qualitätsprogramm hinausgehende Interessen einzelner/der Gruppenmitglieder betreffen wurden ebenfalls bearbeitet, wie bspw. Überlegungen zur Themenwahl für einen schulinternen Studientag.

4.2.4 Arbeitskreis Unterrichtsentwicklung und -praxis – Gymnasium D

Zugang zur Gruppe und zur Schule

Der Kontakt zwischen dem Gymnasium D und dem Forschungsprojekt wurde zwischen einem Lehrer und einem Projektleiter hergestellt. Die Lehrkraft war zu diesem Zeitpunkt bereits im Arbeitskreis Unterrichtsentwicklung und -praxis engagiert und schlug diese Gruppe zur Beteiligung vor. Innerhalb der nächsten Gruppensitzung wurde das Forschungsprojekt allen Mitgliedern vorgestellt und diese gaben bereits in der entsprechenden Sitzung ihre Zusage zur Teilnahme.

Der Arbeitskreis Unterrichtsentwicklung und -praxis

Der Arbeitskreis wurde auf informeller Ebene von zwei Lehrkräften gegründet, vor dem Hintergrund der Auflösung eines schulinternen Arbeitskreises zur Schulentwicklung und verbunden mit dem Wunsch der verstärkten Hinwendung zur Unterrichtsentwicklung und -praxis. Das vorrangige Ziel des Arbeitskreises ist der fächerübergreifende Austausch unter den Lehrkräften in Bezug auf den individuellen Unterricht. Die Mitglieder können ihre eigenen Ideen, Unterrichtsreihen oder Literaturanalysen in die Kooperation einbringen und gemeinsam mit anderen reflektieren. Die Gruppe arbeitet laut eigenen Aussagen zweischneidig, indem sowohl theoretische Themen wie die Ergebnisse der PISA-Studie bearbeitet als auch praktische Themen, wie z.B. Stationenarbeit eingebracht werden können. Der Arbeitskreis versteht sich als Ideenpool. Die gemeinsam erarbeiteten Ideen sollen in der Praxis umgesetzt und im Anschluss noch einmal im Arbeitskreis resümierend besprochen werden.

Zum Arbeitskreis gehören auf freiwilliger Basis etwa zehn Lehrkräfte, die sich insgesamt drei Mal im Schuljahr für maximal anderthalb Stunden treffen. Es wird jeweils flexibel darüber entschieden, welche Themen konkret behandelt werden sollen. Geleitet werden die Sitzungen im Wechsel von den beiden Initiatoren der Gruppe.

Themenverlauf während des Begleitungszeitraums

Der Arbeitskreis Unterrichtsentwicklung und -praxis widmet sich vorrangig aktuellen schulischen und schulpolitischen Themen sowie der Reflexion unterrichtspraktischer Aspekte. Im Arbeitskreis herrscht eine offene Struktur vor, insofern jedes Teammitglied Fragestellungen und Impulse in die Kooperation einbringen kann. Ein Großteil der Themen wird von einzelnen Lehrkräften individuell vorbereitet und im Rahmen der Arbeitskreissitzung den anderen Lehrerinnen und Lehrer präsentiert sowie im Anschluss daran gemeinsam diskutiert. Im Laufe des Begleitungszeitraums hat sich der Arbeitskreis mit verschiedensten Themen auseinandergesetzt.

Fragen der Unterrichtsdidaktik/-methodik:

- In insgesamt drei Sitzungen und anhand von drei verschiedenen Beispielen jeweils anderer Lehrkräfte und Fächer wurde die Methode der Stationsarbeit näher beleuchtet und auf ihre Umsetzungsmöglichkeiten hin gemeinsam überprüft.
- Ein Teil der gemeinsamen Sitzung wurde dafür genutzt über das an der Schule stattfindende Methodentraining zu sprechen.
- Möglichkeiten der Plakatgestaltung wurden gemeinsam anhand eines Beispiels erörtert.
- Ebenfalls über mehrere Sitzungen hinweg erstreckte sich die Vorstellung der empirischen Befunde und didaktischen Ratschläge von Hilbert Meyer, den so genannten zehn Merkmalen guten Unterrichts.

Fragen der Unterrichtsgestaltung:

- In Bezug auf die Unterrichtsgestaltung hatte der Arbeitskreis den Wunsch gemeinsam nach Wegen und Möglichkeiten der individuellen Förderung einzelner Schülerinnen und Schüler nachzudenken sowie sich der Thematik außerschulischer Lernorte zu widmen *(wurde erst nach Begleitungszeitraum thematisch).*

Aktuelle Themen & Ereignisse:

- Eine Lehrerin stellte die zentralen Thesen des sogenannten Lehrerhasserbuchs vor. Gemeinsam wurden diese Thesen diskutiert.
- Der Arbeitskreis wurde auch dazu genutzt die aktuellen Ergebnisse der externen Schulevaluation gemeinsam kritisch zu beleuchten und über Gründe der entsprechenden Ergebnisse nachzudenken.

4.2.5   Jahrgangsstufenteam – Integrierte Gesamtschule A

Zugang zur Gruppe und zur Schule

Der Kontakt zur Schule kam über das Ministerium für Bildung, Frauen und Jugend des Landes Rheinland-Pfalz zustande. Dieses stellte im Juni 2006 den Schulleiterinnen und Schulleitern der Gymnasien und Integrierten Gesamtschulen das Praxisforschungsprojekt Lehrerkooperation vor und verteilte Informationsmaterial. Im Juli 2006 trafen sich zwei der Projektleiter mit dem damaligen kommissarischen Schulleiter, um über die Möglichkeit der Projektteilnahme von einer der an der Schule befindlichen Gruppen zu sprechen. Der Schulleiter betonte in der ca. einstündigen Besprechung das starke Interesse seiner Schule an einer wissenschaftlichen Begleitung durch das Projektteam. Dabei benannte er zentrale Stellen im Alltag der IGS A, an denen sich Lehrerkooperation ereignet. Darunter befinden sich auch die Jahrgangsstufenteams. Nach schulinternen Gesprächen wurden schließlich verschiedene Teams vorgeschlagen. Daraufhin kam es im Oktober 2006 zu einem weiteren Gespräch zwischen dem Projektteam und dem kommissarischen Schulleiter, dem Didaktischen Koordinator sowie Vertretern einzelner Teams. Die Sprecherin des damaligen 8. Jahrgangs und ein weiteres Teammitglied betonten das Interesse und die Teilnahmebereitschaft ihres Jahrgangsstufenteams. Es wurde gemeinsam ein Termin für eine Vorstellung des Projektteams in einer Sitzung des Jahrgangsstufenteams vereinbart. Bereits vor diesem Termin teilte die Sprecherin per Mail die Entscheidung mit, dass ihr Team am Projekt teilnehmen möchte *(„die Entscheidung ist gefallen, wir sind alle dabei")*.

Das Jahrgangsstufenteam

Dem Jahrgangsstufenteam gehören verpflichtend alle Tutorinnen und Tutoren des entsprechenden Jahrgangs an. Im vorliegenden Fall gehört zudem eine Lehrkraft im Referendariat zum Team.

Im Schuljahr 2006/2007 besteht das Jahrgangsstufenteam 8 aus drei Tutorentandems sowie einer Referendarin. Seit Ende dieses Schuljahres ist eine Tutorin des Teams im Ruhestand, wodurch ein personeller Wechsel zum darauffolgenden Schuljahr erfolgte. Neben einm neuen Tutor kam im neuen Schuljahr auch ein Referendar neu in das Team hinzu. Aufgabe des Jahrgangsstufenteams ist die Erörterung organisatorischer, pädagogischer und didaktischer Fragestellungen, die den entsprechenden Altersjahrgang betreffen.

Themenverlauf während des Begleitungszeitraums

In der Zeit der wissenschaftlichen Begleitung ließen sich vor allem zwei wesentliche Prozesse beobachten. Zum einen eine thematische Verschiebung innerhalb der Sitzungen von stark organisatorisch geprägten Teamsitzungen hin zur verstärkten Besprechung pädagogischer Themen und Fragestellungen. Zum anderen hat das Team einen Prozess des kulturellen Wandels durch den Abgang alter und den Zugang neuer Teammitglieder durchlebt. Die damalige Teamsprecherin Nora Wieszek hat im Laufe des Schuljahres 2006/2007 den Schuldienst und damit auch das Team verlassen. Die Teammitglieder verlogen damit zum einen eine Kollegin innerhalb des Teams, zum anderen zugleich auch ihre Teamsprecherin. Die Aufgaben der Teamsprecherin wurden zunächst innerhalb des Teams kommissarisch aufgeteilt. Unabhängig von der Mehrbelastung durch die Übernahme zusätzlicher Aufgaben und Verantwortlichkeiten war das Fehlen der ehemaligen Teamsprecherin eine Belastung für das Team.

Parallel zur schwachen personellen Besetzung zu dieser Zeit, erschien auch die Erörterung pädagogischer Angelegenheiten ein sehr geringer Bestandteil der gemeinsamen Sitzungen zu sein. Inwieweit diese beiden Aspekte miteinander zusammenhängen, ist schwer einzuordnen. Gegen Ende des Schuljahres verlagerte sich der Fokus innerhalb der Teamsitzungen stärker zu der Bearbeitung pädagogischer Fragestellungen hin. Das Team hat diesen Prozess selbst so wahrgenommen; dieser wird innerhalb der Kommunikation thematisch. Durch die Wahl der neuen Teamsprecherin im darauffolgenden Schuljahr haben die Gruppensitzungen deutlich an Struktur gewonnen.

4.2.6 Fachkonferenz Mathematik – Integrierte Gesamtschule B

Zugang zur Gruppe und zur Schule

Das Forschungsteam informierte das rheinland-pfälzische Ministerium für Bildung, Wissenschaft, Jugend und Kultur über das geplante Forschungsvorhaben und bat darum die Information über die Möglichkeit der Teilnahme am Projekt an die Schulleiterinnen und Schulleiter rheinland-pfälzischer Schulen weiterzuleiten. Auf diesem Wege wurde der Schulleiter der IGS B auf das Projekt aufmerksam und meldete sein Interesse bei einem der Projektleiter an. In der Folge fand ein erstes Informationsgespräch zwischen dem Schulleiter, weiteren Vertretern der erweiterten Schulleitung sowie interessierten Lehrerinnen und Lehrern statt. Als Kooperationsgruppe der Schule wurde die Fachkonferenz Mathematik sowie ihre Untergruppe Makrospirale[19] ausgewählt. Mit den Mitgliedern der Fachkonferenz erfolgte ein weiteres Vorgespräch, in dessen Rahmen die Gruppe direkt ihre Zustimmung zur Teilnahme am Projekt gab.

Die Fachkonferenz

Fachkonferenzen sind traditionelle Formen der Lehrerkooperation, die schulgesetzlich und institutionell fest verankert sind. Mitglieder sind alle Lehrkräfte, die in dem entsprechenden Fach eine Lehrbefähigung haben bzw. darin unterrichten. Im Falle der vorliegenden Fachkonferenz Mathematik sind dies zum Zeitpunkt der Begleitung durch das Forscherteam zunächst sieben und am Ende des Begleitungszeitraums zehn Lehrkräfte. Die Aufgabe einer Fachkonferenz ist im Schulgesetz umschrieben, in dem es heißt "Fachkonferenzen werden für die Behandlung von Angelegenheiten eines Unterrichtsfaches eingerichtet (...)" (Schulgesetz RLP, Stand 01.08.2009, § 29 (4)). Diese Angelegenheiten sind mitunter breit gefächert, indem sie nicht nur die allgemeine Koordination des Faches betreffen, sondern sich auch direkt auf Unterrichtsmaterialien beziehen. So gehört neben der Erörterung von methodischen und didaktischen Fachfragen bspw. auch die Einführung von neuen Lehrwerken oder die Ausarbeitung von Arbeitsplänen zu den Aufgaben der Fachkonferenz.

Das Engagement der Fachkonferenzleiterin sowie drei weiterer Mitglieder der Gruppe geht über die verpflichtenden Treffen der Fachkonferenz hinaus und erfüllt die Anforderungen, die in Orientierung am PSE-Programm im Qualitätsprogramm der Schule festgehalten wurden. Die Untergruppe Makrospirale trifft sich etwa 2-3 Mal pro Schuljahr zu Workshops, in denen die Gruppe gemeinsam einzelne Unterrichtseinheiten (Makrospiralen) für den Mathematikunterricht ausarbeiten. Gleichwohl sich die gesamte Schule am PSE-Programm beteiligt und dies von der Schulleitung unterstützt wird, gibt es keine Verpflichtung für die Lehrkräfte an entsprechenden Workshops teilzunehmen oder die Makrospiralen im eigenen Unterricht anzuwenden.

Themenverlauf während des Begleitungszeitraums

Während des Begleitungszeitraums der Fachkonferenz hat sich diese mit folgenden Themen beschäftigt:

---

[19] Die informelle Untergruppe Makrospirale besteht aus der Fachkonferenzleiterin und drei weiteren Mitgliedern, die auf freiwilliger Basis gemeinsam Unterrichtseinheiten ausarbeiten.

- Erarbeitung und Überprüfung der Jahresarbeitspläne für das Fach Mathematik unter Berücksichtigung des neuen Lehrplans und der Bildungsstandards: Die Bearbeitung der Jahresarbeitspläne nimmt bei der Arbeit der Fachkonferenz einen hohen Stellenwert ein. Hierbei gilt es die von außen herangetragenen Anforderungen (Bildungsstandards, neuer Lehrplan) ebenso zu berücksichtigen, wie die Erfahrungen der Lehrerinnen und Lehrer bei der Arbeit mit den bisherigen Jahresarbeitsplänen.
- Wahl eines neuen Schulbuches: Die Wahl der im Unterricht einzusetzenden Schulbücher ist Aufgabe einer Fachkonferenz. Zumeist gestaltet sich dieser Prozess als Aushandlungsprozess zwischen Innovation und Kontinuität, in der Frage, ob Altes bestehen bleibt oder Neues implementiert wird. Mit der Entscheidung für ein Fachbuch entscheidet die Fachkonferenz auch, in welche Richtung die Unterrichtsgestaltung thematisch geht.
- Verfügung über den Fach-Etat: Eine wiederkehrende Aufgabe in der Zusammenarbeit ist die Frage nach der Verwendung des finanziellen Etats der Fachkonferenz. Hierbei haben die Mitglieder die Möglichkeit selbst Entscheidungen zu treffen, bspw. hinsichtlich von Neuanschaffungen für den Mathematikunterricht.
- Termine und Themen der Parallel- und Klassenarbeiten: Parallel- und Klassenarbeiten stellen ebenfalls Themen dar, die meist zu Beginn des Schuljahres besprochen bzw. thematisch festgelegt werden. Bei der Behandlung dieser Fragestellung geht es häufig auch um das Vorankommen einzelner Klassen und Verbesserungsmöglichkeiten für den eigenen Fachunterricht. Die Mitglieder der Fachkonferenz tauschen sich diesbezüglich aus und geben Empfehlungen zu konkreten Aufgabenstellungen und Verwendung von bestimmten Unterrichtsmaterialien.

4.2.7 Mandatsgruppe Unterrichtsorganisation – Schule in freier Trägerschaft

Zugang zur Schule und zur Gruppe

Der Zugang zur Schule in freier Trägerschaft gestaltete sich über den Kontakt eines Projektleiters zu einer Lehrkraft der Schule. Das Projektteam wurde direkt in eine der Sitzungen der Mandatsgruppe Unterrichtsorganisation eingeladen, in der den Anwesenden das Forschungsprojekt vorgestellt wurde. Die Gruppe entschied sofort, sich daran beteiligen zu wollen.

Die Mandatsgruppe Unterrichtsorganisation

Die Mandatsgruppe Unterrichtsorganisation besteht zum Zeitpunkt der Begleitung durch das Forscherteam aus drei Kollegiumsvertretern, einem Vorstandsmitglied und dem Geschäftsführer der Schule. Die Aufgabe der Mandatsgruppe ist es den Einsatz des pädagogischen Personals nach den Richtlinien der pädagogischen und finanziellen Vorgaben zu ordnen und zu planen. Die einzelnen Gruppenmitglieder arbeiten unterschiedlich lange in der Gruppe mit. Die Dauer der Mitgliedschaft variiert zwischen neun und zwei Jahren, wobei die Mehrheit der Personen bereits länger als fünf Jahre in der Gruppe tätig ist. Zur Beschlussfähigkeit sind mindestens die Stimmen von drei Mitgliedern der Mandatsgruppe und davon mindestens zwei Lehrkräften und einem Vorstand oder der Geschäftsführung nötig.

Die Mandatsgruppe Unterrichtorganisation tagt einmal die Woche für anderthalb Stunden. Vor 1997 wurde ihr Aufgabenbereich noch von der Schulführungskonferenz (SFK) wahrgenommen, dies änderte sich aber nach der Neugründung der SFK 1997 und der Ausgliederung der Mandatsgruppe Unterrichtsorganisation.

Themenverlauf während des Begleitungszeitraums

Die Mandatsgruppe Unterrichtsorganisation erfüllt im Einzelnen folgende Aufgaben:

- Die Schuljahresplanung vorbereiten, durchführen und überwachen, d.h. die Lehrkräfte entsprechend ihrer Ausbildung, ihrer Genehmigung durch die Aufsichts- und Dienstleistungsdirektion und ihrer Verträge mit dem Schulverein einzusetzen. Besonders muss hier darauf geachtet werden, dass die durch den Schulhaushalt gesetzte Grenze von 32 ganzen Lehrerdeputaten und einem Lehrerdeputat für Eurythmie nicht überschritten wird.
- Die Vorgaben für Stundenplan, Vertretungsplan und Aufsichtsplan in organisatorischer und rechtlicher Hinsicht für das Stundenplangremium vorbereiten.
- Kontakt zur SFK halten und sich eventuell gemeinsam zu Beratungen treffen.
- Kontakt zu den Unter-, Ober- und Mittelstufenkonferenzen, sowie den Fachbereichen und Pädagogischen Konferenzen halten. Die Planung des Einsatzes mit den betroffenen Kollegiumsmitgliedern besprechen, dabei auch deren Vorschläge oder Wünsche einholen und wenn möglich integrieren.

- Kontakt zum Personalkreis halten und den Lehrerbedarf melden. Abstimmung der Fachkombinationen.
- Kontakt zu Prüfungsbeauftragten und zum Vorstand halten, d.h. vergebene Stundenzahlen melden und abstimmen und in Zusammenarbeit mit dem Prüfungsbeauftragten die Einhaltung der rechtlichen Bestimmung gewährleisten.
- Laut Beschluss der SFK (15.02.01) ist die Mandatsgruppe Unterrichtsorganisation des Weiteren damit beauftragt die Klassen- und Kursbücher zu kontrollieren und zu überprüfen.
- Informationen über Beschlüsse transparent halten und über den Rahmen des Stundenumfangs der Fachbereiche, über Deputatsauslastung und Deputatsschlüssel informieren.

4.3 Strukturierung des Feldes und Fallauswahl

4.3.1 Kooperationsformate

Das Sample des Praxisforschungsprojekts Lehrerkooperation setze sich aus insgesamt sieben Lehrergruppen unterschiedlicher rheinland-pfälzischer Sekundarschulformen in staatlicher und freier Trägerschaft zusammen. Konstitutiv für das Forschungssample ist die Vielfalt an Gruppenstrukturen und Arbeitsfeldern, insofern die Kooperationszusammenhänge allesamt unterschiedliche Aufgabenstellungen sowie Formen der institutionellen Befestigung und Mandatierung aufweisen. Damit bietet das Sample eine kontrastive Bandbreite an Kooperationsstrukturen und Anforderungsausrichtungen.

Grundsätzlich entstehen aufgrund bürokratischer Festlegungen innerhalb der Organisation Schule verschiedene Formate formaler Kooperation:

Alle Lehrkräfte sind aufgrund der von ihnen unterrichteten Fächer mindestens einem Fach bzw. Fachbereich zugehörig und damit Mitglied eines Fachkollegiums. Die entsprechende Zusammenarbeit im Rahmen von *Fachkonferenzen* ist organisatorischer und fachdidaktischer Natur und historisch gesehen eine der ältesten Kooperationszusammenhänge in Schulen, die nach wie vor fest etabliert ist. Die Fachkonferenz als traditionelles Gremium ist institutionell verankert und in ihrer Besetzung durch die Zuordnung der Lehrkräfte zu ihren Unterrichtsfächern eindeutig geregelt. Die Mitgliedschaft in der Fachkonferenz ist verpflichtend. Die Kooperation findet gemäß der Aufgabe der Fachkonferenz ausschließlich auf Fachebene statt und ist hinsichtlich der Entscheidungsbefugnis auf diesen Bereich beschränkt. Aus der Reihe der Fachlehrerinnen und -lehrer wird die Fachkonferenzleitung gewählt, der die Aufgabe der Vorbereitung sowie Moderation der Sitzungen sowie Kontaktpflege mit der Schulleitung zukommt. Die *Fachkonferenz Mathematik der IGS B* beschäftigte sich neben der Unterrichtsgestaltung des Faches Mathematik vor allem mit der Adaption externer Vorgaben der Bildungsadministration.

Eine ähnlich historisch gewachsene Kooperationsform findet sich in den Integrierten Gesamtschulen mit der Einrichtung der *Jahrgangsstufenteams*. Diesen sind verpflichtend alle Tutorinnen und Tutoren der jeweiligen Klassen einer bestimmten Jahrgangsstufe zugehörig. Gemeinsam soll der eigene Altersjahrgang aus didaktischer, organisatorischer und pädagogischer Sicht koordiniert werden. Hierfür trifft sich das *Jahrgangsstufenteam 8 bzw. 9 der IGS A* alle 14 Tage am Mittwochnachmittag unter der Leitung einer gewählten Teamleiterin bzw. eines gewählten Teamleiters. Die Themen und Aufgaben des Jahrgangsstufenteams variieren stark und sind einerseits durch den Ablauf des Schuljahres (bspw. Organisation der für einen festgelegten Zeitpunkt stattfindenden Klassenfahrten oder Schülerpraktika) bedingt, andererseits aber durch die jeweilige Gruppe selbst frei bestimmbar.

Im Zuge der erweiterten Autonomie wurden *Steuergruppen*[20] als neue Elemente in die Organisation Schule eingeführt, die auf die Steuerung der Einzelschule zielen. Die insbesondere im Kontext der Qualitätsprogrammarbeit in vielen Schulen installierten Steuergruppen können dabei als „intermediärer Akteur" (Berkemeyer/Brüsemeister/Feldhoff 2007) verstanden werden. Die *Steuergruppe des Gymnasiums C* setzt sich aus Lehrkräften, Schülervertreterinnen und -vertretern sowie Mitgliedern des Elternbeirats gleichermaßen zusammen und bildet damit den Mikrokosmos der Schule ab. In den unregelmäßig stattfindenden Treffen wurde zunächst das Qualitätsprogramm der Schule entwickelt und schließlich einzelne Punkte daraus näher bearbeitet. Das *Steuerungsteam des Gymnasiums B* ist ebenfalls ein auf Schulsteuerung ausgelegtes Gremium, allerdings sind dessen Mitglieder mandatiert und nehmen damit dauerhaft an den Sitzungen teil. Das Steuerungsteam etablierte sich im Zuge der Teilnahme am PSE-Programm und setzt sich entsprechend aus Schulleitung, Stundenplaner, Personalratsmitglied und vier gewählten Lehrkräften zusammen.

Die Schule in freier Trägerschaft arbeitet nach dem Prinzip der *kollegialen Selbstverwaltung*, d.h. die Schulleiterfunktion wird „durch die Institutionalisierung von Prozeduren ersetzt [...], in denen das ganze Kollegium basisdemokratisch Entscheidungen trifft" (Ullrich/Idel i.E.: o.S.) und differenziert sich diesbezüglich schließlich in verschiedene Konferenzen und Gruppen. Die *Mandatsgruppe Unterrichtsorganisation* zeichnet sich für die Planung und Organisation des Einsatzes des pädagogischen Personals gemäß den pädagogischen und finan-

---

[20] Z.T. findet sich auch die Bezeichnung der Steuerungsgruppe

ziellen Schulvorgaben verantwortlich. Hierzu treffen sich der Geschäftsführer der Schule, ein Vorstandsmitglied sowie drei gewählte Kollegiumsmitglieder wöchentlich für anderthalb Stunden.

In vielen Schulen werden zur Bearbeitung einzelner Themen und Aufgaben entsprechende *Arbeitsgruppen bzw. Projektgruppen* ins Leben gerufen. Diese weisen in der Regel eine klare Aufgabenstellung auf, die meist eine temporäre Zusammenarbeit bedingt und woraufhin sich die Gruppen nach Erledigung der Aufgabe wieder auflösen. Dabei arbeiten die Lehrerinnen und Lehrer in Projektgruppen häufig auch fachübergreifend zusammen, indem bspw. größere Schulveranstaltungen gemeinsam geplant und organisiert werden. Das *Mittelstufenteam des Gymnasiums A* soll das Methodentraining für die Mittelstufe der eigenen Schule entwickeln und ist durch eine abschließende, terminierte Präsentation der Arbeitsergebnisse auf dem schulinternen Studientag von Anfang an zeitlich begrenzt angelegt. Es besteht aus Lehrkräften unterschiedlicher Fächergruppen, die bei der gemeinsamen Bearbeitung der Aufgabe arbeitsteilig vorgehen und sich insgesamt nur an vier Terminen treffen.

Von diesen formalen Kooperationsformaten sind *informelle Kommunikations- und Kooperationsstrukturen* innerhalb der Organisation Schule zu unterscheiden. Neben ad-hoc Gesprächen finden sich auch einzelne Lehrkräfte zu informellen Gruppen zusammen, die keine durch die Schulleitung, Schulorganisation oder Schuladministration vorgegebene Aufgabe erfüllen. Die Mitglieder des *Arbeitskreises Unterrichtsentwicklung und -praxis des Gymnasiums D* haben sich frei assoziiert und sind nur lose an die Schule gekoppelt. Der fächerübergreifende Arbeitskreis dient dem Erfahrungsaustausch seiner Mitglieder im Hinblick auf neue Unterrichtskonzepte und -methoden.

4.3.2 Begründung der Fallauswahl

Das Jahrgangsstufenteam, die Fachkonferenz sowie die Mandatsgruppe Unterrichtsorganisation sind traditionelle Gremien, die (generell oder in bestimmten Schulformen) institutionell fest verankert sind. Auch die Steuergruppe und das Steuerungsteam sind innerhalb der Schule institutionalisiert, jedoch erst auf Außenimpulse (Ministerium, Teilnahme an Schulentwicklungsprogramm) hin in den vergangenen Jahren entstanden. Das Mittelstufenteam erscheint als Mischform zwischen formeller und informeller Gruppe, da es zwar von Schulleitungsseite her ins Leben gerufen wurde, aber in seiner Zusammensetzung freiwillig organisiert ist. Der Arbeitskreis Unterrichtsentwicklung und -praxis ist ein informeller Zusammenschluss einzelner Lehrerinnen und Lehrer. Alle diese Lehrergruppen sind mehr oder weniger abgegrenzte Interaktionssysteme innerhalb der gefügeartigen Organisation der Einzelschule, die die Kooperation hinsichtlich der bereitgestellten Ressourcen und organisatorisch verfügten Regelungen rahmt. Gleichsam erhalten die Lehrerteams die Option einen gemeinsamen Handlungsraum zu schaffen. Durch die Organisation wird den Lehrergruppen Möglichkeiten eröffnet und zugleich limitiert, ohne diese jedoch bereits zu determinieren (Reh/Schelle 2004). Wie die einzelnen Gruppen die gewährte Option nutzen, obliegt ihrer relativen Autonomie im eigenen Gestaltungsraum.

Die Zusammenarbeit von Lehrkräften kann unterrichtsbezogen bedingt sein oder die Organisation Schule betreffen. Insbesondere der letztgenannte Bereich hat in den vergangenen Jahren an Bedeutung gewonnen, wonach die Kooperation von Lehrkräften vor allen Dingen auf Ebene der Organisationsentwicklung, des Schulmanagements und Schulprofilbildung notwendig wird. Die kooperative Bearbeitung dieser Themen und Arbeitsbereiche wird diesbezüglich stets mitgedacht und als notwendig erachtet. Der Unterricht jedoch, als Kerngeschäft der Lehrertätigkeit, war und ist individualisiert.

Für das Erkenntnisinteresse der vorliegenden Studie, das auf die Strukturbesonderheit der Lehrerkooperation fokussiert, sind insbesondere solche Kooperationsformate interessant, die institutionell verankert sind und die professionelle Autonomie der einzelnen Lehrkraft am stärksten tangieren. Letztere geschieht in jenen Kooperationszusammenhängen, die sich auf die professionelle Tätigkeit der Lehrenden und damit auf den eigenen Unterricht beziehen. Aus diesem Grund wurden die folgenden Lehrergruppen zur näheren Untersuchung ausgewählt:

- Jahrgangsstufenteam, Integrierte Gesamtschule A
- Fachkonferenz, Integrierte Gesamtschule B
- Mittelstufenteam, Gymnasium A

Obwohl diese drei Gruppen aufgrund eines Organisationszwangs entstanden sind, spiegeln sie dennoch eine Vielfalt an Gruppenstrukturen und Arbeitsfelder wieder. Sie unterscheiden sich hinsichtlich ihres Formalisierungsgrades, ihrer Aufgaben sowie Funktionen innerhalb der Schule. Gemein ist allen dreien, dass sie sich mehr oder weniger und auf je spezifische Weise im Spannungsverhältnis zwischen professioneller Autonomie und Kooperation bewegen. Darüber, wie dies erfolgt, geben die kumulativen Fallerschließungen Aufschluss.

5 Kumulative Fallerschließung

Für die ausgewählten Fälle erfolgte eine kumulative Fallerschließung in drei aufeinander aufbauenden Stufen.
Fallporträt: In einem ersten Schritt werden die jeweiligen Lehrergruppen anhand von strukturierenden Fragestellungen porträtiert. Die Fragestellungen beziehen sich auf die Organisation der Zusammenarbeit, die Gestaltung der Kommunikation, der Art und Weise der Bearbeitung von Themen und Aufgaben sowie die Positionierung des Teams innerhalb ihrer institutionellen Umwelt. Bei der Anfertigung der Fallporträts fanden insbesondere die im Sinne der Dokumentarischen Methode angefertigten Formulierenden Interpretationen Anwendung. Die entsprechenden Ausführungen werden anhand von Ausschnitten aus dem Datenmaterial[21] belegt. Neben der deskriptiven Beschreibung und Charakterisierung der Lehrergruppen geht es dabei auch um erste analytische Tendenzen, die die Besonderheiten der jeweiligen Gruppen sowie deren Bedeutung einzuordnen versuchen.
Fallanalyse: An die Fallporträts schließen sich die Fallanalysen, d. h. die Verschriftlichungen von objektiv hermeneutischen Interpretationen einzelner Sequenzen an.
Exemplarisch werden verschiedene Textpassagen entsprechend des Verlaufs der jeweiligen Feinanalyse nachgezeichnet, in denen die zentralen Fragestellungen der vorliegenden Untersuchung forschungsleitend sind:
- Welche Eigenheiten, Schwierigkeiten, Antinomien, Dilemmata ergeben sich, wenn Professionelle, die ansonsten eher individualisiert arbeiten, miteinander kooperieren?
- Welche Strukturprobleme der Kommunikation/Kooperation werden aus professionstheoretischer Perspektive sichtbar?

---

[21] Als Material liegen vor: Einladungen zu den Sitzungen, Protokolle der Sitzungen, Paraphrasierungen der Sitzungen und der Gruppendiskussion, Transkriptionen ausgewählter Sitzungsausschnitte, Interpretationen sowie Auszüge aus dem Mailkontakt. Die Transkriptauszüge wurden entsprechend der Transkriptionsregeln angeführt (s. Anhang), grau unterlegt sowie mit einem Nachweis versehen, um die Transkripte im digitalen Anhang nachvollziehen zu können (Hinweise zu den Angaben vgl. in den Transkriptionsregeln).

- An welchen Stellen wird das zentrale Spannungsverhältnis zwischen professioneller Autonomie und Kooperation bzw. zwischen Kollegialität und Kooperation sichtbar, ausbalanciert, bearbeitet, virulent?
- Wie wird Kooperation von den Akteuren symbolisch konstruiert (in Bezug auf das professionelle Dasein/Handeln in der Schule?

Fallstruktur: Während die Fallanalysen nur einige der insgesamt erfolgten Interpretationen nachzeichnen, beinhalten die Ausarbeitungen zur Fallstruktur alle Analysen. In der Fallstruktur wird die zuvor herausgearbeitete spezifische Struktur der Gruppe zusammenfassend und pointiert dargestellt.

5.1 Jahrgangsstufenteam – Integrierte Gesamtschule A

5.1.1 Fallporträt

Wie organisiert sich das Jahrgangsstufenteam in seinen Kooperationsprozessen?

Das Jahrgangsstufenteam ist innerhalb der Organisationsstruktur der Integrierten Gesamtschule als formelles Team verankert. Die einzelnen Tutorinnen und Tutoren des entsprechenden Altersjahrgangs gehören dem Jahrgangsstufenteam verpflichtend an. Daraus ergeben sich sowohl Chancen als auch Schwierigkeiten der Zusammenarbeit. Die Tatsache, dass die gemeinsame Zeit für Teamsitzungen institutionalisiert ist, vereinfacht die Zusammenarbeit. Zugleich ist es notwendig, unabhängig von gegenseitige Sympathie oder Zuneigung, auf einer professionellen Ebene miteinander zu kooperieren.

> „die gruppe is doch gut; ( ) au- auch wenn wir uns ehm- ( ) ehm auch wenn- auch wenn wir uns nich ausgesucht haben" (Bender)

Das Deutungsmuster der Lehrerin Bender impliziert, dass sie zunächst von einem Idealfall der Gruppenkonstituierung ausgeht, bei der man frei wählen kann mit wem man sich assoziieren möchte. Gleichwohl dies beim Jahrgangsstufenteam als Zwangsgemeinschaft nicht der Fall ist, wird der Kooperationszusammenhang dennoch positiv evaluiert.

Die Sitzungen des Jahrgangsstufenteams sind institutionalisiert, da sie in der Regel 14-tägig am Mittwochnachmittag von 14:00 bis 15:30 Uhr stattfinden. Terminfindungs- und Koordinationsprozesse sind nicht nötig, insofern alle Lehrerinnen und Lehrer zu diesen Zeiten unterrichtsfrei haben. Für die Sitzungen werden keine Einladungen und keine Tagesordnungen erstellt. Der Ablauf der einzelnen Sitzungen wird insofern nicht vorstrukturiert. Bei der Erfüllung der

Aufgabe des Teams, der Koordination des gesamten Jahrgangs, werden alle Aspekte thematisiert, die seitens der Mitglieder in die gemeinsame Kooperation eingebracht werden. Zur Themensammlung für die Sitzungen dient die sich im gemeinsamen Teamraum befindende Tafel. Allen Teammitgliedern steht es frei Themenvorschläge unter dem Datum der nächsten Sitzungen zu notieren. Zu Beginn der Teamsitzungen werden die so gesammelten Themen verlesen, eventuell erläutert und schließlich gemeinsam zu einer Bearbeitungsreihenfolge priorisiert. Über den Sitzungsverlauf und die besprochenen Themen geben Protokolle Aufschluss, die direkt in ein Protokollbuch geschrieben werden.

Atmosphärisch weisen die Sitzungen des Jahrgangsstufenteams keinen formalen Sitzungscharakter auf. Es wird ein lockerer Umgang untereinander gepflegt und die Zusammenarbeit wirkt insgesamt sehr ungezwungen und in der Tendenz kumpelhaft. Insgesamt erscheint der zeitliche und „räumliche" Übergang zwischen individuellem Unterrichtsalltag und kollegialer Sitzung nahtlos. Möglicherweise würde ein stark formalisiertes Vorgehen des Jahrgangsstufenteams, bspw. mit Tagesordnung und Rednerliste, aufgrund des starken Kontrasts zur alltäglichen Lehrerarbeit oder in Bezug auf das gemeinsame Selbstverständnis, auf die Beteiligten befremdlich wirken.

In jedem Schuljahr wird vom Team eine Sprecherin bzw. ein Sprecher gewählt. Aufgabe der Teamsprecherin bzw. des Teamsprechers ist die Moderation und Leitung der gemeinsamen Teamsitzungen sowie die Vertretung des Teams nach außen. Hierzu zählt u. a. der Besuch des wöchentlich stattfindenden TKA (TeamKoordinationsAusschuss), bei dem die Teamsprecherinnen und Teamsprecher aller Jahrgänge zusammenkommen.

Im Schuljahr 2006/2007 war Nora Wieszek die gewählte Sprecherin des damaligen 8. Jahrgangs. Da Frau Wieszek zeitweise krankheitsbedingt nicht an den Sitzungen teilnehmen konnte und mit dem 01. Juni 2006 aus dem Schuldienst ausschied, übernahmen Anna Bender und Jana Brück gemeinsam bzw. abwechselnd die Leitung der Sitzungen. Diese Entscheidung wurde spontan getroffen. Anna Bender schlug zu Beginn einer Sitzung an Jana Brück gerichtet vor:

> „ich schlage vor dass wir äh da in die Lücke springen (...) machst machst du:? ( ) und ich mach ( ) protoköllchen" (Bender).

Im darauf folgenden Schuljahr 2007/2008 wählte das Team Jana Brück per Akklamation zur neuen Teamsprecherin. Die Lehrerin Brück füllt ihre Leitungsrolle aus, indem sie die Teamsitzungen moderiert und den Sitzungsverlauf strukturiert, um alle offenen Aufgaben zu erledigen und zugleich alle Mitglieder am Gruppengeschehen partizipieren zu lassen.

Wie bearbeitet das Jahrgangsstufenteam seine Themen und Aufgaben?

Das Jahrgangsstufenteam erörtert pädagogische, didaktische und organisatorische Fragen, die vorrangig den gemeinsamen dreizügigen Altersjahrgang betreffen.

> „also ich denk so wichtich is: sind organisatorische dinge, ( ) absprachen von klassenfahrten oder vorbereitung davon oder wandertage ( ) terminabsprachen, ( ) zum anderen inhaltliche abreiten von unserem ( ) offenen lernen, ( ) was wir da machen wie wir uns da absprechen können (1) zum anderen auch pädagogische arbeit einzelne schüler einzelne klassen, (1) und ich denk dann: themen die halt die ganze schulgemeinschaft noch betreffen die von ( ) die von außen noch auf uns kommen oder von uns ( ) reingegeben werden" (Werth)

Einen großen Raum der gemeinsamen Sitzungen nehmen organisatorische Absprachen ein. Gemeinsam werden klassenübergreifende oder parallel laufende kleinere und größere Veranstaltungen koordiniert (Klassenfahrten, Wandertage, Durchführung von Projekttagen und -wochen, das Praktikum in der 9. Jahrgangsstufe, etc.). Auch Veranstaltungen der gesamten Schule werden in den Sitzungen thematisch, entweder in Form der Informationsweitergabe durch die Teamsprecherin (Informationsveranstaltungen, Themenabende, o.ä.) oder als organisatorische und planende Absprachen der Beteiligung der Schülerinnen und Schüler aus dem eigenen Jahrgang (Schulfest, Tag der Information etc.). Bereits gelaufene Veranstaltungen werden gemeinsam nachbearbeitet.

Das Team nutzt die Möglichkeit innerhalb seiner Sitzungen auch pädagogische Fragen im kollegialen Kontext zu erörtern. Im Verlauf der Begleitung durch das Forschungsprojekt und im Übergang von der 8. zur 9. Jahrgangsstufe nahmen diese Art der Besprechungen und der gemeinsamen Reflexion zunehmend größeren Raum in den Sitzungen ein. In diesem Zusammenhang thematisch werden bspw. Entwicklungen innerhalb der eigenen Schülerschaft im Sinne von mangelnder Leistungsfähigkeit und -bereitschaft oder soziale Probleme der Schülerinnen und Schüler untereinander (bspw. Mobbing) sowie Schwierigkeiten der Klassen mit Fachlehrkräften. Es erfolgt ein Erfahrungsaustausch, an dessen Ende das gemeinsame Suchen nach Handlungsmöglichkeiten zur Behebung der Probleme steht. Innerhalb der Sitzungen findet ein offenes Befassen mit der Lebenslage an der Schule statt, bei dem die Teammitglieder insbesondere auch die zentralen Probleme ihrer eigenen Schülerinnen und Schüler diskutieren und reflektieren.

Das Jahrgangsstufenteam liegt mit seinen Themen gewissermaßen quer zu den Belangen der Schule und eröffnet damit gleichsam seinen Mitgliedern die Möglichkeit, schulalltäglichen Erfahrungen mit der Schülerschaft, den Eltern sowie den Kolleginnen und Kollegen zu thematisieren. Dabei zeichnet sich das Team durch eine große Offenheit gegenüber jeglichen denkbaren Themen aus.

Jedes Teammitglied kann Wünsche äußern, welche Angelegenheiten innerhalb der gemeinsamen Sitzung besprochen werden sollen. Diese Möglichkeit wird von den Einzelnen intensiv genutzt. Dabei werden auch Probleme der einzelnen Mitglieder offen angesprochen und diskutiert.

> „also ähm (1) ich bin ja seit ( ) ja drei jahren in der gruppe drin, ( ) und für mich ist das wirklich so also ich fühl mich da echt ( ) aufgehoben und wenn ich irgendwie en problem hab dann kann ich das auch ganz offen ansprechen ( ) also dann is=es auch wirklich so dass ich nicht denk ( ) hä ( ) du kleine du bist so blöd ja, du-du kannst es einfach nich ( ) und die andern bei denen läuft des alles ganz super, ( ) ne: bei denen läuft=s ja auch nicht so toll (1) und manchmal ( ) läuft=s bei mir dann besser und ich kann irgendwie ne hilfe geben und dann ( ) is=es wirklich so en (1) ja, ( ) was auch schon angesprochen wird dieses vertrauen dass ich sagen kann, ( ) da ist ma was nich so super gelaufen und dann- ( ) da hilft mir jemand weiter" (Brück).

Das Team eröffnet seinen Mitgliedern einen reflexiven Raum, in dessen Rahmen die Thematisierung alltäglicher Aufgaben, aber auch Belastungen und Probleme möglich ist. Zugleich steht das Team jedoch auch unter dem Zwang seine institutionelle Aufgabe zu erfüllen.

Möglicherweise macht die Diversität und Gleichzeitigkeit der Themen und Aufgaben des Teams eine Bearbeitung nach speziellen, wiederkehrenden Mustern unmöglich. Bei der gleichzeitigen Behandlung von organisatorischen, pädagogischen und auch didaktischen Aspekten können durchaus Reibungen aufgrund unterschiedlicher individueller und organisatorischer Bedürfnisse auftreten. Letztlich stellt sich jedoch auch die Frage, inwiefern organisatorische Absprachen ohne die Beachtung von pädagogischen und didaktischen Aspekten und damit eine Trennung der verschiedenen Bereiche möglich ist.

Betrachtet man die Aufgaben des Jahrgangsstufenteams und die Inhalte der gemeinsamen Teamsitzungen, erhält man den Eindruck, dass innerhalb des Teams die Grundthemen des gesamten Systems der Einzelschule im Kleinen bearbeitet werden. Neben der formal zugeschriebenen Aufgabe den eigenen Jahrgang in pädagogischer, didaktischer und organisatorischer Hinsicht zu koordinieren, gibt es für die einzelnen Teammitglieder individuelle Ziele, die sie mit der Arbeit im Jahrgangsstufenteam verbinden. Für jede Tutorin und jeden Tutor des Jahrgangsstufenteams erfüllt dieses eine eigene, individuell beigemessene Aufgabe. Die individuellen Ziele fließen in einen Gruppenzielpool ein und müssen innerhalb der Kooperation ausbalanciert werden.

Insbesondere die affektive Komponente der Zusammenarbeit wird von den Teammitgliedern als besonderes Charakteristikum der gemeinsamen Arbeit hervorgehoben. Die einzelnen Lehrkräfte scheinen sich innerhalb des Teams wohl zu fühlen und betonen, dass dieser Aspekt zur Realisierung der institutionellen Aufgabe sehr wichtig sei. Der gute Umgang, den das Team miteinander pflegt und die Möglichkeit sich miteinander auszutauschen und kollegial zusammenarbeiten zu können, nehmen zudem einen großen Stellenwert für die Einzelnen in ihrem Berufsalltag ein. Das emotionale und affektive Wohlfühlen im Jahrgangsstufenteam spielt für die Einzelnen eine sehr große Rolle, die sich unmittelbar auf die Berufstätigkeit auswirkt.

> „also dass so ne ( ) selbstverständlichkeit da ist ( ) im ( ) alltäglichen ( ) pädagogischen betrieb hier (2)" (Bender A/14/15-16).

> „ich fühle mich in diesem team genauso wohl (…) wobei dieses wohlfühlen und das konstruktive hiersein an der schule is für mich, elementar wichtich ich würde sogar sagen achtzich prozent meines wohlfühlfaktors macht mein team aus" (Reich).

Das Jahrgangsstufenteam gibt den einzelnen Mitgliedern Halt und stellt für diese ein eigenes sozio-emotionales Zentrum in der Schule dar. Es erscheint als ein intimer, geschützter Raum, innerhalb dessen spezifische Schwierigkeiten des Lehreralltag offen angesprochen werden können. Hierzu bedarf es dem gegenseitigen Vertrauen als wichtige Voraussetzung, sich entsprechend zu öffnen.

> „ich denk ganz wichtig ist für mich das vertrauen ( ) also dass man eben nicht das gefühl hat (2) mh ja (1) wenn man etwas sagt dass man das dann direkt ange- lastet angekreidet bekommt o- der ( ) ich denk das ist einfach da sondern dass es- ( ) wirklich (1) also ich sprech ma für mich ich hab das gefühl man versucht schon gemeinsam das irgendwie (1) dann (1) probleme anzugehn oder irgendwelche ideen" (Werth).

Die Lehrerin Werth konstruiert Vertrauen als zentrale Voraussetzung zum Gelingen des Kooperationszusammenhangs. Dabei bezieht sie sich auf einen negativen Gegenhorizont, bei dem die eigenen Äußerungen negativ bilanziert werden. An dieser, möglicherweise auf vorherigen Kooperationserfahrungen beruhenden, Ausführung knüpft eine andere Lehrerin an.

> „ja genau wenn-wenn we=mer irgendwas hat also wenn ich irgendwas hab und ( ) ich kann=s hier net sagen weil ich denk oh die rollen jetzt gleich die augen dann is=es ganz schlecht ( ) und das hab ich net das gefühl also- ( ) ja das is für mich dass ich einfach ( ) sagen kann was ich denk , ( ) wo ich en problem hab ( ) und dass es halt (1) aufgenommen wird ja" (Brück).

Auch die Lehrerin Brück beschreibt Vertrauen und darüber hinaus Offenheit als besondere Qualitäten der Kommunikation des Jahrgangsstufenteams. Die Mitglieder können sich in ihrem Kooperationszusammenhang gegenüber den anderen offenbaren, ohne befürchten zu müssen, dass sie dabei bloßgestellt werden.

Die Beziehungsdichte innerhalb des Jahrgangsstufenteams wird von den Mitgliedern als besonders eng konstruiert.

> „äh:m es is schon so dass- dass äh: für mich so=n tea:m (1) äh so en bisschen mehr zuhause bedeutet als äh: ( ) des ganze ( ) lehrerkollegium" (Reich).

Dem Team wird in der Äußerung des Lehrers Reich ein privatistisches Moment zugeschrieben, mit dem Verweis auf die Kategorie der Familie („zuhause"[22]). Im Unterschied zum gesamten Lehrerkollegium der Schule fühlen sich die Tutorinnen und Tutoren in ihrem Teamzusammenhang stärker assoziiert. Inwieweit das Team tatsächlich als familiärer Kontext wahrgenommen wird, kann nicht abschließend eingeschätzt werden. Der Lehrer Reich expliziert an dieser Stelle lediglich, dass das Team „mehr zuhause" bedeutet als es das gesamte Lehrerkollegium der Schule tut.

Eine andere Lehrkraft betont, in anderen schulischen Kooperationszusammenhängen in der Regel nichts von Belastungen und Schwierigkeiten anderer Lehrerinnen und Lehrer zu erfahren. Das Jahrgangsstufenteam hingegen erscheint als der Ort, an dem diese Aspekte der Lehrertätigkeit ihren Platz finden. Der Austausch über diesen Aspekt der Berufstätigkeit wird als Entlastung empfunden, insofern die einzelne Lehrkraft erfährt, dass andere Lehrerende z.T. ähnliche Erfahrungen machen. Weiterhin besteht innerhalb der Kooperation die Chance sich auf kollegialer Ebene auszutauschen und von den Erfahrungen der Kolleginnen und Kollegen zu profitieren. Eine Lehrerin verdeutlicht, sich dadurch nicht alleine zu fühlen und befürwortet es Probleme gemeinsam anzugehen. Die Mitglieder des Jahrgangsstufenteams wirken in dieser Hinsicht als nicht vereinzelt, sondern in eine Art der gegenseitigen Empathie eingebunden. Es wird damit auch ein offenes Debattieren der zentralen alltäglichen Probleme möglich. In dieser Form wird innerhalb der von gegenseitiger Unterstützung und Stabilisierung geprägten Zusammenarbeit die Profession kollegial abgeklärt. Die Kooperation wird dabei vor allem als Form der Bewältigung des Alltags wahrgenommen.

> „ja weil dann halt auch mal ( ) schimpfen kann. oder auch da ma deutlich seine meinung sagen kann; (1)" (Bender).

In Bezug auf den zum größten Teil als Belastung empfundenen Alltag, erscheint die Kooperation im Jahrgangsstufenteam als seelische Entlastung.

> „also für mich is kooperation ( ) so ne (2) seelische entlastung, (1) weil hier ja schon viel los ist, (1) und auch ( ) vieles: ( ) hm: durchaus „ä" schwierige zu lösen ist, oder auch frustrierende ( ) ähm: ergebnisse entstehen ( ) und ähm ( ) wenn ich dafür nich alleine verantwortlich bin ( ) sondern das also auch ( ) analytisch oder ähw: so besprechen kann ( ) und äh trotzdem ( ) die vorstellung da ist es geht halt weiter, ( ) w-wir wir ziehen den karren weiter un da is des einfach ne entlastung;" (Bender).

---

[22] In den Fällen, in denen innerhalb des Fließtextes Transkriptausschnitte angeführt werden, wurde auf eine graue Unterlegung derselben verzichtet.

Der Teamzusammenhang fungiert damit auch als geschützter Zwischenraum zwischen Lehrerindividualität und Kollegium. Wenngleich auch innerhalb des Jahrgangsstufenteams unterschiedliche Meinungen bestehen, die auch expliziert werden, bietet das Team dennoch einen besonderen Möglichkeitsraum für professionelle Reflexion und Diskussion.

> „dass is ja das schöne bei diesen teams ( ) dass ich halt die möglichkeiten habe ( ) ähm ( ) differenzen und divergenzen eben gemeinsam auszuhalten und auch gemeinsam vorzudiskutiern ( ) also ich hab die- die wunderschöne möglichkeit wenn ich ne idee: ( ) ne kritik ( ) konstruktiv destruktiv irgendwas habe was meine schule angeht ( ) kann ich das im team vordiskutiern ich muss da nicht mit in die große weite welt rausspringen ( ) sprich ins gesamtkollegium ( ) oder zur schulleitung geh:n sondern ich kann das erstma im team diskutiern und kriegen dann sehr wohl- wohlwollend meinungen von anderen leuten" (Reich).

Wie gestaltet das Jahrgangsstufenteam seine kooperativen Kommunikationsprozesse?

Die Teamsitzungen werden von der Jana Brück als Teamsprecherin geleitet. Die Mitglieder beteiligen sich alle intensiv an der Kommunikation, weshalb der Kommunikationsfluss meist sehr rege ist. Dabei sind die Redeanteile annähernd gleich verteilt. Die Moderation der Sprecherin ist insgesamt eher zurückhaltend, insofern sie nicht die Rolle einer dominanten Leiterin einnimmt. Sie ist insbesondere darauf bedacht alle Teammitglieder gleichermaßen am Teamgeschehen partizipieren zu lassen und innerhalb der Kommunikation den Standpunkt aller Anwesenden abzufragen. So erhält jedes Teammitglied Raum und Zeit, die eigene Meinung und Empfindung mitzuteilen.

Die Kommunikation innerhalb des Jahrgangsstufenteams erscheint insgesamt eher alltagssprachlich und kumpelhaft. Beim Austausch von Erfahrungen und persönlichen Meinungen, sind die Redebeiträge der Teammitglieder mitunter sehr emotional. Es ist auffällig, dass die persönlichen Erzählungen nicht von Seiten der Moderatorin eingedämmt werden, sondern in dem Maße ausgeführt werden dürfen, wie es die entsprechende Person gerne möchte. Das Team ermöglicht den Tutorinnen und Tutoren einen geschützten Raum, die eigenen Empfindungen, Wünsche und Ängste offen anzusprechen. Es kann berichtet, aber auch geklagt werden. Interessant ist es zu sehen, dass das gemeinsame Gespräch nicht immer dazu genutzt wird auch entsprechende Entscheidungen zu treffen oder Positionen auszuhandeln. Häufig ist es für die Tutorinnen und Tutoren auch zufrieden stellend ihren Empfindungen oder ihrem Ärger Luft zu machen und gehört zu werden. Auftauchende Differenzen und Divergenzen werden gut vom Team aufgefangen, weshalb es innerhalb der Sitzungen nicht zu Streitgesprächen kommt.

Innerhalb der Teamsitzungen findet wenig Metakommunikation statt. Das Team erscheint diesbezüglich schon eingespielt und folgt gemeinsamen, nicht explizierten, Regeln. Die Teamsprecherin leitet das Gespräch an und strukturiert dieses zugleich. Dabei versichert sie sich auch, ob alle Mitglieder mit dem thematischen Fortgang der Sitzung einverstanden sind. Die Kommunikation nach außen läuft vorrangig über die Teamsprecherin. Sie berichtet von den Sitzungen des TeamKoordinationsAusschusses (TKA). Über diesen Weg besteht auch die Möglichkeit, Themen aus dem eigenen Team heraus in die Schule weiterzugeben. Das Jahrgangsstufenteam nutzt diese Möglichkeit, indem bspw. die Neukonzeption der bisherigen Dreierdifferenzierung an die Schulleitung herangetragen wurde. Über den TKA erfährt das Team auch von Ideen und Angelegenheiten anderer Jahrgangsstufenteams. Die Mitgliedschaft der Teamsprecherin in diesem Gremium ist insofern von großer Bedeutung für das Jahrgangsstufenteam. Denn es geht schließlich auch darum auf schulischer Ebene mitbestimmen zu können. Offensichtlich wurde die Bedeutung des TKA und der eigenen Beteiligung als die Position der Teamsprecherin für kurze Zeit nicht besetzt war. Damals liefen die Sitzungen des TKA ohne, dass jemand aus dem Jahrgangsstufenteam anwesend war. Diesbezüglich verwies eine Lehrerin auf das entsprechende Protokoll, anhand dessen sich das Team oder einzelne Mitglieder über die Themen und Beschlüsse informieren könnten. Dem entgegnete die Lehrerin Werth, dass vorrangig die fehlende Mitbestimmungsmöglichkeit und Beteiligung problematisch sei und nicht eine fehlende Informationsweitergabe.

> „mich intressiert des auch eher wenn wir da Einsprüche erheben können als nachher zu sehen was festgelegt wurde" (Werth).

Der direkte Kontakt zur Schulleitung läuft über die Stufenleiterin Petra Hart, die durch regelmäßige Kurzbesuche während der Teamsitzungen einen engen Kontakt zu diesem hält. In der Regel stehen bei den Besuchen die Informationsweitergabe wichtiger Termine sowie organisatorische Absprachen im Vordergrund.

Wie positioniert sich das Jahrgangsstufenteam in seiner institutionellen Umwelt?

Die Zugehörigkeit zu einem der Jahrgangsstufenteams an einer Gesamtschule kann für die einzelne Lehrkraft durchaus identitätsstiftend in Bezug auf das Lehrerdasein an der eigenen Schule sein. Im vorliegenden Fall ist die Teamzugehörigkeit öffentlich „ausgestellt". Für alle Besucherinnen und Besucher bzw. Schulangehörigen sichtbar, befindet sich auf dem Flur des Schulleiterbüros ein eingerahmtes Übersichtsplakat der Fotos und Namen aller Jahrgangsstufenteams samt ihrer Mitglieder. Auch die Mitglieder der (erweiterten) Schulleitung, sowie alle weiteren Angestellten der Schule befinden sich auf der Übersicht mit Namen und Foto. Zu ihrer Schülerschaft pflegt das Jahrgangsstufenteam ein besonderes Verhältnis. Häufig wird innerhalb der Kommunikation deutlich, dass sich das Team stark an der Lebenswelt und den Interessen der eigenen Schülerschaft orientiert. Die Tutorinnen und Tutoren sehen ihre Aufgabe in erster Linie darin, die Schülerinnen und Schüler im schulischen und persönlichen Lebensweg zu begleiten und unterstützen. Nach eigener Ansicht nehmen sie diesbezüglich als Tutorinnen und Tutoren, die die Schülerinnen und Schüler über mehrere Jahre hinweg begleiten, eine besondere Rolle ein. Daraus resultiert zugleich das Verständnis, dass die pädagogische Arbeit innerhalb der eigenen Klassen für die Tutorinnen und Tutoren einfacher sei als für die Fachlehrerinnen und -lehrer.

> „mein es is natürlich klar für außen- auch für lehrerinnen die: jetz nich hierim st- äh stammlehrer sind ( ) is natürlich des achte jahrgang des is ma ne herausforderung ( ) und da sin natürlich auch wieder knaller drin in dem kurs drin (...) und ( ) die parieren bei uns eher [lacht]" (Bender).

> „also ich hab an dem- in dem kurs: diese woche ne vertretungsstunde gehabt (2) und ähm ( ) hab die übungen die sie ( ) angegeben hatte zu tun mit denen gemacht und ich- (1) ich hatte halt gar keine probleme (2) also da sind leute drin- also wis- ich bin natürlich auch tutorin hier ge," (Bender).

In Fällen, in denen Probleme zwischen Fachlehrerinnen und Fachlehrern und den eigenen Schulklassen bekannt werden, sucht das Team das Gespräch mit den entsprechenden Personen und bietet die Hilfestellung an. Einem Lehrer, der einen Kurs im Jahrgang unterrichtete, boten sie sogar die Beteiligung an ihrem Team an, da dieser ansonsten in kein Team eingebunden war. Allerdings treffen die Hilfsangebote des Jahrgangsstufenteam bei den Kolleginnen und Kollegen nicht immer auf positive Resonanz.

> „wenn jemand schwierigkeiten hat mit mit mit solchen knäblein umzugehen: des: man ihnen da hilfestellungen gibt" (Schulte).

> „das (...) ist für sie [die betroffene Lehrerin, N.B.] halt äh ganz schrecklich auch dass ich sie da angesprochen habe (1) weil ich dann halt ( ) sie mir auch gesagt weil ich da halt ihre autorität untergrabe" (Bender) „also was ( ) mich vor allen dingen am meisten gestört hat is daran auch dass: ( ) unser lieber herr kollege die ( ) die hilfe von außen: ganz abgelehnt hat;" (Werth).

Das Team reagiert auf die Ablehnung ihrer Hilfsangebote mit Unverständnis. Gleichwohl das Team sich als Unterstützungsinstanz für die im Jahrgang unterrichtenden Lehrkräfte versteht, vertritt das Team in solchen Konfliktfällen zumeist eine schülerorientierte und -unterstützende Position. Für Disziplinprobleme in den Kursen ziehen die Mitglieder insbesondere den falschen Umgang der Lehrkräfte mit der Schülerschaft in Betracht und orientieren sich stark an den Rückmeldungen ihrer Schülerinnen und Schüler. Daraus resultierend, kommt es in den Sitzungen sogar dazu, dass sich das Jahrgangsstufenteam über Kolleginnen und Kollegen und deren pädagogische Arbeit beklagen.

Innerhalb der Teamsitzungen wird grundlegend über den gesamten Jahrgang gesprochen, aber es rücken auch einzelne Schülerinnen und Schüler ins Blickfeld, insofern es Schwierigkeiten und Probleme gibt. Der Austausch ist dabei nicht nur für die einzelne Lehrkraft wichtig und hilfreich, sondern auch notwendig, um eine gemeinsame Linie der pädagogischen Arbeit im Jahrgang zu entwickeln:

> „wenns sehr massiv is dann is=es auch schon hilfreich dass man das insgesamt bespricht; ( )
> ja: weil das dann auch oft weitere kreise zieht" (Knappek).

Der Teamzusammenhang ermöglicht es den Tutorentandems den gesamten Jahrgang im Auge zu behalten und frühzeitig auf problematische Tendenzen innerhalb der Schülerschaft reagieren zu können. Beispielsweise beschäftigte sich das Jahrgangsstufenteam innerhalb des Begleitungszeitraums mit einer sich formierenden klassenübergreifenden Gruppe Jugendlicher, die zunehmend den Kleidungsstil von Grufties annahmen und sich auch hinsichtlich ihrer Verhaltensmuster veränderten. Das Team versuchte eine gemeinsame Richtung in der Vorgehensweise einzuschlagen und diese dann auch entsprechend kollektiv nach außen zu vertreten. Das Team versucht die Chance, die sich durch den Kooperationszusammenhang aller Tutorinnen und Tutoren des Jahrgangs ergeben, im Sinne pädagogischer Belange zu nutzen. Es werden gemeinsame Entscheidungen getroffen und geschlosen nach außen vertreten.

> „da sollten wer schon auch an einer- an einem ( ) in eine richtung gehen zusammen ne, (1)
> denk ich ( ) und nich wegen jeder schlechten note ( ) elte- en elterngespräch zulassen" (Hart).

Innerhalb der Teamsitzungen sprechen die Lehrkräfte häufig auch über die Eltern der eigenen Schülerinnen und Schüler. Jedoch werden diese in der Regel weniger als Unterstützungsinstanz in pädagogischer Hinsicht wahrgenommen. Das Team teilt sogar die Meinung, die Probleme und Verhaltensauffälligkeiten ihrer Schülerinnen und Schüler ließen sich vorwiegend auf die Eltern zurückführen. Bei der Thematisierung des organisatorischen wie pädagogischen Problems der Schlamperei im Jahrgang stellt die Lehrerin Bender die Frage an das Team, woher die Probleme bedingt sind. Die Reaktion eines Mitglieds darauf lautete, dass dies zu Hause nicht geahndet werden würde und sich deshalb bei den Jugendlichen als

Verhaltensmuster manifestiert. Häufig wird ein in der Tendenz resigniertes Bild
der Eltern nachgezeichnet.

> „ja und je nachdem wie das: wie die schüler sind und wie die eltern sind wie gesagt du kannst
> bei ä- manchen eltern warten bis de schwarz wirst da kriegst de nie was da vergisst de den gan-
> zen kram" (Bender).

Die Tutorinnen und Tutoren nehmen eine starke Position in dem Entscheidungs-
gefüge der Schule ein, die von ihnen pädagogisch begründet wird. Dabei intendiert das Jahrgangsstufenteam eine starke Steuerung des eigenen Jahrgangs.
Hierzu gehört auch der Versuch bei der Besetzung der Fachkurse durch entsprechende Lehrkräfte mitbestimmen zu können.

> „wir ham ( ) immer wieder drum gekämpft dass wir als tutoren äh zuständigkeiten bekommen
> und mit entscheidungen treffen können (1) ob=s jetzt die: einteilung (nur in) kursen geh:t oder
> wie wir die kurse wollen welche lehrer wir ( ) in welchen fächern haben wollen wir ham immer
> versucht einfluss zu nehmen ( ) in der hinsicht ( ) aber dann auch mit die verantwortung darüber
> übernommen also," (Werth).

In der Regel wird innerhalb der Teamsitzungen das Verhältnis zur Schulleitung
nur selten explizit thematisiert. Dieser Umstand könnte daher rühren, dass das
Teammitglied Eva Schulte auch in der erweiterten Schulleitung tätig ist. Die
betroffene Lehrerin befindet sich diesbezüglich in einem Rollenkonflikt, wie
innerhalb der Gruppendiskussion deutlich wurde.

> „die sache is die dass ich jetzt auch schulleitungsaufgaben übernommen habe und merk halt, wie
> ich ä halt hin und her gerissen bin, ( ) un- deswegen komm ich auch immer zu spä:t oder, ( ) bin
> halt nich pünktlich da: und ( ) ja? ( ) merk halt ich- m:ir entgehen auch einige diskussionen und
> ähw gespräche und ( ) mir fehlen dann die informationen (1) und ( ) ja ich fühl mich da im mo-
> ment ( ) so wie das jetz für mich is, ( ) sehr ( ) sehr zwiegespalten muss ich sagen;" (Schulte).

Bezüglich des Verhältnisses des Jahrgangsstufenteams zum Gesamtkollegium
lassen sich zwei Thesen formulieren: das Jahrgangsstufenteam als Unterstützungsinstanz sowie das Jahrgangsstufenteam als Regenten des Jahrgangs. Diese
beiden zuspitzenden Formulierungen basierten auf den vorherigen Ausführungen
und wurden im Rahmen der Rückspiegelung an das Team kommuniziert. Diese
empfanden die Thesen als durchaus zutreffend:

> „und ähm mir gefallen jetzt auch hier diese stichpunkte sehr gut find ich gut herausgearbeitet ( )
> also eigentlich alle aber auch zum beispiel ( ) die- die zw- das mittlere unter punkt zwei ( ) also
> ( ) dass wir ähm die regenten oder die herrscher und herrscherinnen in einem jahrgang sind also
> dort auch bestimmen wie=s da zugeht oder ga- da gerne das so einrichten wollen wie wir haben
> klar ( ) das ist die autonomie des teams ( ) und ähm ( ) auch äh natürlich der anspruch dann ei-
> nes teams ( ) und die unterstützung das find ich auch toll ( ) ähm das zeigt auch so wie wir uns

in der schule eigentlich gegenseitig helfen könnten, ( ) wenn man es eben nich als eine herr-schaftliche maßnahme empfinden würde ( ) und so kommt=s aber vielleicht dann immer wieder ma rü:ber ähm dass wir da äh: zu herrschaftlich auftreten wenn wir eben einflieger die jetzt nur mit nem zwostündigen fach oder neu zu uns kommen ( ) vielleicht helfen wollen und es kommt dann überhaupt nich äh: nich gut durch und nich gut an (1) is aber gleichzeitig äh sehr wichtig für die schule find ich dass es solche ( ) regentschaften gi:bt (1) u:nd ähm ( ) die auch unterstüt-zen können ( ) und schützen können" (Bender).

5.1.2 Fallanalyse

In diesem Kapitel wird exemplarisch anhand ausgewählter Transkriptpassagen das sequenzanalytische Vorgehen nachgezeichnet. Diese Passagen wurden in-nerhalb der Formulierenden Interpretationen identifiziert, insofern sie thematisch relevant erscheinen bzw. sich durch eine hohe metaphorische oder interaktive Dichte auszeichnen.

Bedeutung der Kooperation für Einzelne

Die nachfolgend interpretierte Passage stammt aus einer von Forscherseite initi-ierten Gruppendiskussion, die mit allen Mitgliedern des Jahrgangsstufenteams durchgeführt wurde. Die Gruppendiskussion fand vor Beginn einer regulären Teamsitzung statt und dauerte in Absprache mit der Teamleiterin eine knappe Zeitstunde. Thematisiert wurden im Laufe des Gesprächs folgende, die Koopera-tion der Gruppe betreffende, Aspekte:
- Entstehung der Gruppe, Zusammensetzung, Mitgliedschaftsdauer
- Inhalte/Arbeitsschwerpunkte der Gruppe
- Bedeutung der Kooperation (für einzelne Gruppenmitglieder)
- (Strukturelle) Möglichkeiten zur Kooperation
- Zusammensetzung der Gruppe/Tutorenteams innerhalb des Jahrgangs-stufenteam
- Organisation der Gruppensitzungen
- Eigenes, individuelles Verständnis von Kooperation
- Aktuelle Aufgaben des Teams
- Ausblick in die Zukunft der Gruppe

Die beteiligt Forscherin leiteten das Gespräch an, indem zu den zuvor genannten Themengebieten jeweils ein Gesprächsimpuls in Form einer Frage erfolgt, wo-raufhin die Gruppe das Thema eigendynamisch für sich bearbeitete. Es wurden nicht, wie in einem Gruppeninterview üblich, alle Anwesenden einzeln bzw. gezielt dazu befragt. Stattdessen konnten sich die Gruppenmitglieder beteiligen,

wann immer sie wollten und in der von ihnen selbst gewählten Intensität. Die
Methode der Gruppendiskussion kann sehr vorteilhaft sein, wenn durch die Dynamik des Gesprächsverlaufs Hemmungen, Ängste und Widerstände bei den
Einzelnen reduziert und damit tieferliegende Einstellungen und Motive geäußert
bzw. sichtbar werden.

Die Interviewerin initiiert die Thematik der Bedeutung der Zusammenarbeit
durch den entsprechenden Gesprächsstimulus:

Bondorf	wie würden se das beschreiben was is ( ) was bedeutet kooperation denn dann: für ( ) für die einzelnen mitglieder der gruppe, (3)

Es wird deutlich, dass der Frage eine eindeutige Relationierung zu Grunde liegt.
Gefragt wird nicht was Kooperation ist, sondern was diese bedeutet. Hinzu
kommt eine Spezifizierung dieser Bedeutung, indem sie in der Fragestellung
konkret auf einzelne Mitglieder bezogen wird. Die Frage ist nicht allgemein
gefasst, vielmehr bezieht sie sich auf den konkret vorliegenden, spezifischen
Kooperationskontext, da von „mitglieder(n) der gruppe" gesprochen wird.

Auf die Frage der Interviewerin erfolgt eine drei Sekunden andauernde Pause, bevor eine Lehrerin der Gruppe zu sprechen beginnt. Vermutet werden kann
eine Antwort auf individueller Ebene, da diese Individualität in der Fragestellung
der Interviewerin bereits expliziert wurde ("für die einzelnen mitglieder").

Werth	ich denk ganz wichtig ist für mich das vertrauen ( ) also dass man eben nicht das gefühl hat (2) mh ja (1) wenn man etwas sagt dass man das dann direkt ange- lastet angekreidet bekommt oder ( ) ich denk das ist einfach da sondern dass es- ( ) wirklich
Brück	mh
Knapp.	
Werth	mh
	(1) also ich sprech ma für mich ich hab das gefühl man versucht schon gemeinsam das irgendwie (1) dann (1) probleme anzugehn oder irgendwelche ideen (1) das ( )

In ihrer Antwort nimmt die Sprecherin den Faden der Relation, der zuvor von
der Interviewerin vorgegeben wurde, auf. Mit „für mich" reagiert sie eindeutig
als Subjekt und liefert eine Beschreibung der Bedeutung der Kooperation für sie
als Gruppenmitglied. Dabei steht in ihrer Argumentation das Moment des Vertrauens im Vordergrund. Das Jahrgangsstufenteam erscheint geradezu als Oase
des Vertrauens. Für Kooperationszusammenhänge bedeutet das gleichzeitig das
Ermöglichen von Nähe und von Authentizität. Vertrauen erleben bedeutet Angstfreiheit zu erleben. In diesem Sinne wird die Sprecherin in der Kooperation die
Empfindung haben sich in diesem Kontext öffnen zu können. Vertrauen wird
hier als zentrales Element der Kooperation beschrieben, das elementar erscheint
(„besonders wichtig"). Das Jahrgangsstufenteam wird als unbelasteter Raum

konstruiert. Die Äußerungen der einzelnen Mitglieder werden nicht bilanziert. Als Gruppenmitglied muss man in der kollegialen Kommunikation für seine eigenen Redebeiträge nicht das Fallbeil der Kritik der Anderen befürchten. Gleichwohl die Interviewerin in ihrer Aufforderung/Frage die Bedeutung der Kooperation für die Einzelnen anspricht und damit möglicherweise auch bereits die Ebene der Emotionen tangiert, ist mit der Beantwortung der Frage auf der Gefühlsebene nicht unbedingt zu rechnen. In der Beschreibung der professionellen Kooperation ist ein fast privates Moment enthalten. Die Sprecherin würde solche Äußerungen nicht tätigen, wenn sie sich nicht in einem vertrauensvollen Kontext wüsste. Vor allem in einem schulischen Kontext ist die Argumentation der Sprecherin Werth in der vorliegenden Art nicht zu erwarten gewesen - der schulische Alltag bringt nur selten ein Umfeld der Angstfreiheit hervor. Insbesondere formelle Beziehungen innerhalb der Berufstätigkeit geben dieses Moment nicht her. Die Lehrerin Werth scheint an der Stelle jedoch das Bedürfnis zu haben über eben genau diese Komponente der Zusammenarbeit reden zu wollen, da sie diese als besonderen Wert der Kooperation beschreibt. Ihre Antwort sprudelt förmlich aus ihr heraus, was die Vermutung nahe legt, dass sich an dieser Stelle ein Bedürfnis Bahn bricht über die Gefühlsebene zu reden und dem nicht auszuweichen. Sie versteckt sich nicht hinter der Meinung einer anderen Person bzw. der gesamten Gruppen. In ihrer Äußerung bezieht sie selbst als Sprecherin deutlich Position und verfällt nicht in das distanzierte "man". Mit den Einschüben "wichtig ist für mich", "also ich sprech ma für mich", "ich hab das gefühl" wirkt es fast wie ein Bekenntnis. Neben diesem deutlich zu erkennenden individuellen Bezug finden sich in ihrer Aussage auch Elemente der Einbindung der Anderen. "wenn man etwas sagt" - das man verweist auf eine allgemeine Norm, von der die Sprecherin erwartet, dass dieser von den anderen Anwesenden zugestimmt wird. Einschränkend muss jedoch angebracht werden, dass der Einschub "ich sprech mal für mich" auch eine Begrenzung des eigenen Geltungsanspruchs markiert.

Die von Werth beschriebene positive Auswirkung der Kooperation umfasst auch die Möglichkeit gemeinsamen Handelns ("gemeinsam das irgendwie (1) dann (1) probleme anzugehn"). Über die Angstfreiheit hinausgehend, geht es hier um eine gemeinsame aktive Problembearbeitung. Insgesamt bezieht sich die Sprecherin in ihrer Äußerung auf drei Dimensionen, die darin explizit wie implizit enthalten sind:

1. Nähe innerhalb des Kooperationszusammenhangs
2. Herstellen von Gemeinsamkeit
3. Gemeinsame Aktion

Insgesamt wird deutlich, dass die Sprecherin die Bedeutung der Kooperation nicht nur auf individueller Ebene ansiedelt, sondern in ihrer Argumentation auf die anderen Beteiligten der Zusammenarbeit ausweitet. Die Lehrerin referiert die expansivste Form der Kooperation und fordert mit ihrer Antwort auf die Ausgangsfrage die Anderen zur Positionierung auf. Es erscheint besonders interessant, wie die nachfolgenden Rednerinnen und Redner auf dieses Kooperationsverständnis reagieren; ob sie sich darauf beziehen, es verifizieren oder negieren.

In der Äußerung der Lehrerin Werth stecken die verschiedenen Entwürfe zu folgenden Aspekten drin:

1. Was ist das Besondere dieses Teams?
2. Welche Funktion hat das Team?
3. Konstruktion des Teams als Wir-Gemeinschaft

Für die Lehrerin Werth stellt das Besondere des Jahrgangsstufenteams die Möglichkeit dar offen reden zu können. In der Äußerung ‚hier kann ich alles sagen' steckt, dass das Team als eine Wir-Gemeinschaft erlebt wird. Gleichzeitig erfolgt damit eine Abgrenzung nach außen hin. Denn mit der Beschreibung der individuellen Bedeutung der Kooperation impliziert die Sprecherin auch, was ihrer Meinung nach ansonsten im Alltag der Fall ist. Nämlich dass Lehrkräften in kollegialen Zusammenkünften unter Umständen die eigenen Aussagen vorgeworfen werden, dass diese den jeweiligen Urhebern angelastet werden. Der vorliegende spezifische Kooperationskontext wird damit als Gegenhorizont zu alltäglichen Erfahrungen in Kooperationsprozessen im Lehreralltag konstruiert. Die Tatsache, dass die Lehrerin Werth auf den Sachverhalt - alles sagen zu können ohne mit einer Sanktion rechnen zu müssen - hinweist, lässt gleichermaßen Rückschlüsse auf ihre Normalformerwartung zu, wonach in kollegialen Kooperationsprozessen innerhalb des Kollegiums nicht nur kooperiert wird, sondern es in diesen Prozessen auch immer um Konkurrenz geht. Wenn bei Lehrenden solch eine Empfindung zu erleben ist, dann gehen sie gewissermaßen mit einer negativen Hypothek an Kooperationserfahrungen in eben solche Prozesse. Entscheidend ist dann, wie sie neue Kooperationszusammenhänge erleben: machen die Beteiligten schnell eine positive Gegenerfahrung oder wird die Erfahrung im "neuen" Kooperationskontext unter die bisherigen eher negativen Erfahrungen subsummiert?

Insgesamt muss konstatiert werden, dass sich die Argumentation der Sprecherin Werth zunächst nur auf die gemeinsame Kommunikation des Jahrgangsstufenteams bezieht. Jedoch sind Kommunikationsprozesse für Kooperationsprozesse konstituierend und liefern damit als Indikator einen wesentlichen Hinweis auf die entsprechende Zusammenarbeit. Angesicht der vorliegenden Äußerung lässt sich eine starke sozioemotionale Bedeutung der Zusammenarbeit des Jahrgangsstufenteams für diese Lehrerin herauslesen. Der Kooperationszusammenhang wird als positiver Gegenort zum Sonstigen konstruiert und in dieser Hinsicht als besonders angenehm erlebt. Wenngleich stark auf die emotionale Ebene

abgehoben wird, findet sich in dieser Passage kein grenzenloses Wohlfühlargu-
ment, das für eine Kommunikation im Rahmen von familialen Beziehungen und
damit als Gegenpol zur Kommunikation unter Rollenträgern sprechen würde.
Interessant ist dennoch, wie die anderen Gruppenmitglieder auf die Proposition
und Elaboration von Werth, die als Inkarnation des We-Modus erscheint, reagieren.

Bender	mhm( )
Brück	ja genau wenn-wenn we=mer irgendwas <u>hat</u> also wenn ich irgendwas hab und ( )
	ich kann=s hier net sagen weil ich denk oh die rollen jetzt gleich die augen dann is=es
	<u>ganz</u> schlecht ( ) und das hab ich <u>net</u> das gefühl also- ( ) ja das is für mich dass ich
Bender	mh
Brück	einfach ( ) sagen kann was ich <u>denk</u> , ( ) <u>wo</u> ich en problem hab ( ) und dass es halt (1)
	<u>aufgenommen</u> wird ja, (4)

Während die Lehrerin Bender noch eher verhalten mit einem leicht bestätigenden
"mhm" antwortet, bejaht Brück die Aussage von Werth sehr deutlich "ja genau".
Direkt im Anschluss beginnt sie diese Zustimmung näher zu erläutern, indem sie
ein Beispiel für den geschilderten Sachverhalt anbringt. Ihre Äußerung stellt die
Validierung der von Werth aufgeworfenen Orientierung dar. Das Bild, das die
Lehrerin Brück verwendet ist sehr stark. Augenrollen als Reaktion von anderen
Personen auf eigene Redebeiträge verweist auf Ungeduld und kann als starke
Abwertung verstanden werden im Sinne von ‚das halte ich nicht mehr aus'. Das
Augenrollen kann damit als die zuvor von Werth umschriebene und gefürchtete
Sanktion durch die Anderen verstanden werden. Das Kollegium wird als Gegen-
horizont konstruiert, in dem man Angst haben muss entblößt oder beschämt zu
werden. Der Lehrerin Brück ist es wichtig in Kooperationsprozessen nicht dieser
Angst zu unterliegen. Sowohl die Lehrerin Werth als auch der nachfolgenden
Sprecherin Brück ist es wichtig die Möglichkeit hervorzuheben sich innerhalb
des Kooperationszusammenhangs offen äußern zu können. In beiden Konstruktionen kommt nicht zum Ausdruck, dass das Jahrgangsstufenteam notwendigerweise Entscheidungen treffen muss. Aufgezeichnet wird stattdessen die andere
Seite dieses funktionalen Zusammenhangs.

Ortner	für mich is=es=schwer ä=mich ( ) praktisch dran zu beteiligen weil ich ja keine
	<u>tutorin</u>
	bin also, ( ) <u>gruppen</u>- gruppenmitglied ja genau. ( )
Bondorf	aber gruppenmitglied od- ( )
Ortner	„also" (4)

Frau Ortner ist die Referendarin des Jahrgangsstufenteams, worauf sie mit ihrem
Einschub hinweist. Inwieweit erscheint ihre Äußerung an dieser Stelle passend

zu den vorherigen Konstruktionen? Die Lehrerinnen Werth und Brück haben mit
ihren Äußerungen das Jahrgangsstufenteam als einen exklusiven Raum konstruiert. Die Aussage der Referendarin, in der sie darauf hinweist sich an der mo-
mentanen Diskussion nicht beteiligen zu können, ist adäquat zu den vorherigen
Äußerungen. Sie muss sich von dem zuvor konstruierten exklusiven Raum deutlich abgrenzen. Es wäre systematisch nicht zulässig sich in ihrer Position an
dieser Stelle als vollwertiges Mitglied des Jahrgangsstufenteams zu assoziieren.
Dabei bezieht sich der Aspekt der Mitgliedschaft auf die Konstruktion als Wir-
Gebilde und nicht auf das Team als formell abstrakte schulische Organisations-
einheit.

| Bender | also für mich is kooperation ( ) so ne (2) seelische entlastung, (1) weil hier ja schon viel los ist, (1) und auch ( ) vieles: ( ) hm: durchaus „ä" schwierige zu lösen ist, oder auch frustrierende ( ) ähm: ergebnisse entstehen ( ) und ähm ( ) wenn ich dafür nich alleine verantwortlich bin ( ) sondern das also auch ( ) analytisch oder ähw: so besprechen kann ( ) und äh trotzdem ( ) die vorstellung da ist es geht halt weiter, ( ) w-wir wir ziehen den karren weiter un da is des einfach ne entlastung; (1) |

In der Äußerung von Frau Bender wird die tägliche Lehrerarbeit als schwierig
und frustrierend beschrieben und es wird deutlich, dass daraus eine gewisse
Form der Machtlosigkeit bzw. Desillusionierung bei der Lehrerin entsteht. Fast
erscheint es so, als würde die Sprecherin ihre Berufstätigkeit mit Sisyphusarbeit
gleichsetzen, die trotz größter Bemühungen nicht zum Erfolg führen kann. Es
erfolgt in jedem Falle keine Definition der Arbeit im Sinne von ‚es ist toll hier
tätig zu sein'. Die erlebte Machtlosigkeit wird durch den Umstand abgemildert,
dass andere Lehrenden ähnliche Erfahrung machen. Dies wird mit der Umschreibung deutlich, dass „trotzdem die vorstellung da ist es geht halt weiter".
Die Lehrerin Bender beschreibt frustrierende Ergebnisse in der täglichen Arbeit,
die innerhalb des Teamzusammenhangs sichtbar werden als nicht einzig dem
Einzelnen zurechenbar. Das wird als wohltuend empfunden, da die Einsamkeit
des Professionellen immer gleichbedeutend ist mit einer individuell auferlegten
Verantwortung immer selbst entscheiden zu müssen und vor allen Dingen auch
alle Handlungen sich selbst zuzurechnen müssen. Für Lehrkräfte kann dieser
Umstand unheimlich belastend sein. Entlastet werden kann der Einzelne dann
durch den Zusammenschluss mit ‚Leidensgenossen' – Kooperation wird dann als
seelische Dimension wahrgenommen; als ein sich in Übereinstimmung-Wissen
mit anderen Personen. Das Jahrgangsstufenteam wird einerseits zum entschei-
denden Faktor der Entlastung, andererseits aber zugleich zu einem Motivationsspender für die Einzelnen. Die Kooperation ermöglicht es der ansonsten verein-
zelten Lehrkraft sich in den erlebten widrigen Verhältnissen motivieren zu können. Die gegenseitige Stabilisierung beruflicher Art erfolgt dabei gewissermaßen

nach dem Prinzip Gleiches mit Gleichem zu bekämpfen. Die Lehrkräfte tauschen sich über ihre Erlebnisse aus; sie erfahren, dass auch andere ähnlichen beruflichen (Belastungs-)Situationen ausgesetzt sind und ebenso Erlebnisse des Scheiterns machen müssen. Darüber hinaus, das wird in der Konstruktion von Frau Bender deutlich, geht es aber auch darum gemeinsam nach vorne zu blicken – den schweren „Karren" des Alltags weiterzuziehen. Diese Textpassage macht die diffuse Struktur, die mit dem Lehrerhandeln verbunden ist, deutlich: das zyklische Modell einer dauernden Belastungserfahrung. Die alltägliche Lehrerarbeit ist von einer immer wiederkehrenden Regulierungsnotwendigkeit geprägt. Im Klassenzimmer ist die einzelne Lehrkraft stets gefordert zunächst die Bedingungen für Unterricht herzustellen, bevor dieser überhaupt begonnen werden kann. Diese Belastungserfahrung – der „Karren" kann nicht alleine gezogen bzw. bewältigt werden. Das bedeutet nicht, dass die Lehrenden sich gegenseitig von dieser zyklischen Belastungserfahrung befreien können. Das Entlastende ist vielmehr die Tatsache, dass die Bedingung für das Frustrierende nicht bei den Lehrkräften selbst gesucht werden muss, sondern in der Struktur der Tätigkeit, die von anderen ähnlich erlebt wird.

In ihrer Konstruktion beschreibt die Sprecherin Bender eine weitere Funktion der Kooperation. Die Sequenz „sondern das also auch analytisch oder so besprechen kann" verweist auf die zuvor geschilderte Alternative zur individuellen Selbstzuschreibung – die Lehrkräfte analysieren das Erlebte und Erfahrene. Dass das gemeinsame Gespräch „analytisch" ist stellt dabei ein Qualitätsmerkmal der Kooperation dar, denn es geht über den reinen Austausch hinaus. „analytisch" verweist im Gegensatz zu einem Stammtischzusammenschluss auf eine reflexiv-aufschließende, eine aufklärerische Arbeit.

Insgesamt betrachtet erscheint die Äußerung von Bender als eine weitere Ausdifferenzierung des bisher Gesagten. Im Unterschied zu den vorherigen Äußerungen argumentiert Bender jedoch nicht mit dem Herstellen einer Differenz. Ein Gegenhorizont zu ihrer Konstruktion scheint nicht auf. Sie verbleibt gänzlich in der Selbstreferenz der Gruppe und bezieht dabei auch ein neues Argument mit ein, was bisher noch nicht zur Sprache kam. Innerhalb des Jahrgangsstufenteams wird es für die einzelne Lehrkraft möglich die Schwierigkeiten des alltäglichen beruflichen Arbeit besser einzuschätzen und damit besser bearbeitbar zu machen. In den vorherigen Äußerungen von Frau Brück und Frau Werth schien jeweils ein Gegenhorizont auf. Der Sprechakt von Bender enthält einen solchen Gegenhorizont nicht; dieser müsste gedankenexperimentell konstruiert werden. Interessant erscheint in dem Zusammenhang das „wir". Es steht an dieser Stelle nicht im Sinne einer verschworenen Gemeinschaft, da die Abgrenzung nicht nach außen hin erfolgt. Vielmehr steht das „wir" für ein Kollektiv, das die gemeinsame Arbeit bewältigt. Diese gemeinsame Arbeit wird in den Vordergrund gestellt.

Folgerichtig wäre der Gegenhorizont zu diesem „wir" nicht wie zuvor nach außen, sondern nach innen hin zu suchen: es wäre in diesem Falle das „ich" des einzelnen Lehrers.

Werth	hmhm (2)
Bender	„so." (4)
Bondorf	„wollen sie-" [lacht]
Knapp.	b=is=eigentlich im wesentlichen schon gesacht worden ich find=s halt noch ganz gut dass so=w ( ) ä:hm ( ) dass man hier so sein kann wie man halt is ( ) ä: ohne dass des jetzt „ä" wi- wird halt ( ) „g-" so=„ä" genutzt „wie in"
?	[lacht]
Knapp.	kann so bleiben wird net an einem herumgedoktert [lachend] dass man: ja dass man
?	[lacht]
Knapp.	da sich ä auf linie begibt oder so sondern=n stück weit dann auch jeder so ( ) sich
?	[lacht]
Knapp.	geben kann un sein kann wie er is „hier=un"=das=is ( ) wichtig. ( ) ja; ( ) also auch- auch ganz persönlich ( ) sach ich jetz ma ja also wenn=s einem: also ähm ( ) dann mal net so- wie=s geht d- so normalerweise kenn ich des von andern systemen dass man ne tür hinter sich zumacht und der- und
?	mh
Knapp.	und die- die schülerinnen und *schüler waren da hintendran* [lachend] und m-hat ne miese stunde ( ) und man sacht dann da drüber ( ) äh erfährt man nix und hier erfährt man des halt einfach und des ( ) is auch ok so dann ja, des ( ) und und dann erfährt man auch dass die andern *auch (für-)* [lachend] ihren trouble (irgendwie in) situationen ha-ben das entlastet zum beispiel mich auch ( ) ja, weil es is so ( ) dann ort man- dann
?	mh
Knapp.	ortnet man des besser ein ne, also sachen einfach erfährt ( ) und auch so bleiben
Bender	ja
Knapp.	kann wie man das macht also dann- ( ) en austausch dann auch da is aber- aber nit so
	mhm
Knapp.	dass der andere sacht jetzt ( ) mach des mal so wie ich des mach ( ) ja, ( ) sondern
?	mh
Knapp.	des wird gesacht wie man des macht und dann kann man sich die scheibe davon abschneiden oder man kann=s bleiben lassen ja, [lacht]

Der Sprecher Knappek beginnt seinen Sprechakt damit das bisher Gesagte aus seiner Sicht zu verifizieren. Er betont, dass bereits alles gesagt worden sei, womit er dem zuvor Berichteten gleichzeitig zustimmt. Im weiteren Verlauf seiner Äußerung ergänzt er die bisherigen Aspekte um einen weiteren Wert der Kooperation, den er erlebt: Authentizität. Das Jahrgangsstufenteam wird als ein Gemeinschaftsraum konstruiert, in dem jeder Einzelne Anerkennung erfährt und akzeptiert wird, wie er ist. Deutlich wird, dass die Mitglieder das Empfinden haben ganz offen die eigenen Unzulänglichkeiten zeigen zu können. Wenn die einzelne Lehrkraft erschöpft und eventuell mit Scheiternserlebnissen aus dem Klassenzimmer kommt, fühlt sie sich im Team von den Anderen angenommen, möglicherweise sogar geborgen. Der einzelne Lehrer hat eine schlechte Stunde hinter verschlossener Tür erlebt. Dies kann er mit in die gemeinsame Arbeit hineintragen und offen ansprechen. Innerhalb der Kooperation besteht die Möglichkeit die Abwertung durch die Schüler zu verarbeiten. Die einzelne Lehrkraft muss dabei keine Angst davor haben, dass ihm die schlechte Stunde als Defizit, als persönlicher Misserfolg zugeschrieben wird. Die Lehrenden erleben, dass es den Anderen genauso ergeht und damit werden die Erlebnisse entindividualisiert. Der Gegenhorizont wäre ein Kooperationszusammenhang, in dem sich die Beteiligten ständig gegenseitig etwas vormachen und voreinander stets brillieren wollen – so als gäbe es bei der Berufsausübung keine Probleme. Gleichzeitig würden die Einzelnen immer befürchten müssen, durch die Anderen missachtet, belächelt oder abgewertet zu werden. Eine entsprechende Disposition drückt sich an dieser Stelle in dem Statement des Lehrers Knappek aus und lässt sich so mit der vorherigen Äußerung der Lehrerin Brück gleichsetzen, in der ebenfalls die Angst vor der Abwertung durch die Kollegen deutlich wurde. Das Jahrgangsstufenteam wird im Gegensatz dazu von Herrn Knappek als tragfähige und sehr belastbare Beziehungsstruktur konstruiert. Bezieht man den Kontext mit ein und geht davon aus, dass die Lehrkräfte in der IGS mit Schülern zu tun haben, die in der Regel selbst nicht hochmotiviert sind, wirkt die Tatsache umso gravierender, dass die Lehrer keine gute Rückmeldung bezüglich ihrer Berufsausübung erhalten. Die Rückmeldung kommt nicht von den Schülern im Unterricht, sondern positive Wertschätzung erhalten die Lehrkräfte von Kolleginnen und Kollegen im Rahmen der gemeinsamen Kooperation. Jedoch steckt in dieser Qualität der Kooperation auch eine Ambivalenz. Einerseits werden die Einzelnen durch den Zusammenschluss stabilisiert, andererseits kann sich die Beziehung, die zur Stabilisierung beiträgt, im Hinblick auf die professionelle Handlungsstruktur anspruchsreduzierend auswirken. Die Schüler werden als Problem angesehen. Es würde nicht angemahnt werden, wenn der Unterricht nicht wie geplant klappt, denn die einzelne Lehrkraft kann nichts dafür. Die anderen Teammitglieder würden sagen ,du bist trotzdem gut'. Die Gefahr besteht darin, dass sich der Kooperationszusammenhang eventuell auf eine Tröstergemeinschaft reduziert, die nicht bestrebt ist eine Änderung der Missverhältnisse herbeizuführen. Eben dieses Element entdeckt man jedoch in der weiteren Ausführung von Knappek. Er beschreibt einen „austausch", wobei wichtig ist, dass dieser Austausch nicht

bedeutet, dass man von anderen Personen das eigene Handeln aufdiktiert bekommt. Es soll nicht der Eindruck erweckt werden, es gäbe nur eine mögliche
Handlungsstrategie, die von jeder Lehrkraft übernommen werden soll. Vielmehr
bringen die Lehrenden ihre eigenen Erfahrungen und Handlungsmuster in die
Kommunikation ein und die Übrigen entscheiden sich, inwieweit sie etwas davon übernehmen möchten oder nicht „dann kann man sich die scheibe davon
abschneiden oder man kann=s bleiben lassen". Letztlich entscheidet jeder Einzelne selbst, was zu ihm passt und was nicht und wahrt sich damit seine professionelle Autonomie. Die zuvor zitierte Schließungsfigur von Knappek legt die
Vermutung nahe, dass das Jahrgangsstufenteam mehr als eine Tröstergemeinschaft ist und dass der gemeinsame Diskurs analytisch und an Verbesserung
orientiert ist. Allerdings lässt sich negativ interpretieren, dass „sich eine scheibe
davon abschneiden" nicht bedeutet, dass gemeinschaftlich etwas Neues verhan-
delt wird. Jeder bringt seine habituellen Formen ein und der Andere kann sich
überlegen, was und wie viel er davon übernehmen möchte. Etwas Gemeinsames
wird in dieser Hinsicht allerdings nicht ausgearbeitet. Bei der Diskussion von
Handlungsalternativen im kollegialen Kontext wären jedoch auch andere „Qualitäten" denkbar: zum Beispiel ein symbolischer Raum, in dem professionelle
Optionen als solche eingespeist werden und die Professionellen schließlich gemeinsam überlegen, was sie mit diesen Optionen machen. In diesem Falle würde
das Team einen kollektiver Zusammenhang darstellen, der eigene Deutungen
hervorbringt, die über die der einzelnen Individuen hinausgehen.

Werth	ich denk auch mh
	( ) en ganz anderer aspekt einfach nur arbeitserleichterung also wenn ich mich nicht
	um alles kümmern muss ( ) wie jetzt zum beispiel der organisation von dem ( ) letzten
	klassenfahrten wo du ja sehr viel in die hand genommen hast oder die nora ( )
?	mhm
Werth	also das- das spür ich direkt als entlastung *keine frage* [lachend] ( ) also
Bondorf	mhm ( )
Knapp.	mh (2)
Bender	und
	koop- ja; und kooperation is für mich auch dann ( ) immer noch mal so was über den
	eigenen ( ) saftladen hier hinaus blicken, und dann gibt=s dann halt manchmal
?	mhm
Bender	zeitungsartikel ( ) hat nora schon mitgebracht oder man redet mal über dies und jenes
	was so durch die medien und durch die gesellschaft geistert und ähm ja auch durch-
?	aus
Bender	mal äh fachliche dinge was man äh alles machen könnte wenn man denn nun
?	
Werth	[Lachen]
Bender	ne andere ( ) schülerschaft hätte oder mehr zeit hätte ( ) oder überhaupt alles ganz
Werth	[Lachen..]
?	mehr zeit hätte
Bender	

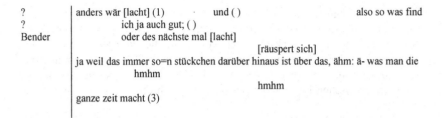

Nach einer ersten bekenntnishaften, stark emotional gefärbten Gesprächsphase beginnt die Lehrerin Werth damit eher rationale Argumente dafür anzubringen, was die Kooperation den Einzelnen bringt. In diesem Kontext verweist sie zunächst auf den Faktor Arbeitserleichterung. Der Einschub „einfach nur" verweist darauf, dass es sich um eine triviale Angelegenheit handelt. Zudem wird dieser Aspekt an nachgeordneter Stelle erwähnt und erscheint insofern nicht prioritär. Dennoch erfolgt eine deutlich positive Bewertung („keine frage") der Arbeitsökonomie, die durch Kooperation entsteht und der einzelnen Lehrkraft als Entlastung dient.

In der anschließenden Äußerung beschreibt die Lehrerin Bender die gemeinsame Kooperation als ein „über den eigenen saftladen hier hinaus blicken". Zur Beschreibung der Tatsache, dass jemand offen für Neues oder Ungewohntes ist bzw. bestrebt danach einen erweiterten Horizont zu erlangen und neue Eindrücke zu sammeln, wird die Redewendung ‚über den eigenen Tellerrand schauen' verwendet. Der Redewendung zugrunde liegt das Verständnis, dass jeder – im übertragenden Sinne – einen eigenen Tellerrand besitzt. Diese persönliche Grenze bzw. Begrenztheit wird in der Regel als normal akzeptiert und das ‚über den Tellerrand hinaussehen' positiv konnotiert. Im Sprechakt von Bender findet sich die Redewendung für die willentliche Erweiterung des eigenen Horizonts in einer kleinen Abwandlung. Statt des individuellen Tellerrandes spricht sie von „saftladen", über den hinaus geschaut werden soll. Als Saftladen umschreibt sie dabei die Organisation, in der sie arbeitet. Wenn eine Institution als Saftladen bezeichnet wird, geschieht das aufgrund der Unzufriedenheit mit den entsprechenden Mitarbeitern oder dem Waren- oder Dienstleistungsangebot. Zum Teil wird der Begriff jedoch auch umgangssprachlich in einem eher ironischen Sinne gebraucht, ohne dass damit eine wirkliche Abwertung ausgedrückt werden soll. Legt man die Konstruktionen der vorherigen Sprecherinnen und Sprechern als Interpretationsfolie zugrunde, ließe sich die Schule aus Sicht der Akteure als Saftladen wahrnehmen, weil man in seiner dortigen Tätigkeit als Lehrer befürchten muss durch die Kolleginnen und Kollegen abgewertet zu werden. Des Weiteren fanden sich in den Konstruktionen Elemente der desillusionierten Berufstätigkeit. Die Schule wurde als eine solche qualifiziert, in der die Arbeit nicht schon per se erfolgreich geregelt ist, sondern eher mit Enttäuschung gerechnet werden muss. Insofern ist es der „eigene" Saftladen, mit dem man schicksalshaft verbunden ist und das Schicksal wären vor allem die (komplizierte) Schülerschaft und die anderen Anforderungsmomente, die mit der Lehrertätigkeit strukturell verbunden sind. Insgesamt erscheint die Verwendung des Begriffs eher im Lichte einer ironischen Darstellung, vielleicht sogar im Sinne einer spielerischen Selbstironie.

In jedem Falle beinhaltet die Kooperation im Jahrgangsstufenteam für die Lehrerin Bender die Möglichkeit Neues zu erfahren und zu entdecken. Es geht um die Erweiterung des Horizonts über die Schule hinaus und nicht über den individuellen Tellerrand. Ermöglicht wird das bspw. durch das Mitbringen und gemeinsame Besprechen von Zeitungsartikeln. Als relevant erscheinen Themen, die sich in der öffentlichen Diskussion finden und „so durch die medien und durch die gesellschaft geister(n)". Bezogen auf das Bild der Lehrerschaft im Allgemeinen erscheint es ungewöhnlich, dass es als besondere Qualität konstruiert wird, solche Themen in den Alltag mit einzubauen. Besteht doch nach einigen Berufsjahren die Tendenz sich gegen alles, was aus den Medien, wissenschaftlichen oder administrativen Bereichen kommt, weitestgehend abzuschotten. Das Jahrgangsstufenteam hingegen wird konstruiert als eine Gruppe, in der es neben der Organisation auch möglich ist Themen der öffentlichen Diskussion aufzugreifen. Das Sichten von einschlägigen Zeitungsartikeln und bedeutet für die Lehrenden die Konfrontation mit der eigenen Tätigkeit, die außerhalb der Schule erscheint und dann in die Schule hineingebracht wird. Ein Jahrgangsstufenteam hat per se nicht die Aufgabe Zeitungsartikel gemeinsam auszudiskutieren. Die vorliegende Gruppe setzt sich hier jedoch als eine Bildungsgemeinschaft ‚auf Raten' ein. Entsprechende Entwicklungspotenziale lassen sich nur entfalten, wenn diese nicht den funktionalen Erfordernissen des Jahrgangsstufenteams entgegenstehen bzw. ein entsprechendes Zeitfenster dafür geschaffen werden kann. Eine Wirkung der gemeinsamen Behandlung „fachliche(r) dinge" in den Unterricht und die alltägliche Praxis hinein muss jedoch weitestgehend ausgeschlossen werden. Die Lehrerin Bender spricht in dieser Passage im Konjunktiv „was man äh alles machen könnte". Das, was die fachlichen Aspekte in ihrer Umsetzung einschränkt, ist die Schülerschaft des Jahrgangsstufenteams „wenn man denn nun ne andere () schülerschaft hätte". Es befindet sich generell im Status des Möglichen, aber gleichzeitig auch im Bereich des Unmöglichen. Wiederum wird eine Art Desillusionierung die eigene Berufstätigkeit betreffend deutlich. Die Äußerung von Bender fließt aus in der dramatischen Steigerung „oder überhaupt alles ganz anders wär [lacht]". Der Schuss Ironie, der bereits in der Bezeichnung Saftladen enthalten war, wird an dieser Stelle noch gesteigert und damit die Schilderung gewissermaßen entdramatisiert. In ihrem Sprechakt formuliert die Lehrerin Bender den eigenen Entwicklungsanspruch. Zugleich beschreibt sie jedoch die vorgefundenen Bedingungen bzw. das Entwicklungsmilieu als grundsätzlich kontraproduktiv. Innovationen könnten ihrer Äußerung nach nur schwer bis gar nicht umgesetzt werden, aufgrund der Bedingungen. Damit entlastet sie sich selbst davon tatsächlich etwas entwickeln zu müssen, weil sie aus ihrer Sicht davon ausgehen muss, dass die Umwelt Entsprechendes nicht hergibt. Das stabilisierende Element an dieser Stelle ist demnach auch nicht die Idee von der besseren Schule oder die Aussicht etwas Neues, Innovatives oder Gutes zu machen. Vielmehr wir die einzelne Lehrkraft insbesondere durch das Eingeständnis stabilisiert, dass auch anderen Lehrkräften nicht alles gelingt. Dadurch wird eine Gemeinschaft gestiftet, die zusammen auf ihren Alltag und die entsprechenden Bedingungen blickt, unter denen bestimmte Ziele nicht voll erreicht werden können. Insofern erscheint die Kooperation auch als der kollektive Umgang mit Formen der Resignation. Wenngleich der Einschub von Werth „oder des nächste mal" die zuvor als unmöglich dargestellten Ideen wieder in den Bereich des Möglichen zurückholt.

Insgesamt erscheint diese Passage auf die Eingangsfrage der Interviewerin nach der Bedeutung der Kooperation für Einzelne als eine Art Bekenntnis der Teammitglieder. Die zentralen Kategorien hierbei sind: Vertrauen (Werth, Brück), Seelische Entlastung (Bender) und Authentizität (Knappek). In allen Konstruktionen werden Aspekte der Kooperation gerühmt, die über die funktionale Beschreibung der Aufgaben des Jahrgangsstufenteams hinausgehen. Das Jahrgangsstufenteam beschreibt sich in dieser Passage als exklusive Professionsgemeinschaft. Sie verstehen sich als Wir-Gemeinschaft, die sich gegenüber dem restlichen Kollegium, aber auch gegenüber der Eltern ihrer Schülerschaft abgrenzt. Merkmale der exklusiven Professionsgemeinschaft sind die starke Bindung der Mitglieder aneinander über Vertrauen sowie die emotional-affektive Grundierung einer Freiheit alles sagen zu können im geschützten Raum des Teams. In dem Entwurf der Teammitglieder im gemeinsamen Kooperationszusammenhang das Gefühl zu haben alles sagen zu können, wird deutlich, dass das Team eine Wir-Gemeinschaft darstellt.

Die Integration eines neuen Teammitglieds

Jahrgangsstufenteams sind konzeptionell so angelegt, dass sie möglichst lange bestehen bleiben und damit durch die langjährige Begleitung der Schülerinnen und Schüler eine hohe Qualität in der pädagogischen Arbeit gewährleistet werden soll. Damit verbunden ist die Konstruktion eines Teams, das in dieser Zusammensetzung über mehrere Jahre hinweg zusammenarbeitet. Es kann also davon ausgegangen werden, dass personelle Wechsel eher seltener vorkommen und das Team stattdessen in einer festen Besetzung über einen längeren Zeitraum zusammenarbeitet. Schon alleine dadurch erscheint die Integration eines neuen Teammitglieds als eine besondere Herausforderung für das Jahrgangsstufenteam. Im vorliegenden Fall trat diese Situation im Laufe des Begleitungszeitraums auf, da ein Teammitglied aus dem Schuldienst ausschied und ein Neues in die Gruppe integriert werden musste. Wie sich die Neuformierung des Teams gestaltet hat, soll nachfolgend dargestellt werden. Analysiert wurde der Beginn der ersten gemeinsamen Sitzung des Jahrgangsstufenteams in neuer Besetzung. Das neue Teammitglied ist der Gruppe bekannt, da es sich um einen Lehrer der eigenen Schule handelt. Insofern kann aufgrund der Schulgröße eine Bekanntheit der Personen untereinander voraussetzen. Auch ist dem entsprechenden Lehrer das Arbeiten im Jahrgangsstufenteam nicht fremd, da er zuvor einem anderen Team angehörte. Dennoch muss der Neue in irgendeiner Form als Teammitglied ratifiziert werden. Auch in dem Fall, dass sie sich schon kennen, denn die Teamstruktur zieht eine gewisse Formalität nach sich. Es geht also um die Frage, wie sich die Form der Verleihung der Mitgliedschaft in dieser bestimmten Gruppe gestaltet.

Brück | (xx) themen Jo kaut noch eifrich neuer im team, ( )

Die Teamsprecherin eröffnet die gemeinsame Sitzung mit einer Aneinanderreihung von verschiedenen Satzfragmenten. Der erste Teil ist auf der Aufnahme unverständlich [(xx)], mit der Äußerung „themen" möchte sie die Themen der Sitzung abfragen und wendet sich schließlich noch der Tatsache zu, dass es ein neues Teammitglied gibt. Insbesondere dieser letzte Satzteil ist für die Analyse der Fragestellung interessant. Welche Möglichkeiten bestehen, wenn man jemanden als Neuen im Team begrüßen möchte und wie wird das in dieser Situation gelöst?

Die Sprecherin vermischt die Vorstellung des neuen Teammitglieds mit einer Beschreibung dessen, was dieser gerade tut. „ kaut noch eifrig" ist dabei ein szenischer Kommentar, durch den die Sprecherin darauf hinweist, dass der anwesende Neue momentan noch etwas isst. Diese Form der Einführung in die Gruppe erscheint merkwürdig und lässt verschiedene Lesarten in Bezug auf die szenische Beschreibung zu:

-    Das neue Teammitglied wird von der Teamsprecherin für sein aktuelles Verhalten getadelt. Die Kommentierung der Tätigkeit des „Noch-Essens" erfolgt vor dem Hintergrund der Ansicht, dass der neue Lehrer mit Beginn der gemeinsamen Teamsitzung bereits mit dem Essen fertig sein sollte.

Dieser Variante ist nur in dem Kontext denkbar, bei dem während der gemeinsamen Arbeit in der Teamsitzung nicht gegessen werden darf.

- Aber in diesem Falle wäre es auch denkbar, dass er nicht für das Verhalten getadelt wird, sondern ihm mit der Kommentierung die Möglichkeit gewährt wird fertig zu kauen. Die Einlassung „kaut noch eifrig" ist dann vielmehr als eine Zuweisung der Sprecherrolle an das neue Teammitglied zu verstehen und wäre in diesem Sinne eine Form der Initiation, wie dieser in die Gruppe eingebunden wird. Die Zuweisung des Rederechts würde dann erfolgen, weil vorher schon klar ist, dass der Neue etwas sagen möchte bzw. etwas sagen soll und die Beschreibung seiner Tätigkeit die entsprechende Rücksichtnahme darauf.

- Lässt es die soziale Ordnung der Kooperation vereinbarungsgemäß nicht zu, dass in diesem Rahmen gegessen werden darf – so könnte das eifrige Kauen des neuen Mitglieds darauf verweisen, dass er den herrschenden normativen Anforderungen gerecht werden kann.

- Denkbar wäre auch folgendes: Das neue Teammitglied ist bereits in der Gruppe angekommen und seine Anwesenheit ist, obwohl er noch neu ist, bereits selbstverständlich. Es ist in einer Art und Weise akzeptiert, dass er da ist, dass seine Tätigkeit des Kauens locker kommentiert werden kann.

Unabhängig von der Gültigkeit der verschiedenen Lesarten, erscheint diese Art der Vorstellung und Einführung in die Gruppe sehr informalisiert; sie erfolgt durch die Sprecherin beiläufig. Zwischen dem Abfragen/Ankündigen der Themen der Sitzung und der indirekten Begrüßung des neuen Teammitglieds erfolgt keine Interpunktion. Zu finden sind solche beiläufigen Formen der Vorstellung ausschließlich in Kontexten, in denen sich die Beteiligten schon persönlich kennen bzw. das ritualisierte Vorstellen bereits erfolgte.

In einer Normalisierungslinie betrachtet, führt die Gruppensprecherin zunächst die Themen als sequenzlogisch ersten Punkt ein und reicht den Umstand der neuen Teambesetzung nach. Die Nachrangigkeit des Umstands dass ein Neuer im Team anwesend ist, ergibt sich somit aus der Sequenzlogik der Äußerung von Brück. Jo Reich wird zwar als Neuer im Team begrüßt, jedoch wird diese Begrüßung nicht gesondert hervorgerufen. Denkbar wären ja auch Begrüßungen, die interpunktierter erfolgen (bspw. „jetzt begrüße ich recht herzlich...") und bis hin zu außeralltäglichen Ritualisierungen reichen mit klarer Interpunktion, also Abtrennung von dem, was dann erfolgt. Eine Interpunktion wird hier nicht sichtbar, vielmehr lässt sich die gewählte Vorstellung als Normalisierungsform wahrnehmen. Dafür gäbe es wiederum zwei Lesarten:

- Das neue Teammitglied wurde bereits vorher in einer anderen Art und Weise in die Gruppe aufgenommen.

- Es ist Charakter dieser Kooperationskultur, dass der personelle Wechsel als normaler Umstand und nicht als etwas Außergewöhnliches inszeniert wird. Beide Lesarten lassen sich jedoch, konfrontiert mit dem tatsächlichen Kontext und bewertet am Sparsamkeitsprinzip, nicht aufrechterhalten. Selbst wenn Jo Reich bereits als Teammitglied aufgenommen wurde, so ist es dennoch die erste Teamsitzung, an der er als Gruppenmitglied teilnimmt. Wahrscheinlich ist, dass die Mitgliedschaft erst ratifiziert wird durch die Teilnahme an der Kooperation: der neue Kollege muss zunächst einmal die spezifische Praxis der Kooperation mit vollziehen.

Mit der sehr informellen, leicht ironischen Einlassung der Gruppensprecherin hat das neue Teammitglied ein Angebot erhalten, wie er in die gemeinsame Gruppenarbeit einsteigen kann. Je nachdem, wie seine Reaktion ist, wird sich zeigen, ob die Bemerkung „Jo kaut noch eifrig" als Tadel, Zurechtweisung oder flapsiges Kommentar aufgefasst wurde.

Brück	(xx) themen Jo kaut noch eifrich neuer im team, ( )	
Reich		*hallo:* [kauend]
		[Gelächter......]
Bender		hallo Jo [Vorname]
?		hallo
Werth	joa: (2)	
Bender	[lacht] willkommen. ( )	

Noch während die Sprecherin der Gruppe spricht, reagiert das neue Teammitglied bereits mit einem „hallo". Dabei stellt die Begrüßung „hallo" ein Minimum an Kontaktaufnahme dar, die keine Beziehung herstellt im Gegensatz zum Beispiel zu der Begrüßung „Guten Tag". Die minimalistische Anmoderation der Teamsprecherin wird von dem Protagonisten in einer ähnlichen Form vollzogen. Auch die Tatsache, dass er spricht, während er noch hörbar am Kauen ist, erscheint dem bisher wahrgenommenen Kontext als angemessen. Man könnte mutmaßen Höflichkeit sei kein Thema der Gruppe: es ginge also nicht darum, ob jemand höflich ist oder nicht. Es geht nicht darum im Umgang miteinander eine bestimmte Etikette einzuhalten. Insofern lässt sich das Gelächter in dieser Situation auch nicht als ein Lachen über das neue Teammitglied deuten. Vielmehr erscheint es wie ein Lachen über die Situation, aus der Unsicherheit und ein wenig Verschämtheit herauszulesen ist. Die Situation erscheint witzig und zwar nicht zuletzt dadurch, dass Jo Reich durch seinen Einstieg dazu beiträgt. An dieser Stelle erscheint die hervorgebrachte Situationskomik als eine Bewältigungsstrategie für die vorliegende Situation. Denn die Situation der Neu-Zusammensetzung der Gruppe hat eine gewisse Labilität, da die Beteiligten nicht wissen, wie sie damit umgehen haben. Es gibt keine institutionalisierte Form der Initiation eines Neuen in die Gruppe. Hinzu kommt eine nur minimalistische Anmoderation durch die Teamsprecherin, die zudem noch den aktuellen Themen nachgeschoben wird. Für die spezifische Situation scheint kein Modell ausgeprägt zu sein, wie diese bewältigt werden soll. Die Teamkooperation ist nicht stark formalisiert; es gibt keine stark regulierten Formen. Und aus dieser Regellosigkeit resultiert eine kleine Interaktionskrise in dem Jahrgangsstufenteam, die durch die Beteiligten durch Situationskomik gelöst wird. Es wird deutlich, dass das Team diese Herausforderung der unsicheren, unreglementierten Situation in dem gleichen Stil bewältigt, wie auch ansonsten die Teamkommunikation strukturiert ist: nämlich stark informell – nicht feierlich, sondern möglichst umstandslos. Die ironische Anspielung auf das, was der Neue gerade tut („kaut eifrich") hängt unmittelbar mit der spezifischen Art dieser Gruppe miteinander zu sprechen zusammen. Die Kommunikation des Jahrgangsstufenteams ist durch Direktheit geprägt, in der auf Höflichkeitsfloskeln und Förmlichkeiten sowie Stilisierungen verzichtet wird. In der Tendenz erscheint die Kooperation kumpelhaft, was sich vor allem in der Sprache bemerkbar macht.

In der vorliegenden Situation reagieren die anderen Teammitglieder ebenso wie der Neue und grüßen diesen mit einem „hallo". Die Lehrerin Bender stellt als erste einen Bezug zur Gruppenmitgliedschaft her, indem sie den Neuen im Team willkommen heißt. Wenngleich dieses Äußerung nicht persönlich adressiert ist und eine Schließung bzw. einen Abschluss markiert.

Insgesamt wird deutlich, dass die Besonderung der Individualität in dieser Situation noch fehlt. In der gegenseitigen Begrüßung lässt sich noch kein Element der Kollegialität oder gar ein Institutionenbezug finden. Das gleichzeitig zu realisierende Formelle der Mitgliedschaft ist bislang noch nicht eingebracht worden. Möglicherweise ist dieser Umstand aber gerade das Charakteristikum der vorliegenden Kooperationsform. In Kooperationszusammenhängen wie einem Jahrgangsstufenteam wird das Formelle maximal zurückgedrängt. Es existiert eine relativ informalisierte Kommunikation, die durch Nähe geprägt ist und sehr direkt erfolgt – vielleicht gerade deshalb, weil die Beteiligten in einer hoch formalisierten Institution tätig sind. Allerdings hat das Jahrgangsstufenteam eine Funktion innerhalb der Schule, die es zu erfüllen gibt. Und insofern muss diese Teamaufgabe in der Einführung in die Gruppe sichtbar werden. Auch, wenn der Neue diese Aufgabenbereiche bereits aus anderen Teams kennt, muss eine Einführung in die Arbeit dieses spezifischen Teams erfolgen. Insofern erscheint es interessant nachzuverfolgen, wie es weitergeht und ob dieses Begrüßungsritual bereits ausreicht oder es weitere Elemente der Initiierung in die Gruppe gibt.

| Brück | un:d ( ) du stellst dich grad nochma vor; |

Die Teamsprecherin wendet sich mit dieser Aufforderung an die anwesende Forscherin. Zu diesem Zeitpunkt hat die Forscherin das Jahrgangsstufenteam bereits über einen Zeitraum von einem knappen dreiviertel Jahr hinweg begleitet. Für die Teammitglieder ist es gewissermaßen zu einem Stück Normalität[23] geworden, dass eine fremde Person immer anwesend ist und mit einem Mikrofon die Teamsitzungen aufzeichnet. An dieser Stelle ist der Einschub „und du stellst dich grad nochma vor" situation notwendig geworden, um zu plausibilisieren, warum jemand teamfremdes anwesend ist. Diese Passage soll nachfolgend nur zusammenfassend dargestellt werden.

   Die Forscherin stellt sich namentlich vor und verdeutlicht direkt zum Einstieg ihre Sonderrolle im Team, nämlich kein Teammitglied zu sein. Dennoch beansprucht sie eine Teilzugehörigkeit zu der Gruppe, dadurch dass sie schon längere Zeit dabei sei. Sie erläutert das Erkenntnisinteresse und Vorgehen des Forschungsprojekts und die konkreten aktuellen Schritte. Auf das Jahrgangsstufenteam wartet in der näheren Zukunft eine erste Rückspiegelung der Eindrücke des Forscherteams in Bezug die Kooperation im Jahrgangsstufenteam. Das neue Teammitglied nimmt den Gesprächsfaden der Forscherin auf hakt noch einmal nach „was willst=n rausfinden,". Mit seiner Nachfrage fordert er die Forscherin heraus, nicht zuletzt aufgrund der Ansprache mit „du". Die Forscherin erläutert noch einmal knapp das Forschungsinteresse und die Lehrerin Bender hakt ein, um die eigene Beteiligung am Forschungsprojekt näher zu skizzieren. Zunächst sei die Uni allgemein an die Schule herangetreten und habe nach Lehrerkooperation gefragt. Sie selbst hätte damals das Schulleitung vorgeschlagen, dass forscherisch begleitet werden solle und damit „etwas den Zorn auf [m]sich gezogen". Dass letztlich das Jahrgangsstufenteam begleitet wird, beschreibt sie folgendermaßen „letztendlich war dann hier unser team berei:t ( ) sich da:rauf einzulassen, ( ) dass die hier bisjen lauschen können". Die Lehrerin Schulte zieht aufgrund der aktuellen Situation, der personellen Neuzusammensetzung des Teams, entsprechende Schlüsse für die Begleitung durch das Forscherteam. „dann können wir ja sogar sehen wie=s gewesen is, un wie=s jetzt mit dem neuen zusammen weiterläuft, ( ) wie=s jetzt ob sich da was ändert. Eine weitere Lehrkraft ergänzt lachend „ob ein totaler einbruch stattfindet" und auch ansonsten gibt es innerhalb der Gruppe Gelächter auf diesen Einwurf der Lehrerin. Die Gruppe reagiert also mit einem Lachen und nimmt der Situation die Ernsthaftigkeit. Dennoch kann die Äußerung der Lehrerin Schulte quasi als Drohung für den Neuen interpretiert werden. Er wird darauf hingewiesen, dass durch die Begleitung des Forschungsteams die entsprechenden Teamstrukturen und Kooperationsprozesse für Außenstehende nachvollziehbar werden und sich Ände-

---

[23] Wenngleich sich nicht eindeutig sagen lässt, inwiefern die Gruppenarbeit durch die Begleitung der Forscherin beeinflusst wird.

rungen innerhalb der Teamarbeit auch nachverfolgen lassen. Der Neue reagiert jedoch nicht darauf, sondern verbleibt weiterhin in einer humorvollen, gelösten Stimmung und geht mit dieser Strategie mit der ungewohnten Situation um. „als erstes muss mer ja des wird aufgezeichnet ne? ( ) al quaida: ( ) bin laden ä: und so was muss mer erstma sagen dann kommt=mer sofort ins raster rein.[lacht]". Interessant ist dabei jedoch vor allem die Reaktion seines neuen Teams. Die Teamsprecherin antwortet: „Jo du kommst aus andern gründen ins raster rein" und eine andere Lehrerin ergänzt „bist schon drin".

Eine solche Form der Kommunikation erwartet man in der Regel in Gruppen, die sich bereits gut und länger kennen. Zieht man den konkreten Kontext hinzu, wird deutlich, dass in diesen Stellen der Kommunikation sich schon ein Strukturproblem der Kooperation durchscheint. Über das neue Teammitglied ist im Vorfeld im Jahrgangsstufenteam schon gesprochen wurden. Durchaus kontrovers hat dabei das Team über das Verhalten des Lehrers und seine pädagogischen Ansichten diskutiert.

Schließlich setzt die Teamsprecherin Brück eine Interpunktion „okay" und markiert damit den Übergang zur eigentlichen Gruppensitzung. Sie erläutert die Themen, die an die Tafel geschrieben wurden und damit in der aktuellen Sitzung als Tagesordnungspunkt gelten. Schließlich erkundigt sie sich bei den Gruppenmitgliedern nach weiteren Themen, die behandelt werden sollen.

Bender	vielleicht nur=noch was formales ich erinner mich dunkel dass mich irgendjemand ich weiß gar=nich mehr wer vom team ( ) nochmal am ende des schuljahres daraufhin angesprochen hat wer denn jetz die <u>teamleitung</u> macht, ( ) und ich hab dann so
Brück	hmhm
Bender	gesagt ja, wir ham doch eigentlich per akklamation oder so gesagt ä: [räuspert sich]
?	( ) dass du das machst da: nur, ( ) weil du jetz auch neu bist, ( ) [räuspert sich] dass
Bender	das d'accord
?	„ja"
Bender	is, (1) dass du unsre teamsprecherin bist ( ) ja? ( ) oke. ( )
?	„ja;"

Bender reiht an die vorherige Sammlung von zu behandelnden Themen einen formalen Aspekt ein, den sie kurz ansprechen möchte. Allerdings zeigt sie dabei eine Unsicherheit, inwieweit das von ihr Eingebrachte an dieser Stelle als angemessen und wichtig erscheint („vielleicht nur=noch was formales"). Bislang erschien in dieser Sequenz die Kooperation insgesamt eher informalisiert. Zum ersten Mal wird auch für das neue Teammitglied eine formale Struktur expliziert: Es geht um die Teamleitung des Jahrgangsstufenteams, die von der Lehrerin Brück übernommen wurde. Die Äußerung von Bender erscheint diffus: einerseits möchte sie dem neuen Teammitglied die entsprechende Information zukommen lassen („weil du jetzt auch neu bist"), andererseits versucht sie dabei auch die

Zustimmung zu dem bereits gelaufenen Verfahren einzuholen („dass das d'accord ist"). Ihre Einschätzung „wir ham doch eigentlich per akklamation gesagt" ist ebenfalls diffus. Auf der einen Seite wird die Formalität des Abstimmungsverfahrens auf einem sehr niedrigen Niveau gehalten. Auf der anderen Seite konstruiert die Sprecherin das Team als einen Ort, in dem problemlos und ohne große Formalität ein Konsens hergestellt werden kann. In Bezug auf das neue Teammitglied besteht das Entgegenkommen der Gruppe darin zu sagen, dass sie die Teamleitung nur ganz locker festgelegt haben. Die Legitimation des Verfahrens wird niedrig bzw. schwach gehalten und damit wird es dem Neuen erschwert diesen Umstand zu hinterfragen. Einerseits stellt die Gruppe entgegenkommend fest, dass die Teamleitung noch nicht feststeht und versucht damit das neue Mitglied nachholend in den Entscheidungsprozess einzubeziehen. Andererseits wird ihm durch die Äußerung die tatsächliche Mitbestimmung verwahrt. Denn wenn dieser nun auf Konfrontation geht, dann bezieht sich seine Gegenposition nicht nur auf dem Umstand der Wahl der Gruppenleitung, sondern er würde damit auch auf Konfrontation zu dem Entgegenkommen der Gruppe gehen. An dieser Stelle zeigt sich insgesamt eine Regel, deren Geltung behauptet wird: Der neue Lehrer im Team kann nicht Sprecher der Gruppe werden und er hat ein verringertes Recht über den Sprecher zu entscheiden. Von ihm wird zunächst einmal erwartet, dass er den Konsens der Gruppe akzeptiert. Als Anschlussmöglichkeiten sind folgende denkbar:

- der Neue setzt die Kontinuität fraglos fort und erkennt damit die Regel umstandslos an. In diesem Falle würde er sich zustimmend zur Wahl der Teamleitung äußern im Sinne von „find ich ok"
- der Neue nimmt eine deutliche Gegenposition ein und äußert bspw. den Wunsch nach einer anderen Person als Teamsprecher oder eigene Mitgestaltungsmöglichkeiten
- Der Neue verlangt, dass die Regel expliziert wird, indem er bspw. nach generellen Regeln der Wahl der Teamleitung oder Entscheidungsfindung fragt

Die Lehrerin Bender versichert sich ("ja?"), ob ihre Äußerung angekommen und akzeptiert ist. Unklar bleibt bei der Audioaufnahme und dem Transkript leider, wer ihre Nachfrage bejaht. Es kann jedoch davon ausgegangen werden, dass es sich dabei um den direkt angesprochenen Lehrer Reich handelt. Da er sich nicht dahingehend äußert, das zuvor Gesagte in Frage zu stellen, kann die erste entworfene Lesart weiterhin Geltung beanspruchen, wonach er die Regel umstandslos anerkennt.

Reich		ich würde ( ) ge- ich
	würd	
	gerne noch was: ( ) mich kurz vorstellen also	zwei sachen sagen

	( )	
Brück		okay ( ) bitteschön

Statt auf das zuvor Gesagt näher einzugehen, erfolgt eine Deklaration des Lehrers Reich. Er möchte gerne etwas, wie er konkretisiert, zwei Dinge sagen bzw. sich vorstellen. Dekontextualisierend betrachtet, würde man bei der Äußerung sich vorstellen zu wollen davon ausgehen, dass die Person den Anwesenden unbekannt ist und sich deshalb kurz vorstellen möchte. Im vorliegenden Kontext kennen sich die Lehrkräfte jedoch bereits aus dem Kollegium untereinander. Insofern erscheint eine Vorstellung der Person Reich als nicht angemessen, weshalb die Einlassung „zwei sachen sagen" und damit das inhaltliche Einsteigen als adäquat erscheint. Der Einschub sich kurz vorstellen zu wollen erfolgte dabei bewusst durch den Sprecher in Kenntnis der sozialen Regeln dessen, was ein Neuer in diesem Gremium darf. Dies ist auch ein implizierter Hinweis an die Sprecherin der Gruppe, dass Reich sich den Raum nimmt, der ihm zuvor durch die Gruppenleiterin nicht gegeben wurde. Die Reaktion von Brück als Teamsprecherin ist eher gewährend, denn einladend. Sie lässt dem Neuen den Raum sich zu äußern, tut dies jedoch in einer überformellen Art und Weise. „bitteschön" wirkt fast wie eine ironische Übertreibung, in der man den Anderen in die Position des Bittstellers bringt, der unter Umständen kein Bittsteller sein möchte. Angemessener würde eine pragmatische Abkürzung wie ‚bitte' oder ‚ja klar' erscheinen. Der ironisch hoch formelle Sprechakt verweist jedoch auf eine Konflikthaftigkeit. Möglicherweise scheint an dieser Sequenz bereits ein bestimmtes Bild durch, das die Teamsprecherin von dem neuen Mitglied hat. In jedem Falle wird den Anwesenden bewusst, dass sie nicht direkt in das Normalgeschäft übergehen können.

Hier eröffnet sich ein zentrales Spannungsverhältnis: Es ist davon auszugehen, dass die rein funktionale Argumentation, den Neuen in das eigene, bereits bestehende Team integrieren zu müssen den Beteiligten bewusst ist. Dieser Prozess benötigt Zeit und bedeutet damit (zusätzlicher) Aufwand für das Jahrgangsstufenteam. Gleichzeitig ist die Erwartung der Lehrkräfte die gemeinsame Zeit im Team, die zusätzlich zum Unterricht und sonstigen schulischen Verpflichtungen dazukommt, auf das Notwendigste zu beschränken, mindestens sinnvoll und effektiv zu nutzen. Der Lehrer Reich gehört dem Team ab sofort an; es ist nicht möglich ein Teammitglied aktiv auszuschließen. Faktisch würde die betroffene Person mit ihren Beiträgen stets die Gruppe sprengen. Das Jahrgangsstufenteam als etabliertes und organisiertes Team ist hinsichtlich seines Konsenses und der Kohäsion gefährdet, sobald jemand Neues hinzu stößt. Ordnet sich das neue Teammitglied relativ schnell dem Konsens unter oder werden nur geringfügige Veränderungen vorgenommen, ist dieser Prozess für die Zusammenarbeit un-

problematisch. Wenn der Neue allerdings schwerwiegende Änderungen vorneh-
men möchte, muss prinzipiell der gesamte Gruppenprozess wiederholt werden.

Reich | ähm: [räuspert sich] also ich glaube jetz halt nich dass wer dass ich dass irgendwo
schwierichkeiten miteinander kriegen werden

Der Lehrer Reich konstruiert sich an dieser Stelle als neues Teammitglied und
zwar vor dem Hintergrund seiner vorherigen Erfahrungen in Jahrgangsstufenteams und mit einer Fokussierung auf ein Problem. Dabei räumt er den zuvor
selbst eingeführten Vorbehalt mit ihm Schwierigkeiten zu bekommen direkt
wieder aus. An diese Konstruktion lassen sich zwei Lesarten anschließen, die
plausibel machen würden, warum er diese Problemperspektive einnimmt, bevor
es überhaupt zu Schwierigkeiten in der Gruppe kommen konnte:

1. Persönlichkeits-Konstruktion: Der Lehrer konstruiert sich selbst als einen Menschen, mit dem man prinzipiell leicht Schwierigkeiten bekommen kann.
2. Konstruktion über die Teamkooperation: Die Form der Kooperation im
   Jahrgangsstufenteam wird mitunter als anfällig für Schwierigkeiten angesehen (beispielsweise weil über Frage debattiert wird, zu denen es er-
   fahrungsgemäß unterschiedliche Meinungen gibt).
3. Spezifische Teamkonstruktion: Möglicherweise gibt es in dem vorliegenden Jahrgangsstufenteam selbst einen begründeten Vorbehalt gegen
   das neue Teammitglied, dass dieses selbst antizipiert.

Insgesamt muss es eine Begründung für die Versicherung geben, dass es keine
Schwierigkeiten geben wird. Diese werden von dem Sprecher als erwartbar eingeführt. In Anbetracht der sehr offensiven Art des Sprechers lässt sich zunächst
die folgende Lesart entwerfen: der Sprecher geht davon aus, dass das neue Team
ihm keine Schwierigkeiten macht, weil ihm niemand widersprechen wird. Zumindest die Ankündigung eines Anspruchs auf Mitgestaltung wird in dieser
ersten kurzen Sequenz deutlich.

Reich | weil wir ja eijentlich ( ) so auch gut miteinander
umlau- ( ) arbeiten können. (1) ähm: ( ) was ich halt im team ä: ä: ( ) in meinem letzten team zu schätzen gelernt habe das war der offene umgang mitenander; (1)

In seinen weiteren Ausführungen bringt der Sprecher seine bisherige Teamerfahrung als Erwartungshorizont ein. In dem vorherigen Team wurde mit Differenzen und Divergenzen offen umgegangen. Damit wird das neue Team gleichzeitig
unter einen enormen Belastungsdruck gesetzt: es muss sich in Bezug auf die
positive Teamerfahrung seines neuen Mitglieds bewähren. Das Jahrgangsstufenteam mit dieser Einlassung gewissermaßen herausgefordert: seid ihr auch so gut

wie das alte Team? Der Einstieg des Lehrers Reich ist damit offensiv und herausfordernd. Klar wird, dass die Teamarbeit im Jahrgangsstufenteam sich damit ändern wird. Durch seine Konstruktion wird den Anwesenden bewusst, dass er als neues Teammitglied eine Veränderung der Teamstruktur und Kooperation herbeiführt. Vor allen Dingen mit Blick auf das Team selbst, das sich als exklusive Professionsgemeinschaft konstruiert und damit gewissermaßen eine geschlossene Gesellschaft im Schulalltag formiert. Nun kommt ein neues Gruppenmitglied hinzu und stellt die Forderung nach Offenheit. Die Normalformerwartung wäre, dass sich Lehrerinnen und Lehrer, die neu in Teams hinzukommen sich an die Gepflogenheiten der entsprechenden Teamzusammenarbeit anpassen. Im vorliegenden Fall macht der Neue eher deutlich, dass er sich nicht an das Team anpassen wird, sondern im Gegenteil sogar die Anpassung des Teams an seine Erwartung, nämlich der Offenheit innerhalb der Kooperation, erwartet. Überspitzt formuliert bringt der Lehrer Reich an dieser Stelle eine Haltung zum Ausdruck, in der er selbst bestimmt, was innerhalb des Teams zu erwarten ist. Und zwar zunächst aus (s)einer egozentrischen Perspektive: er hat in seinem alten Team eine bestimmte Qualität erfahren, die er nun auch hier einfordert. Nur, wenn das Team offen ist und diese Qualität gewährleisten kann, wird er dieses Team ebenfalls zu schätzen lernen. Damit bringt er neue Erwartungen an die Teamkooperation, einen neuen Maßstab herein. Denn gemäß der Sparsamkeitsregel kann man zunächst nicht davon ausgehen, dass Reich bereits die Konstruktionen der einzelnen Mitglieder des Jahrgangsstufenteams über die Qualität ihrer Kooperation bekannt sind, in denen Werte wie Authentizität und Offenheit durchaus als zentral herausgestellt wurden[24]. Selbst wenn ihm diese Selbstbeschreibungen bekannt sind, stellt er an dieser Stelle eine Anforderung an das Team: entweder ihr seid offen oder wir bekommen Schwierigkeiten miteinander. Er bestimmt die Norm, was ein offener Umgang ist und setzt das Team damit gleichzeitig unter Druck durch die Proklamation dieser Norm. An dieser Stelle kommt es auch zur Ausgestaltung einer Spontanparadoxie. Denn die an das Team gerichtete Forderung nach Offenheit wird tendenziell eher zur Abwehr führen. Letztlich verlangt der Sprecher etwas von den anderen, das auf Freiwilligkeit beruht. Es wird zwangsläufig zu Strukturproblemen führen müssen, da Offenheit nicht objektiv überprüfbar ist und auch stets angezweifelt werden kann, da sie letztlich vielleicht nur erbracht wurde, nachdem sie gefordert wurde. Das Verlangen nach Offenheit ist insofern nicht zu erfüllen: Offenheit kann nur gebracht werden, wenn die Person sie dem Anderen schenken möchte. In der Forderung des Lehrers Reich ist die Problematik der neuen Teamzusammensetzung enthalten. Er versetzt sich in die optimale Machtposition, indem er den

---

[24] Diese Konstruktionen wurden vornehmlich aus der Gruppendiskussion herausgearbeitet, zu deren Zeitpunkt Reich noch kein Teammitglied und damit nicht anwesend war.

Eindruck von Dominanz erkennen lässt und zwar insofern, dass die Anderen sich anstrengen müssen, um ihm die geforderte Offenheit entgegen zu bringen und vor allem auch zum Ausdruck zu bringen. Hält er diese Position im weiteren Verlauf der Kooperation aufrecht, wird er zum dominanten Akteur der Gruppe.

Symbolische Konstruktion der Kooperation „Inhalte"

Die nachfolgend interpretierte Passage stammt aus der Gruppendiskussion. Die Forscherin stellt die Frage, mit welchen Inhalten sich das Jahrgangsstufenteam in seiner Kooperation beschäftigt. Insgesamt erfolgt ein freies Assoziieren auf diese Ausgangsfrage nach den Inhalten der gemeinsamen Kooperation. In einer aufeinander aufbauenden Gesprächssequenz werden dabei verschiedene sich anscheinend ergänzende Ebenen angesprochen. Im Einzelnen finden sich folgende Konstruktionen der Teammitglieder:

Werth	also ich denk so wichtich is: sind organisatorische dinge, ( ) absprachen von klassenfahrten oder vorbereitung davon oder wandertage ( ) terminabsprachen, ( ) zum anderen inhaltliche arbeiten von unserem ( ) offenen lernen. ( ) was wir da machen wie wir uns da absprechen können (1) zum anderen auch pädagogische arbeit einzelne schüler einzelne klassen. (1) und ich denk dann: themen die halt die ganze schulgemeinschaft noch betreffen die von ( ) die von außen noch auf uns kommen oder von uns ( ) reingegeben werden ( ) ähm: (1) wie zum beispiel ( ) m: wochenplanding wochenplangeschichte; (1) joa ( )

Die Lehrerin Werth reagiert spontan auf die gestellte Frage. Ihre Antwort erfolgt dabei auf gleicher Ebene, nämlich in Bezug auf die Inhalte der gemeinsamen Kooperation. Dabei wird in ihrer Konstruktion eine Relationierung deutlich: sie beschreibt, was sie als wichtig erachtet. Der Kooperation wird damit Sinn verliehen und zwar in Bezug auf unterschiedliche Zusammenhänge:
-   als Form der gemeinsamen Festlegung und Absprache in Bezug auf die Koordination und Organisation des gemeinsamen Jahrgangs, hier: gemeinsame Veranstaltungen
-   als Möglichkeit das inhaltliches Arbeiten in dem von den Tutorentandems gemeinsam unterrichteten Fach des Offenen Lernens
-   als gemeinsame pädagogische Arbeit im Sinne der Thematisierung einzelner Schüler oder einzelner Klassen
-   als Ort, in dem auch Themen angesprochen werden, die die gesamte Schulgemeinschaft betreffen und zwar zum einen in der Hinsicht, dass etwas von außen an das Team herangetragen wird und zum anderen insofern, dass das Jahrgangsstufenteam etwas ausarbeitet, das dann nach außen hin weitergegeben wird.

Werth expliziert eine sehr umfassende Vorstellung von Kooperation, die sich auf unterschiedliche Dimensionen bezieht und damit die Aufgabe des Jahrgangsstufenteams widerspiegelt: Erörterung organisatorischer, didaktischer und pädagogischer Fragestellungen, die den eigenen Altersjahrgang betreffen. Allerdings geht die Kooperation über diesen eigenen Jahrgang hinaus, indem auch Themen, die das Schulganze betreffen, einen Raum in der Zusammenarbeit erhalten. Gleichwohl der Aspekt der gemeinsamen Koordination von der Sprecherin hervorgehoben wird, wird deutlich, dass es auch um gemeinsames Handeln geht. Insgesamt erscheint das Jahrgangsstufenteam als kollektiver Akteur in der Schule und zwar als souveräner Akteur, der aus dem eigenen kleinen Kreis heraus Themen und Anregungen nach außen in das Kollegium hineingibt.

Bender	also für-für mich ist immer ganz wichtig ( ) dass schon ne gute stimmung da is, ( ) also auch so täglich (1) und ähm dass m-man problemlos miteinander umgehen kann indem man sagt ja das und das ist wieder los oder da und da mh bre:nnts und is wieder en problem und ( ) dass man da einfach reden kann ja, ohne ( ) äh da dreimal anzuklopfen und zu fragen, passt das jetzt also dass so ne ( ) selbstverständlichkeit da ist ( ) im ( ) alltäglichen ( ) pädagogischen betrieb hier (2)
Bondorf	mh

Die Lehrerin Bender bezieht zunächst klar Position. Für die anderen Anwesenden kann der Umstand völlig irrelevant sein. Während sich die Sprecherin zuvor stark auf die Themen und Inhalte der Kooperation bezogen hat, spricht Frau Bender eher über die Qualität der Zusammenarbeit. Sie formuliert damit gleichermaßen einen Anspruch an die Kooperation: Bei der Zusammenarbeit soll gute Stimmung herrschen und ein problemloser Umgang miteinander möglich sein. Auf den ersten Blick erscheint der erste Anspruch nicht unbedingt als eine professionelle Definition von Kooperation. Mit guter Stimmung wird eher eine emotionale Bezeihungsqualität assoziiert, das an dieser Stelle durchscheint. Jedoch ist „Stimmung" ein Begriff aus der Psychologie, der die Form des Fühlens in unangenehmer oder angenehmer Ausprägung bezeichnet. Dabei wird die dominante Art der Stimmung einer Person als ein sozialpsychologisch relevantes Persönlichkeitsmerkmal für Kooperation durchaus bedeutsam. Eine gute Stimmung in der Kooperation ist ein nicht nur temporärer, sondern länger andauernder Zustand, der von der Sprecherin Bender auch in dieser Hinsicht mit der zeitlichen Dimensionierung „immer" und „auch so täglich" umschrieben wird. Bezogen auf die professionelle Tätigkeit kann eine angenehme Stimmung sich psychologisch vor allem auch die Motivation des Einzelnen und des Teams auswirken. Gleichzeitig verweist Frau Bender mit den zuvor genannten zeitlichen Dimensionen auch darauf, dass sich der Kooperationszusammenhang des Jahrgangsstufenteams nicht nur auf die 14-tägigen Teamsitzungen beschränken lässt.

Die Kooperation hat eine Bedeutung für ihren Alltag und muss dafür in einer bestimmten Qualität und zu jeder Zeit entsprechend ausgeprägt sein. Gelungene Kooperation wird weiterhin als ein problemloses Miteinander-Umgehen konstruiert. Diese Konstruktion bezieht sich nicht auf interpersonelle Konflikte und Probleme innerhalb des Teams. Vielmehr geht es darum, dass es keine Faktoren gibt, die den Umgang miteinander erschweren; dass die Beteiligten problemlos aufeinander zugehen können. Die Sprecherin expliziert einen entsprechenden negativen Gegenhorizont, bei dem man als Einzelperson zunächst erst ein Setting dafür schaffen muss, bevor man sich über erlebte Schwierigkeiten und Probleme äußern darf.

Eine erste Lesart wäre, dass der Austausch über Schwierigkeiten und Probleme im Schulalltag unter den Lehrkräften nicht normalisiert ist; es gibt keine entsprechenden Routinen oder Handlungsabläufe. Zunächst muss eine Hürde übersprungen werden, symbolisch gesprochen an der Autonomietür der einzelnen Lehrkraft geklopft werden, um Einlass zu erhalten und sich gegenseitig öffnen zu können. Eine andere, möglicherweise auch ergänzende Lesart lässt Kooperation in diesem Zusammenhang unter dem Aspekt der Alltagstauglichkeit erscheinen: Die Zusammenarbeit mit Kolleginnen und Kollegen kann sehr hilfreich sein, allerdings muss sie in der Durchführung möglichst ressourcenschonend in Bezug auf Zeit und Energie der Kontaktaufnahme erfolgen.

Wichtig ist der Lehrerin Bender eine Möglichkeit über die alltäglichen Unwägbarkeiten der Berufstätigkeit reden zu können. Sie umschreibt das zu verarbeitende Geschehen mit „das und das ist wieder los" und „da brennts" – es geht also durchaus um prekäre Situationen und Fragestellungen, die die einzelne Lehrkraft belasten. Der kollegiale Austausch wird von ihr gewünscht; zunächst auf der Ebene über etwas reden zu können. Den Schritt weiter hin zu einer kollegialen Fallberatung, oder ähnlichem, wird hier nicht markiert. Die Sprecherin stellt das bloße Reden miteinander als bereits entlastend dar; es ist ihr wichtig, „dass man da einfach reden kann". Die Ausführungen von Bender verdeutlichen insgesamt, wie kollegiale Kooperation und Kommunikation für sie sein soll, damit sie diese gut und hilfreich empfindet: problemlos zu realisieren und in ihrer Wirkung problementlastend durch das Darüber-Reden-Können. Mehr noch, es soll nicht nur problemlos möglich sein sich auszutauschen, sondern zu einem Bestandteil der Berufstätigkeit werden, zu einer „selbstverständlichkeit im alltäglichen pädagogischen betrieb". Betriebe sind gekennzeichnet durch eine hohe Geschäftigkeit; bezogen auf den vorliegenden Kontext ist Betrieb nicht alleine auf den Unterricht als Kernaufgabe der Lehrenden beschränkt, sondern umfasst vielmehr die gesamte Berufstätigkeit in der Organisation Schule. Dass eine Selbstverständlichkeit im alltäglichen pädagogischen Betrieb gewünscht wird, impliziert gleichzeitig, dass diese nicht oder noch nicht in ausreichendem Maße existiert. Auch hier zeigen sich die häufig beschriebenen Strukturmerkmale der Berufstätigkeit von Lehrerinnen und Lehrern, bspw. das Technologiedefizit und der Mangel an Routinen und feststehenden Handlungsabläufen. Die Lehrerin Bender gibt in dieser Sequenz viel von sich selbst preis. Im Sprechakt der Vorrednerin war zunächst keine individuelle Betroffenheit in der Argumentation zu erkennen. Das mit Kooperation verbundene Anliegen von Frau Bender ist eindeutig persönlicher Natur; sie konstruiert Kooperation als Möglichkeit des Austauschs im Team, die den einzelnen eine Entlastung ihrer psychischen beruflichen Situation bringt. Dabei betrachtet sie nur die Dimension der konkreten pädagogischen Arbeit. Organisatorische Absprachen, die zuvor von der Lehrerin Werth eingebracht wurden, spricht sie nicht an. Dennoch kann Kooperation in beiden Konstruktionen als Entlastungselement verstanden werden: Zunächst auf der eher pragmatischen Ebene im Sinne der zeitlichen und organisatorischen Entlastung, die sich durch Zusammenarbeit ergeben kann (Werth) und schließlich psychosoziale Entlastung durch das Miteinander-Reden-Können (Bender). Die Sprecherin Werth schilderte die Inhalte des Kooperationszusammenhangs im Sinne einer Aufgaben- und Funktionsbeschreibung des Jahrgangsstufenteams in seinem eigentlichen Sinne. Demgegenüber markieren die Ausführungen der Lehrerin Bender die faktische Aufgabe des Teams: Stabilisierung im alltäglichen pädagogischen Betrieb und damit Entlastung aus psychosozialer Sicht. Bislang wurde im Sprechakt jedoch nur der Anspruch an Kooperation deutlich, ohne die tatsächliche Umsetzung zu kennzeichnen.

Bender	und das is ja auch so in den pausen hier ( ) hier sitzen ja immer wieder leute zusammen und reden über irgendwelche ähm mathematischen ( ) äh dinge ( ) doch das is auf-auffällig ( )
	[Lachen]
Knapp.	ja
Ortner	ja
Bender	oder es wird geklagt über mh schülerinnern und schüler oder andere fachkollginnen und kollegen ( )
?	die kein mathematisches verständnis ham
Bender	[lacht] so ja, mhm ( ) mh (1)

In der weiteren Ausführung erfolgt nun die Beschreibung, dass das Jahrgangsstufenteam ihre Anforderungen erfüllt. Es erscheint erwähnenswert, dass die Lehrkräfte in den Pausen zusammen im gemeinsamen Teamraum sitzen und sich unterhalten. Zum ersten Mal taucht eine fachliche Dimension in der Argumentation auf. Immerhin die Mathematiklehrerinnen und -lehrer unter den Teammitgliedern scheinen den Teamzusammenhang als Möglichkeit zum Austausch fachlicher Angelegenheiten zu nutzen. Aus Sicht der vorherigen Argumentation erscheint jedoch der nachfolgend genannten Aspekt noch interessanter: „oder es wird geklagt über mh schülerinnen und schüler oder andere fachkolleginnen und kollegen". Im Rahmen der Kooperation wird innerhalb des Jahrgangsstufenteams über die eigene Schülerschaft oder die in ihren Klassen unterrichtenden Fachlehrerinnen und Fachlehrer geklagt. Zuvor hatte die Sprecherin Bender nur von „sagen" und „reden" gesprochen, während sie in dieser Sequenz von „klagen" spricht. Für dieses Verb lässt sich synonym z.b. folgendes verwenden: jammern, lamentieren, Schmerz/Trauer/ Unzufriedenheit äußern, sich beschweren. Wenn man sich über etwas oder jemanden beschwert, müssen in der Regel gewisse Erwartungen zugrunde liegen, die enttäuscht wurden. Auf den vorliegenden Kontext bezogen, klagen die Lehrkräfte möglicherweise über ihre Schüler, weil diese durch Undiszipliniertheit auffallen oder den fachlichen Anforderungen des Unterrichts nicht gerecht werden. Diese Möglichkeit erscheint nicht ungewöhnlich, im Gegensatz zu der Variante, dass die Lehrenden über ihre Kolleginnen und Kollegen klagen, sich über diese beschweren oder den eigenen Unmut äußern. Um entsprechende Äußerungen tätigen zu können, müssen die Teammitglieder einen vertrauensvollen Umgang miteinander pflegen, um die Sicherheit zu haben sich entsprechend äußern zu können, ohne dass es nach außen dringt. Innerhalb des Teams scheint damit eine sehr offene und vertraute Atmosphäre zu herrschen. Alle Teammitglieder können sich offen über andere Fachlehrerinnen und -lehrer äußern, auch und insbesondere in klagender Haltung. Das Verb „klagen" verweist jedoch auch auf eine Einwegrichtung: Es geht nicht darum etwas gemeinsam analytisch zu bearbeiten, sondern zunächst nur einmal Ballast loszuwerden bzw. seinem Ärger Luft zu machen.

Ein Teammitglied reagiert auf die Äußerung von Bender mit dem scherzhaften Einwurf „die kein mathematisches verständnis ham" und entschärft in einer ironisierenden Art und Weise die vorherige Äußerung. Damit wird verdeutlichen wie brisant die von der Lehrerin Bender dargelegten Informationen über die Kommunikation des Jahrgangsstufenteams sind. Zum ersten Mal wurde Außenstehenden erläutert, wie sich die Teammitglieder über ihre Kolleginnen und Kollegen äußern.

Knapp.	ja
	un die: die punkte auf den sitzungen die sind wirklich eigenlich gleich nur äh die schüler werden älter und die art der projekte wird halt werden halt andere ne also ( ) fünften
?	[lacht leise]
Bondorf	hmhm
Knapp.	schuljahr gehts dann zum beispiel um um äh ( ) jugendmaskenzug was ein riesen projekt is
?	hm
Knapp.	das wird praktisch also da wird fast äh: von dem ablauf des schuljahres diktiert was (

	) thema is ja des ka=ma sich kaum- kaum aussuchen weil da so viele sachen so viele sachen
	[Tischrücken]
Knapp.	sind ( ) die äh jedes fünfte schuljahr eiendlich machen muss ( ) un nachher- aber es ändert-
Bender	hmhm hmhm
Knapp.	des is so ( ) der wechsel aber d- grundsätzlich ändert sich des eijentlich nicht;

Schließlich äußert sich der Lehrer Knappek auf die Frage nach den Inhalten der gemeinsamen Kooperation. In seiner Argumentation schließt er inhaltlich eher an die Ausführungen von Werth an. Er ordnet es so ein als seien die Themen der Teamsitzungen im Laufe der Zeit jeweils gleich, nur die eigene Schülerschaft werde immer älter. Die Inhalte der Sitzungen werden stark vom Ablauf des Schuljahres diktiert und bestimmt. Insgesamt ist es interessant zu sehen, dass sich seine Ausführungen auf die gemeinsamen Teamsitzungen beschränken, wohingegen die vorherige Sprecherin die Kooperation als solche in den Blick genommen hatte. Bender stellte die besondere Qualität der Zusammenarbeit in den Vordergrund, während Knappek auf das formal Festgelegte des Teams re-kurriert. Damit ähnelt seine Äußerung der von Werth, jedoch hatte diese ebenso wie Bender in ihre Argumentation den Anspruch an Kooperation eingebunden.

Bender	hmhm (3) und wichtich find ich auch noch so also jetzt nich nur die gute stimmung sondern auch ( ) diese kollegiale zusammenarbeit ( ) dass man also nicht denkt mensch ham aber ne blöde klasse ( ) obwohl man solche unterschiede hier schon ( ) hab- wir ham solche unterschiede hier ge, (1) so dass also bestimmt die a: die leistungs ( ) stärkste klasse ist ( ) ne jana die leistungsfähigste klasse
	[Gelächter]
	eure? [lacht]
Bondorf	mhm
Brück	mhm
Werth	ja ( ) und ähm d-dann eben auch in anführungszeichen
Bender	ne schwierige mit ganz schwierigen jungs äh so und ähm wir so ne mittlerweile so ne faulenzerklasse haben ( ) aber dass man da also nicht ähm ( ) jetzt schlecht drüber denkt oder drüber redet sondern ganz äh kollegial das auch äh zusammen mit an-packt, ( )

Die Lehrerin Bender stimmt den Ausführungen von Knappek zunächst in schwa-cher Weise zu („hmhm"), bevor sie ihre vorherige Deutung um einen weiteren Aspekt ergänzt. Mit der Einlassung „wichtig finde ich" verdeutlicht sie die Rele-vanz, die sie dem nachfolgenden Sachverhalt beimisst, ohne zunächst klarzustel-len, ob sich das auf die vorliegende Kooperation bezieht oder ein genereller Anspruch von ihr ist, der eventuell in der Zusammenarbeit des Teams unerfüllt bleibt. Die Spezifizierung „**diese** kollegiale zusammenarbeit" lässt jedoch ver-muten, dass eben genau der vorliegende Kooperationskontext gemeint ist. Insgesamt ist durch die Sequenzlogik der Äußerung Benders eine Nachrangigkeit der Bedeutung der kollegialen Zusammenarbeit gegenüber der guten Stimmung festzustellen. Die Lehrerin Bender referiert an dieser Stelle ihr persönliches Relevanzsystem der Kooperation. Interessant erscheint die Spezifizierung „kollegiale zusammenarbeit". Dekontextualisierend betrachtet lässt sich dahinter eine qualitativ hochwertige Form der Zusammenarbeit vermuten. Bezogen auf den vorliegenden Kontext und aus professionstheoretischer Sicht ergibt sich ein anderes Deutungsmuster. Denn in diesem Falle wird Kollegialität nicht als normativer Begriff verstanden, sondern vielmehr als strukturelles Prinzip. Kollegialität ist ein Prinzip, das aus Professionalität resultiert und in Bezug auf Kooperation als dessen natürliche Grenze angesehen werden kann. Kollegial zu sein bedeutet in dem Sinne die professionelle Autonomie des jeweils anderen zu akzeptieren. Folglich wäre kollegiale Zusammenarbeit eine Zusammenarbeit, die gewissermaßen nur bis an die Grenze der individuellen Autonomie aller Beteiligten heranreicht.

Im weiteren Verlauf ihres Sprechakts konkretisiert Bender ihr Verständnis der kollegialen Zusammenarbeit. Diese wird zunächst einmal als eine Haltung beschrieben und weniger als Handlungsakt. Es geht ihr darum, dass in der Wahrnehmung der Unterschiede bei der Leistungsfähigkeit der unterschiedlichen Parallelklassen nicht automatisch schlecht über die Leistungsfähigkeit der jeweiligen Klassenlehrkräfte gedacht und geredet wird. Wiederum wird innerhalb der Gruppendiskussion eine Qualität der Kooperation vor dem Hintergrund eines negativen Gegenhorizonts konstruiert. Auch an dieser Stelle liegt die Schlussfolgerung nahe die Zusammenarbeit von Lehrenden sei durch entsprechende Zuschreibungen geprägt.

5.1.3 Fallstruktur: Das Jahrgangsstufenteam als exklusive Professionsgemeinschaft

Beim vorliegenden Jahrgangstufenteam handelt es sich um eine traditionelle, in der Schulstruktur fest verankerte, Form der Kooperation an Gesamtschulen, die als wesentliches Element der Schulen pädagogisch und konzeptionell begründet sind. Lehrerkooperation wird durch die entsprechenden organisationalen Rahmenbedingungen ermöglicht; sie wird aber gleichermaßen auch von den Beteiligten gefordert. Durch die Organisation der Schule wird an dieser Stelle sozusagen eine Hohlform der Lehrerkooperation hergestellt, die die Mitgliedschaft ebenso regelt wie die zeitliche und räumliche Gestaltung der Zusammenarbeit und vor allem die Kooperationsinhalte. Nun ist es interessant zu sehen, was die entsprechenden Beteiligten daraus machen. Wie nutzen Sie das Gefäß der Kooperation: Was geben Sie gewissermaßen hinein und welche Funktionen erfüllt die Kooperation letztlich?

In seiner Zusammensetzung kann das Jahrgangsstufenteam als Schicksalsgemeinschaft beschrieben werden; die Mitglieder haben sich nicht bewusst und intentional als Team formiert[25]. Dem Alltagsverständnis von Kooperation folgend, wird diese jedoch immer gerade dann als gelingend beschrieben, wenn unter den Beteiligten die Chemie stimmt, wenn sich die Beteiligten gut miteinander verstehen. Auch in unseren Lehrerteams sind wir immer wieder auf dieses Kooperationsverständnis gestoßen. Im vorliegenden Fall scheint auch in der Äußerung einer Lehrerin des Jahrgangsstufenteams der angenommene Idealfall des Aussuchens nach Sympathie in einer entsprechenden Äußerung durch:

> „die gruppe is doch gut; ( ) au- auch wenn wir uns ehm- ( ) ehm auch wenn- auch wenn wir uns nich ausgesucht haben" (Bender).

Auf der Ebene der Deutungsmuster der Akteure zeigt sich damit, dass auch sie von einem Idealfall ausgehen (nämlich frei wählen zu können mit wem sie kooperieren wollen), obwohl sie empirisch die Erfahrung gemacht haben, dass es auch anders geht. Die Lehrerin konstruiert selbst in ihrer Äußerung den entsprechenden Gegenhorizont.

Wie ist die Selbstkonstruktion als nicht frei bestimmte Gruppe im vorliegenden, konkreten Fall? Das Team konstruiert sich als eine exklusive Professionsgemeinschaft. Dabei wird die Exklusivität bewusst hergestellt. Sie hängt nicht wie in anderen Kooperationsgruppen mit der Aufgabe des Teams zusammen, sondern wird von den Akteuren durch die Abgrenzung nach außen hin geschaffen. Denn das Team konstruiert sich als eine Wir-Gemeinschaft, die sich gegenüber eines Sie-Gebildes abgrenzt. Das Sie-Gebilde stellt in diesem Falle das Lehrerkollegium, aber auch die Eltern der eigenen Schülerschaft dar.

Das Team bindet sich sehr stark über Vertrauen aneinander. Es existiert eine Grundierung einer Freiheit alles sagen zu können. Diese wird vor allen Dingen vor dem negativen Gegenhorizont des gesamten Kollegiums konstruiert, in dem die Lehrenden das kollegiale Fallbeil für scheinbar qualitativ minderwertige Redebeiträge befürchten müssen. Im Kollegium ist es nicht möglich sich gänzlich zu öffnen und alles zu äußern; in dem Jahrgangsstufenteam wird das anders erlebt.

In der Gruppendiskussion beschreiben die Mitglieder ihr Jahrgangsstufenteam insgesamt als einen Ort der Integration Einzelner. Das Team erscheint als kleines eigenes System innerhalb des gesamten Schulsystems. Hier findet sich

---

[25] Wenngleich die Schule stets bemüht ist bei der Zusammensetzung der Tutorenteams und damit der Jahrgangsstufenteams die Beteiligten in die Entscheidung einzubinden.

die organisationslogische Vorstellung von „loosley coupled systems" (Weick 1976): lose gekoppelte Einheiten werden institutionell hergestellt. Die Systeme operieren dabei eigenlogisch für sich; innerhalb der Systeme ist die Kooperation perfektioniert, während Kooperation nach außen hin erschwert wird. Das Jahrgangsstufenteam kann in diesem Sinne auch zu einer Koalition in der Schule werden. Für die Beteiligten ist es ein Ort der Identifikation. Für die tägliche Berufsarbeit ist das Team insofern besonders bedeutsam, da die Einzelnen dort eine Stabilisierung im alltäglichen pädagogischen Betrieb erfahren. Es wird von einer erlebten „Stabilisierung" gesprochen, die den positiven Gegenpol bildet zum zyklischen Modell einer dauernden Belastungserfahrung, in dem die Lehrenden sich wieder finden. Das Team hat ein enormes Entlastungspotenzial für seine Mitglieder und vermag in dieser Hinsicht auch als Motivationsspender zu fungieren. Die Tutorinnen und Tutoren erörtern dazu vor allen Dingen pädagogische Fragestellungen in ihren gemeinsamen Sitzungen. Es werden grundsätzliche Problemstellungen im Arbeitsfeld Erziehung und Bildung ebenso thematisiert wie spezielle Problemlagen der eigenen Schülerschaft und insbesondere einzelner Schüler. Damit nutzen die Teammitglieder ihre institutionell hergestellte Kooperation als einen Ort um pädagogisch Professionelles kollegial abzuklären. Das Jahrgangsstufenteam ermöglicht ihnen die regelmäßige Erörterung der beruflichen Herausforderungen, die sich im Umgang mit der heterogenen Schülerschaft in der Gesamtschule ergeben. Die Kooperation löst die Vereinzelung der ansonsten eher als Einzelkämpfer tätigen Lehrkräfte zeitweise auf. Es erfolgt eine gemeinsame Prozessreflexion, die den Einzelnen kollegiale Anerkennung für die eigene Berufstätigkeit erfahren lässt. Das Team kann auch als Tröstergemeinschaft im Falle nicht gelingenden Unterrichts fungieren. Besonders wichtig ist für die Lehrkräfte in einem solchen Fall der Umstand, dass eine vermeintlich schlechte Unterrichtsstunde nicht als persönlicher Misserfolg verbucht wird. Vielmehr werden diese Scheiternserlebnisse innerhalb der Kooperation entindividualisiert und damit für die Einzelnen erträglich. Die Kooperation wird demnach von den Beteiligten in erster Linie individuell als Stabilisierung der eigenen Ressourcen und Befindlichkeiten genutzt. Das ist die herausragende Qualität des Jahrgangsstufenteams.

Als fest verankertes Team innerhalb der Schulstruktur treten neben diese persönlichen Bedürfnisse nach Sicherheit und Stabilität aber insbesondere die „Bedürfnisse" der Organisation Schule. Jahrgangsstufenteams haben eine institutionelle Aufgabe, nämlich die Erörterung der pädagogischen, didaktischen und vor allen Dingen auch organisatorischen Fragestellungen, die den jeweiligen Altersjahrgang betreffen. Es herrscht damit eine Gleichzeitigkeit von zwei unterschiedlichen Strukturelementen vor: individuelle Bedürfnisse der Lehrkräfte auf der einen und die Erfordernisse in Bezug auf die Organisation Schule auf der anderen Seite. Aus der Steuerungszumutung, die an Jahrgangsstufenteams gerichtet ist, ist im vorliegenden Falle sogar eine Steuerungsambition hervorgegangen. Der eigene Altersjahrgang wird von den Tutorinnen und Tutoren als Hoheitsgebiet konstruiert. Sie haben gegenüber der eigenen Schülerschaft eine hohe pädagogische Selbstwirksamkeitserwartung und schreiben den unterrichtenden Fachlehrern eine geringere pädagogische Durchschlagskraft zu. Das Jahrgangsstufenteam möchte bei der Auswahl der Fachlehrer, die in ihrem Jahrgang unterrichten, mitreden und entsprechende Entscheidungen eigenverantwortlich treffen. Die Steuerungsambition geht jedoch über den eigenen Verantwortungsbereich, den entsprechenden Jahrgang, hinaus. Das Team möchte ebenso in das Schulganze hineinwirken. Entsprechende Ideen und Anregungen werden in die Schulgemeinschaft eingebracht, aber bereits im Vorfeld eher resignativ beurteilt, da die anderen Lehrkräfte als wenig veränderungsbereit beschrieben werden. Das Jahrgangsstufenteam erscheint damit als Zusammenschluss veränderungsbereiter Lehrkräfte im Gegensatz zum Großteil des Kollegiums und der Schulleitung, die nicht bereit erscheint auch grundlegende Veränderungen mitzuvollziehen. In Bezug auf das Schulganze erscheint das Jahrgangsstufenteam als eigener Akteur – das Team bildet einen geschützten Zwischenraum zwischen der Lehrerindividualität und dem Lehrerkollegium. Es ist damit für die Einzelnen neben dem sozio-emotionalen Zentrum der Schule vor allem auch ein Identitätsraum.

Das Jahrgangsstufenteam ist ein sensibles und sehr voraussetzungreiches Gefüge: einerseits ist das Team hochfunktional, andererseits ist sein Gelingen jedoch auch hochkontingent. Die gemeinsame Kooperation wird zunächst einmal als Praxisbelastung empfunden, weil sie verordnet ist und zusätzlichen Arbeitsaufwand bedeutet; letztlich führt die Kooperation zur Praxisentlastung. Dabei ist es weniger die originäre Aufgabe des Teams, die für die einzelnen Teammitglieder bedeutsam erscheint, sondern vor allen Dingen das „Beiprodukt" der Kooperation: die Stabilisierung eigener Ressourcen und Befindlichkeiten und die individuelle (vor allen Dingen seelische) Entlastung. Möglicherweise ist diese Funktion des Teams nicht nur das Beiprodukt der Kooperation, sondern gewissermaßen ihr „heimlicher Lehrplan".

Im vorliegenden Fall der Zusammenarbeit zeigt sich das Strukturmerkmal sehr dichter Kooperation: um die professionelle Autonomie der Einzelnen ein Stück weit aufzuweichen bzw. zurückzustellen, müssen alle Beteiligten das Gefühl haben, dass die gemeinsame Kooperation ein geschützter Bereich der Kommunikation darstellt.

5.2 Fachkonferenz Mathematik – Integrierte Gesamtschule B

5.2.1 Fallporträt

Wie organisiert sich die Fachkonferenz in ihren Kooperationsprozessen?

Äußere Organisationsbedingungen

Die Fachkonferenz ist eine traditionelle Kooperationsform, die im Schulgesetz fest verankert ist. Diesem formalen Gremium gehören verbindlich alle Fachlehrerinnen und -lehrer des entsprechenden Schulfachs an. Alle Gruppenmitglieder haben demnach den gleichen fachkulturellen Hintergrund, was sich möglicherweise innerhalb der Kooperation auswirkt. Die empirischen Daten lassen aufgrund der Zusammensetzung des Samples keine derartigen Rückschlüsse zu. Jedoch erscheint der gemeinsame Fachhintergrund in der Binnenperspektive der Fachkonferenz selbst Relevanz zu haben, wenn auch möglicherweise nur in ironisierender Art und Weise.

> „ich glaub dat beruht so=n bisjen da drauf wir mathematiker sin wir sin ja logisch denkende [lachen]" (Hell).

Durch die institutionell verordnete Mitgliedschaft in der Fachkonferenz der eigenen Unterrichtsfächer bedarf es, anders als in Gruppen mit freiwilliger Beteiligung, keiner intensiven Aushandlung des Selbstverständnisses, o.ä. Die Mitgliedschaft als solche wird in der Kommunikation in der Regel nicht thematisiert, ebenso wenig die Motivation zur Mitarbeit in dem formalen Gremium. Die Fachkonferenzmitglieder müssen in der Zwangszusammensetzung ganz unabhängig von gegenseitiger Sympathie oder Antipathie oder Interesse am jeweiligen Thema zusammenarbeiten.

Die Arbeit einer Fachkonferenz ist durch gesetzliche und schulstrukturelle Vorgaben bestimmt, wenngleich diese eher allgemeiner Natur sind. Die Fachkonferenz hat die Aufgabe die Angelegenheiten eines Unterrichtsfaches zu behandeln. Auf welche Art und Weise dies konkret erfolgt, ist nicht festgelegt. Seitens der Schulleitung ist zunächst ein Treffen der Fachkonferenz pro Schuljahr vorgesehen

> „also *ran müssen wer* [lachend] von der schulleitung eigentlich nur einmal im jahr ne; ( ) dat is eigentlich so gesetzt ne" (Hell).

Weitere gemeinsame Sitzungen werden nicht generell vereinbart, sondern finden nach Bedarf statt. Dabei werden zusätzlich benötigte Sitzungen als Zwang konstruiert.

„dann wird halt schon noch mal ne zusätzliche konferenz fällich;" (Hell).

Organisation der Zusammenarbeit

Neben der Zusammensetzung der Fachkonferenz ist auch die Organisation ihrer Zusammenarbeit institutionell vorstrukturiert. Die Kooperation ist qua Schulgesetz verordnet und erscheint für die Beteiligten damit zunächst einmal als Zwang. Kooperation wird erzwungen, durch die institutionelle Verankerung aber zugleich auch erleichtert. Für die gemeinsame Sitzung wird durch die Schulleitung ein fester Termin geblockt und damit allen Mitgliedern die Teilnahme ermöglicht.

„so dat mer uns z:um anfang des neuen schuljahres halt eben einmal zusammen setzen det is auch meistens dann wird von der schulleitung halt werden eh termine schon geblockt ne, hier sollen ( ) die-die konferenzen halt eben stattfinden (...) und logischerweise is dat dann schon auf jeden fall en termin der am anfang vom schuljahr stehen muss ne ( ) oder dann halt eben auch gesetzt wird und dann ( ) verpflichtend für uns ist" (Hell).

Aus den Reihen der Fachkonferenzmitglieder wird jeweils eine Leitungsperson gewählt. Im vorliegenden Falle beschreibt die Fachkonferenzleiterin den entsprechenden Prozess folgendermaßen:

„mer muss sich nur dumm genug anstelln dann werden sie gewählt [lachend] ne is-is gewählte geschichte schon eigentlich" (Hell).

Die ihr zugetragene Leitungsfunktion wird von ihr als Bürde konstruiert, die einem auferlegt wird, wenn man sich gewissermaßen nicht geschickt genug angestellt hat dies zu umgehen. Als Fachkonferenzleiterin hat Frau Hell die Aufgabe die gemeinsamen Sitzungen vorzubereiten. Dazu zählt zunächst einmal das Erstellen von entsprechenden Einladungen, die sie öffentlich aushängt. Als Möglichkeit sich über die anstehenden Themen zu informieren, wird dieses Medium jedoch nicht von den Fachkonferenzmitgliedern genutzt

„was is=en eigentlich für en thema heut? ( ) bin ich eben gefracht worden hab ich gesagt ich wei:ßet net, [lacht]" (Lab) – „ich häng ja auch extra dafür einladungen raus ne," (Hell) – „joa aber mir ham=met beide net gelesen" (Lab).

Die formalen Einladungen in Form von Aushängen werden nicht von allen Fachkonferenzmitgliedern ernst genommen. Betrachtet man das konkrete Vorgehen in den Fachkonferenzsitzungen, erscheinen die Einladungen/Aushänge zu den Sitzungen als sehr formalisiert, weshalb sie auch von Formalitätsgegnern innerhalb der Fachkonferenz abgelehnt werden. Die Sitzungen selbst folgen keiner routinierten Form des Ablaufs und weisen auch keine konferenztypischen Merkmale, wie die Ordnung nach Tagesordnungspunkten oder das Anfertigen von Rednerlisten, etc. auf. Als formale Elemente der Zusammenarbeit lässt sich lediglich das Protokollieren aufführen, das jedoch eher als notwendiges Übel wahrgenommen und nicht als Möglichkeit der Dokumentation der gemeinsamen Arbeit betrachtet wird. Dem Protokoll wird nur wenig Gewicht und Bedeutung beigemessen, was sich an der nachfolgenden, eher flapsigen Bemerkung zeigt:

„protokoll schreibst=de selbst oder wie" (Simm) – „hm=joa ja=ach:=s det hier is ja alles nur noch eigentlich so=n kram;" (Hell).

Die Möglichkeit durch Protokollierung Verbindlichkeiten in der Zusammenarbeit zu schaffen und die Tätigkeiten zwischen den Sitzungen zu regeln, wird nicht wahrgenommen.

Eine weitere Aufgabe der Fachkonferenzleiterin ist die inhaltliche Vorbereitung der Sitzungstermine, was von dieser auch erledigt wird.

„wo ich dann schon=n bissl vorgearbeitet hab" (Hell).

Die Tätigkeiten der einzelnen Mitglieder unabhängig von den gemeinsamen Sitzungen sind für die Leiterin nur schwer zu steuern. Als es beispielsweise um die Festlegung eines neuen Schulbuches ging und die Lehrkräfte sich bereits im Vorfeld der Konferenz dahingehend informieren sollten, ist es für die Fachkonferenzleiterin nicht möglich nachzuvollziehen, wer dies tatsächlich gemacht hat und wer nicht:

„so; und jetzt komm mer zum wichtigsten punkt ( ) zweitens äh unser neues buch (3) al:so ( ) ich [lachend] sach jetzt ma ganz einfach ( ) mh:: ( ) die bücher waren ja da und hätten ja auch gerne bei mir eingesehen werden können ich geh ma davon aus dat viele s-sich die bücher auch wirklich angeschaut haben; oder wissen wodrüber wir jetzt reden" (Hell 24.09.07).

In dieser Äußerung ist implizit die Vermutung enthalten, dass eben nicht alle anwesenden Mitglieder sich die Bücher angeschaut haben und wissen worüber geredet werden soll. Diese Problematik ergibt sich möglicherweise auch aus dem Umgang mit Formalisierungen innerhalb der Zusammenarbeit.

Insgesamt versucht die Fachkonferenzleiterin ihre Aufgabe eher als Gleiche unter Gleichen wahrzunehmen und möglichst wenig eine Leitungs- und Führungsrolle zu übernehmen. Sie behält dennoch die Gesamtprozesse der Fachkonferenz und deren Aufgaben im Blick. Die Kolleginnen und Kollegen in der Konferenz weist sie auf wichtige Aufgaben hin, jedoch zumeist ohne dabei konkrete Arbeitsanweisungen zu geben.

> „ich hab noch eine sache ihr denkt an die parallelarbeiten (...) mehr brauch ich dazu nit zu sagen" (Hell).

Untergruppe Makrospirale

Aus der Fachkonferenz heraus hat sich eine kleine Gruppe von Lehrkräften herausgebildet, die unabhängig von der eigentlichen Arbeit der Fachkonferenz zusammen an der Entwicklung von einzelnen Unterrichtseinheiten für den Mathematikunterricht arbeitet. Das Engagement dieser Fachkonferenzmitglieder geht über die verpflichtenden Treffen hinaus und lässt sich dem Bereich der Unterrichtsentwicklung zuschreiben. Konkret arbeiten diese Lehrkräfte an einzelnen Aspekten, die im Qualitätsprogramm der Schule festgehalten und durch die Teilnahme am Programm der Pädagogischen Schulentwicklung (PSE) initiiert wurden. Vier Mitglieder der Fachkonferenz haben beschlossen sich in sogenannten Workshops zu treffen, um dort gemeinsam Unterrichtseinheiten (Makrospiralen) auszuarbeiten, wenngleich diese Aufgabe nicht von ihnen verlangt bzw. erwartet wird.

> „ja det is letztendlich unser eigenes vergnügen ne, also müssen tun wers nich" (Hell)

Verhältnis der Untergruppe zur Fachkonferenz

Gleichwohl es damit für die reguläre Fachkonferenz zu einer „Gruppe in der Gruppe"-Situation kommt, wird das Verhältnis zwischen den Mitgliedern der Untergruppe und den übrigen Fachkonferenzmitgliedern innerhalb der Fachkonferenzsitzungen nicht thematisch. Interessanterweise wurde die von Forscherseite initiierte Gruppendiskussion von der Leiterin der Fachkonferenz dazu genutzt eben jene Thematik einzubringen und einen Klärungsprozess zu initiieren. Frau Hell als Leiterin der Fachkonferenz ist zugleich Mitglied der Untergruppe Makrospirale und äußert sich in der Gruppendiskussion folgendermaßen:

> „da ham wir jetzt eigentlich auch so noch net irgendwie großartig drüber geredet aber ( ) ich weiß net da hat sich bei uns in dieser ganzen PSE geschichte eigentlich so en- so en kleiner harter kern sach ich jetzt mal ganz einfach entwickelt ne, (...) ja man denkt da einfach nit genuch

na:ch auch mal wirklich ( ) ich sach jetzt ma neue leute mit in=d boot zu nehmen ne, die ja immer wieder irgendwie: ja; ( ) na [lachend] halt eben einfach da sin ne, und mit in der konferenz
sin (…) wie sollen die neuen leute denn jemals lernen ( ) mit da reinzukommen und in dieses
denken reinzukommen äh w-wenn wir immer so für uns sagen ei wir ham da widda ne idee und
machen und beschließen dat einfach so für uns ne, (…) könnt et ja au ma *ganz subjektiv wider-
geben mal* [lachend]" (Hell).

Frau Hell beschreibt an dieser Stelle die Konstellation, dass sich ein „kleiner
harter kern" herausgebildet hat und sich daraus möglicherweise auch die Situation ergibt, dass andere Lehrkräfte außen vor gelassen werden und es wichtig wäre
diese auch „mit ins boot zu nehmen" und nutzt damit die besondere reflexive
Situation der Gruppendiskussion, um diesen Aspekt innerhalb der gesamten
Fachkonferenz zu thematisieren. Allerdings erfolgt auf ihren Wunsch bzw. die
Aufforderung auch die subjektiven Eindrücke der anderen Lehrkräfte erfahren zu
wollen, keine direkte Reaktion darauf. Vielmehr geschieht eine sachliche Anknüpfung an den inhaltlichen Aspekt der Ausarbeitung der Makrospiralen und
dementsprechend der Hinweis eines Lehrers, dass man in der Regel mehrere
Fächer unterrichtet und

„deswegen also (3) irgendwo hat man sicherlich schon ( ) mal die spiralen gemalt" (Ott).

Die Lehrerin Hopf hingegen richtet in ihrer Argumentation schon mehr den
Blick auf die beiden Gruppierungen, die sich durch die Teilung und Untergrup-
penarbeit innerhalb der Fachkonferenz ergeben haben. Wenngleich auch sie auf
einer sachlichen, inhaltlichen Ebene argumentiert:

„also ich denk man muss halt auch so richtich begeistert davon sein um=s ein- um einfach mitmachen zu können ( ) weil ich glaube ( ) wenn ich jetzt euch so sehe, ihr seid auch so richtich
begeistert von: ( ) von der art ja, ( ) wie=s gemacht wird (…) ich weiß es net ich denk halt man
muss schon richtich dahinter stehn und vollauf begeistert sein um das so richtich durchzuziehn (
) vielleicht auch von anfang an mit dabei sein" (Hopf).

Die Lehrerin Hopf konstruiert die Untergruppe Makrospirale als ein Zusammenschluss von Lehrkräften, die eine gewisse Begeisterung für die Arbeit am Programm der Pädagogischen Schulentwicklung hegen und gerne zusammen an den
entsprechenden Inhalten, über die geforderte Kooperation im Rahmen der Fachkonferenz hinaus, arbeiten. Das Interesse am Thema und das „Dahinterstehen"
werden als wesentliche Teilnahmefaktoren beschrieben. Damit würde die Mitarbeit an der Untergruppe auch neueren Fachkonferenzmitgliedern offen stehen
und gewissermaßen der Eintritt in der Untergruppe jederzeit möglich sein. Allerdings weisen die beiden Äußerungen der Fachkonferenzleiterin und der Lehrerin
Hopf eher darauf hin, dass sich im Laufe der Zeit eine feste Gruppe etabliert hat,
in die man als Neuankömmling nicht so leicht hineinkommen kann. Frau Hell

spricht davon andere „mit ins Boot zu holen", womit die Richtung bereit vorgegeben ist: die Untergruppe ergreift die Initiative und holt jemand Außenstehen-
des in die eigene Gruppe hinein; nicht die Außenstehenden sind diejenigen, die
sich der Gruppe anschließen können. Die Kooperation innerhalb der Untergruppe
wird als gelungen beschrieben, vor allem aufgrund eines gemeinsam geteilten
inhaltlichen Konsenses.

> „denk ich ganz einfach dat klappt ( ) so gut bei uns [der Untergruppe Makrospirale, N.B.] weil
> jeder weiß eigentlich in welche richtung er denken muss er weiß och wie: wer ja; ( ) die einzel-
> stunden halt eben planen müssen oder so irgendwie wat ( )" (Hell).

Für die Zusammenarbeit wird die gemeinsame, einheitliche Denkrichtung als
elementar beschrieben. Wenngleich sich mit der Äußerung „denken muss" die
Vermutung aufdrängt, dass das entsprechende Denken durch das PSE-Programm
vorgegeben ist und insofern keinen individuellen Spielraum für die Einzelnen
mehr lässt. Auch in dieser Hinsicht erfolgt eine Abgrenzung zur restlichen Fachkonferenz:

> „das is ja auch der grund warum wer den workshop nur zu viert gemacht haben wenn des ne
> kleinere gruppe ist dann wird man sich auch schneller einich und des funktioniert dann auch bes-
> ser und ähm ( ) ja wenn man den kreis erweitert das macht die sache natürlich schwierig (2) oder
> schwieriger sich zu verständigen sich zu einigen" (Simm).

Die aktuelle Teilnehmerzahl wird als wichtig für das Gelingen der gemeinsamen
Arbeit beschrieben. Eine Erweiterung des Kreises würde eine Verständigung
untereinander und eine Einigung erschweren. Die zuvor von der Leiterin der
Fachkonferenz proklamierte Offenheit der Gruppe kann in dieser Hinsicht angezweifelt werden.

Wie bearbeitet die Fachkonferenz ihre Themen und Aufgaben?

Aufgaben und Themen

Im Fokus der gemeinsamen Arbeit steht der Fachunterricht; in diesem Falle der
Mathematikunterricht. Die qua Gesetz zugewiesene Aufgabe der Gruppe, die
Behandlung von Angelegenheiten ihres Unterrichtsfaches, kann eine breite Palet-
te von konkreten Themen nach sich ziehen.

Die Themen der Fachkonferenzsitzungen sind entweder selbstinduziert oder
wie in den meisten Fällen bedingt durch äußere Vorgaben, die es von der Gruppe
zu bearbeiten gilt. Von Schulseite vorgegeben sind Aufgaben wie die Auswahl
und Anschaffung neuer Schulbücher oder die Planung und Organisation von
Parallel- und Klassenarbeiten, ebenso wie die Verwendung des finanziellen Etats

der Fachkonferenz. Innerhalb dieses Rahmens hat die Fachkonferenz einen recht
großen Entscheidungsspielraum. Viele der Themen und Aufgaben der Fachkonferenz ist durch die Bildungsadministration initiiert (Lehrplan, Bildungsstandards). Dabei wird von außen Kommendes durch die Gruppenmitglieder zunächst einmal als Zumutung aufgefasst:

> „und dann sitzt man manchmal und hat diese neuerungen halt eben auf em tisch und liest und
> denkt sich nur oder ( ) ja kann eigentlich nur en kopf dadrüber schütteln ne, und denkt sich nur
> ja prima super ham=ma ma wieder was zum umsetzen ( )" (Hell).

Der entscheidende Faktor für den tatsächlichen Umgang mit den äußeren Vorgaben, in Form von Adaption, Modifikation oder Abwehr, ist die den entsprechenden Vorgaben zugeordnete Sinnhaftigkeit: kann die Fachkonferenz die Intention
der Vorgaben nachvollziehen, werde diese umgesetzt.

Ein großer Tätigkeitsbereich der Fachkonferenz stellt die Erarbeitung der
Jahresarbeitspläne dar. Diese müssen nach der Vorgabe des Ministeriums und
gemäß dem an dieser Schule durchgeführten Programm der Pädagogischen
Schulentwicklung er- und weiter bearbeitet werden. In diesem Sinne stellt die
Überarbeitung dieser Pläne auch ein kontinuierliches Arbeitsfeld der Fachkonfe-
renz dar:

> „weil et halt immer so is dass diese: jahresarbeitspläne halt eben gemacht werden müssen;"
> (Hell).

Um die Pläne optimieren zu können, werden die einzelnen Gruppenmitglieder
angehalten sich im Zuge der konkreten Anwendung entsprechende Verbesse-
rungsnotizen zu machen.

> „ich denke mal ( ) vielleicht einfach für dieses jahr w-wenn jeder ( ) sich irgendwo seine noti-
> zen macht was er nochma feststellt wat nochmal nit so besonders gut war oder so irgendwie wat
> dat mer uns dann halt eben nächstes jahr mal wieder zusammensetzen können ( ) dadrüber un
> halt eben nochma gucken ( ) bis mer dann dann irgendwann wirklich unsere jahresarbeitspläne
> für immer haben" (Hell).

Ziel der Fachkonferenz ist es die Jahresarbeitspläne stetig zu überarbeiten und
die gemachten Erfahrungen dadurch auch zu nutzen, um letztlich einen optima-
len Plan zu erhalten. Dabei geschieht die nachhaltige Bearbeitung der Pläne aus
eigener Motivation heraus, da die Jahresarbeitspläne von den Lehrkräften als
sinnvoll erachtet werden. In anderen Fällen erfolgt ein pragmatischer Umgang
mit den Vorgaben. Die Fachkonferenz wehrt nicht prinzipielle alle Neuerungen
von außen ab, sondern sie prüfen gemeinsam, inwiefern sie als Fachkonferenz
und Fachlehrerinnen und -lehrer die Änderungen als sinnvoll erachten und für

umsetzbar halten. Die Fachkonferenzmitglieder empfinden solche Situationen als besonders schwierig, in denen sie selbst externe Vorhaben und Vorgaben als wenig sinnvoll erachten und sich entscheiden müssen, wie sie sich dazu positionieren. Häufig wird beschrieben, dass die Neurungen unterschiedliche, zum Teil antagonistische Anforderungen an die Beteiligten stellen.

> „und wenn dann halt so widersprüchliche sachen kommen (...) und dann weiß man halt auch net woran soll ich mich denn jetzt orientiern was ist jetzt für mich verbindlich" (Simm).

Die externen Impulse und Vorgaben können nur bedingt von der Fachkonferenz abgelehnt werden. Insbesondere die Frage nach der Verbindlichkeit dieser fremdinduzierten Aufgaben ist ein raumgreifendes Diskussionsthema der Sitzungen der Fachkonferenz. Bezüglich der Auseinandersetzung mit den externen Vorgaben und dem entsprechenden Umgang damit ist der Fachkonferenz durchaus bewusst, dass sie sich zum Teil über Vorgaben hinwegsetzen.

> „ich glaube zum teil setzen wer uns schon drüber weg" (Simm).

Arbeitsweise
Innerhalb der Sitzungen wird stets versucht die bisherigen Erfahrungen der einzelnen Teammitglieder für die Zusammenarbeit und bei der Entscheidungsfindung einzubeziehen bzw. zu berücksichtigen. Dies bezieht sich vor allen Dingen auf solche Themen und Aufgaben, die sich mit dem tatsächlichen Unterrichtsgeschehen beschäftigen.

> „ich mein det sin jetzt erfahrungswerte die mer einfach einbauen müssen" (Hell).

In ihrem begrenzten Rahmen ist die Entscheidungskraft bzw. -freiheit der Fachkonferenz groß. Begrenzt bedeutet, dass die Mitglieder der Fachkonferenz nur solche Entscheidungen treffen bzw. treffen können, die sich auf ihr Unterrichtsfach und damit sie selbst als entsprechende Fachlehrer betreffen. Es werden keine Entscheidungen getroffen, die sich auf das Schulganze beziehen. Damit erscheint die Fachkonferenz auch entlastend von der Verantwortung für alle Beteiligten akzeptable Entscheidungen treffen zu müssen. Es muss keine Rücksicht auf die Wünsche und Ansichten anderer Schulmitglieder genommen werden, abgesehen von der eigenen Schülerschaft.

Bei der Arbeit der Fachkonferenz wird insgesamt eine starke Orientierung am Schülerwohl wahrnehmbar. Vor allen Dingen bei der Bearbeitung von externen Vorgaben (aus der Bildungspolitik) wird häufig eine Überprüfung vorgenommen, inwiefern diese Neuerung zur Lebenswelt der Schüler passt oder nicht. Ist dies nicht der Fall, versuchen die Fachkonferenzmitglieder die Vorgaben entsprechend anzupassen, um die gemeinsame Orientierung am Schülerwohl gewährleisten zu können. Dieses gemeinsame Orientierungsmuster zeigt sich besonders pointiert in der folgenden Aussage einer Lehrerin aus der Fachkonferenz:

„wer is uns wichtisch die schüler oder, ( ) oder dat papier?" (Lab).

Es existiert eine von allen geteilte Orientierung am Wohl der Schülerschaft. In dem vorherigen Zitat wird das Wohl der Kinder als Gegensatz zu den externen Vorgaben konstruiert und im weiteren Verlauf als die zentrale Zielrichtung vorgegeben, d.h. insofern sich die Vorgaben von außen nicht mit der Orientierung an der eigenen Schülerschaft und deren Bedürfnisse vereinen lässt, wird eine Entscheidung zugunsten der Kinder gewählt. Bezüglich externer Vorgaben wird also zunächst geprüft, inwieweit diese zur Orientierung am Wohl der Schüler bzw. zur Orientierung an deren Lebenswelt passt und ggf. wie eine entsprechende Modifikation aussehen könnten. Insbesondere bei der Erarbeitung der Jahresarbeitsplänen, die durch die notwendige Integration von Lehrplan und neuen Bildungsstandards bereits eine besondere Herausforderung für die Lehrkräfte darstellt, stehen die Fachkonferenzmitglieder vor der Herausforderung entscheiden zu müssen, ob sie sich nach den externen Anforderungen richten oder danach, was sie als Lehrkräfte für ihre Schülerschaft als sinnvoll und richtig erachten:

„sachen ( ) die laut Lehrplan einfach später angesiedelt sin wo mer uns aber denk ich einich sind dass mer die früher machen müssen einfach dass die schüler das für die einstellungstests zum beispiel ham ( ) und da hamm=mer ja sachen nach vorne gezogen ja," (Simm).

Es wird deutlich, dass es innerhalb der Fachkonferenz eine gemeinsam geteilte Werthaltung gibt, die eine Praxisnähe der Unterrichtsinhalte intendiert und entsprechende Entscheidungen trifft. Demzufolge setzt sich die Fachkonferenz auch über ministeriellen Vorgaben hinweg, allerdings zumeist nicht gänzlich, sondern nur durch die Modifikation der Vorgaben und nicht indem diese gänzlich ignoriert werden. Innerhalb der Kommunikation finden sich mehrere Hinweise darauf, dass sich die Fachkonferenz einen gewissen inhaltlichen Konsens erarbeitet hat, bspw. im nachfolgenden Zitat.

„und dann letztendlich sowat ( ) ja mit in die konferenz zu nehmen und ja [lacht] *alle anderen* [lachend] denken logischerweise genau dat selbe ne" (Hell).

Die Fachkonferenz wird als Ort einer kollektiven Sichtweise konstruiert. Es geht jedoch innerhalb der Selbstbeschreibung der Gruppe über eine gemeinsam geteilte Sichtweise hinaus. Sie scheinen zudem eine spezifische Verständigungsweise entwickelt zu haben, die als zuverlässig, aber für Außenstehende als schwer zugänglich beschrieben wird.

> „man entwickelt sich n system weil man lang an etwas arbeitet ne, un ja arbeitet sich ja irgendwo rein; en fremdstehender oder außenstehender würd sagen äh hallo? ( ) w- wat is dat denn, das is ja hochgradiges chaos ne, da kann doch kein mensch irgendwas mit anfangen ne, aber ja so unternander wenn man sich wirklich noch ganz gut kennt ( ) äh da reichen manche floskeln und der andere weiß genau was man sagen will; ne, ( ) da brauch ich nich mehr zu sagen;" (Hell B/8/24-35).

Entsprechend werden die Themen und Aufgaben bearbeitet. Die Zusammenarbeit innerhalb der Teamsitzungen wirken zum Teil chaotisch und unstrukturiert. Die Sitzungen werden nicht durch die Fachkonferenzleiterin strukturiert und moderiert, sondern folgen vielmehr einem spontanen Verlauf. Dennoch werden alle zu Beginn angekündigten Themen besprochen und bearbeitet. Der konkrete Ablauf lässt sich am ehesten als pragmatisch qualifizieren. Es finden sich keine selbstreflexiven Elemente innerhalb der Kommunikation. Für die Fachkonferenz ist es kein gängiges Vorgehen das eigene Gremien, Tätigkeitsfeld und das Selbstverständnis zu thematisieren. Insofern haben die Forscherinnen durch die von außen initiierte Selbst-Thematisierung der Gruppe eine gewisse Abwehr hervorgerufen, die sich in ironischer Art und Weise innerhalb der entsprechenden Kommunikation widerspiegelt. In der Gruppendiskussion setzen die Mitglieder der Fachkonferenz ganz klare selbstreflexive Grenzen. Der Kommunikationsmodus der Selbstthematisierung fällt dem Beteiligten schwer und möglicherweise wird eine Gefährdung des gemeinsamen Konsenses durch Eigenthematisierung befürchtet. Letztlich wird die Gruppendiskussion regelrecht durch regressives Verhalten und Infantilität torpediert. Dies äußert sich in verschiedener Hinsicht: bspw. als eine Lehrkraft der Fachkonferenz zu Beginn der Gruppendiskussion sehr effektvoll eine Tüte Süßigkeiten auf dem Tisch ausleert und die Fachkonferenz darauf mit lautem Jaulen und Beifall reagiert. Auf die – zuvor in allen anderen Lehrergruppen ebenfalls gestellte – abschließende Frage, ob die Lehrkräfte selbst noch etwas sagen möchten, erfolgt eine ironische Antwort.

> „gibt es denn noch etwas ( ) was sie loswerden wollen ( ) bevor wir zur letzten frage kommen?" – „zwei kilo", „haribo ist alle" [Lachen]".

Wie gestaltet die Fachkonferenz ihre kooperativen Kommunikationsprozesse?

Die Sitzungen der Fachkonferenz Mathematik werden von der Leiterin der Fachkonferenz Frau Hell moderiert. An den Sitzungsgesprächen beteiligen sich in der Regel alle Mitglieder, jedoch in unterschiedlicher Intensität. Da die Teamsitzungen nur in vergleichsweise großen Zeiträumen aufeinander folgen, wird bereits deutlich, dass sich ein Großteil der Kommunikation auch auf die Zeit außerhalb der Teamsitzungen bezieht. Es findet sehr viel Kommunikation außerhalb der Sitzungen statt, die dann zumeist informeller Art ist, insofern sie gewissermaßen spontan entsteht.

> „ja dat is eigendlich so die: ( ) dat bringt halt eben dat leben so mit sich also ganz viele dinge die werden einfach so ( ) zwischendrin besprochen, ( ) dat is mojens dann noch viel schlimmer; jetz hatten mer ja die gelegenheit, ( ) dat mer uns hier zusammengesetzt ham das sin viele dinge die gehen ja morgens so im vorbeigehen pf:iu ( )" (Ritt).

Die gemeinsamen Sitzungen ermöglichen es schließlich schnell gemeinsame Absprachen zu treffen, was ansonsten eher schwierig zu koordinieren ist.

> „weil ansonsten is=es nämlich immer so ( ) dann äh rennt ma da rum und fracht den den den is das ok und so jetz si=mer eh alle zusammen dann ging=s in einem aufwasch" (Simm).

Insofern nehmen Absprachen einen hohen Stellenwert in der Teamkommunikation ein. Thematisch werden hierbei Fragestellungen rund um das gemeinsame Unterrichtsfach, Terminabsprachen zu Klassenarbeiten und -themen, die Wahl von Unterrichtsmaterialien und Neuanschaffungen, etc. Betroffen von den Absprachen und etwaigen Entscheidungen sind zunächst nur die Mitglieder der Fachkonferenz, als Fachlehrer des Mathematikunterrichts sowie ihre Schüler. Innerhalb der Fachkonferenz besteht wird des Öfteren das Bestreben sichtbar keine allzu strikten Absprachen und verbindlichen Einigungen zu treffen, um die Kommunikation untereinander nicht einzuschränken.

> „dat mer net alles so: ( ) reglementiert und festhält mer müssen ja auch noch miteinander kommuniziern dat blatt soll ja jetzt nit ( ) dafür sein dat mer uns en pfla:ster auf den mund kleben und nim=mer mitenander reden" (Lab).

Den beteiligten Lehrkräften ist es wichtig, dass keine endgültig festgelegten Regelungen aufzustellen, sondern vielmehr flexible Absprachen, die sich im Laufe des Schuljahres auch ändern lassen bzw. über die sie sich im Einzelfall hinwegsetzen können. Diese Flexibilisierung fordern die Fachkonferenzmitglieder vor dem Hintergrund, auf die jeweiligen Entwicklungen innerhalb der entsprechenden Klassen und Kurse reagieren zu können und sich mit im Ablauf des Unterrichts an die Situation und Leistungsstärke der Schüler anpassen zu können. Der eher pragmatische Umgang mit Regelungen und Einigungen zeigt sich bspw. auch in der Kommunikation und Bearbeitung der Jahresarbeitspläne, als einer der zentralen Aufgaben der Fachkonferenz. Es wird zwar betont, dass es notwendig sei, sich von Zeit zu Zeit über den Verlauf und den Stand der Dinge in den einzelnen Klassen auszutauschen, aber dieser Austausch reicht nicht bis in

Detailfragen hinein. Gleichwohl findet ein Abgleich des Verlaufs untereinander statt, so dass der einzelne Lehrer zumindest in dieser Hinsicht einen Überblick über den Unterrichtsverlauf seiner Kollegin bzw. seines Kollegen erhalten kann.

> „und dann finden halt eben absprachen statt wie weit bisten du un oh ich häng so weit hinterher un warum denn <u>ach</u> du hast das noch mehr gemacht und so weiter" (Simm).

Als besonders positiv innerhalb der Zusammenarbeit wird betont sich im Kreis der Kolleginnen und Kollegen offen äußern zu können.

> „hier hab it schon immer so erfahren ähm dat hier keiner en problem damit zu sagen öh ich komm hier überhaupt nich klar oder ( ) da geht alles schie:f und hier hab ich=s fünf stunden zu wenich" (Hell).

Der kollegiale (Erfahrungs-)Austausch und die Unterstützung in Bezug auf die Unterrichtsgestaltung im Mathematikunterricht scheint einen hohen Stellenwert innerhalb der Kommunikation der Fachkonferenz einzunehmen. Von einzelnen Mitgliedern wird in der Gruppendiskussion auch betont, dass insbesondere seitens der Leiterin der Fachkonferenz Hilfestellung angeboten und auch gerne wahrgenommen wird. Man fühle sich aufgenommen und könnte bei Fragen jederzeit auf die Kolleginnen und Kollegen zugehen. In der Meta-Kommunikation der Beteiligten wird dies als besonders positiver Aspekt ihrer Zusammenarbeit geschildert, letztlich bleibt jedoch fraglich, wie tief dieser Austausch und die kollegiale Unterstützung geht. Im Sinne der Bedeutung von Lehrerkooperation für Unterrichtsgestaltung und -entwicklung also wie nah die Kooperation an die Lehrtätigkeit des Einzelnen heranreicht.

Insgesamt werden im Rahmen der Fachkonferenzsitzungen zumeist fachliche Aspekte thematisiert. Aufgrund der schulspezifischen Gegebenheiten, der Teilnahme am Programm der Pädagogischen Schulentwicklung nach Klippert, kommen stets auch entsprechende Themen zur Sprache. Bezüglich des Programms kommt es immer wieder zu Kontroversen unter den Fachkonferenzmitgliedern und entsprechenden Diskussionen um den Sinn und die Anwendbarkeit der Vorgaben des Programms. Dabei ist es vor allem jene Lehrkraft, die das Programm kritisch hinterfragt, die noch nicht allzu lange an der Schule unterrichtet. Sie hat gewissermaßen die schulische Sozialisation, mit der die Teilnahme und Befürwortung der PSE-Teilnahme verbunden ist, nicht durchlaufen. Zumindest schildert sie das entsprechend.

> „dann halt ich mich doch lieber zurück, weil da kommt schoma manchma sowat blödes raus wenn ich *was sage [lachend]* ( ) was dann doch nich <u>so</u> <u>passt</u> weil das einfach nicht konform geht mit dem [PSE-Programm, N.B.]" (Brüse).

Aus diesen Äußerung kann geschlossen werden, dass die Orientierung an den Vorgaben aus dem PSE-Programm für die gesamte Schule zu gelten scheinen und Äußerungen, die dem entgegen stehen als nicht passend erscheinen und deshalb auch vermieden werden. Insofern scheint es keinen Diskurs darüber zu geben, sondern die Gespräche bewegen sich auf einem gemeinsamen Konsens. Die Kommunikation darüber erscheint nicht als offen, sondern bewegt sich vielmehr innerhalb des Rahmens des Programms. Dadurch könnten sich innerhalb der Fachkonferenz unbefriedigte Bedürfnisse ergeben, insofern diese nicht im Rahmen des Programms abgedeckt und behandelt werden. Offen bleibt, wie die entsprechenden Lehrkräfte, damit umgehen und letztlich ihren Platz in der Fachkonferenz sowie der gesamten Schule finden können. Die „Abspaltung" einer Untergruppe Makrospirale, in der die Maßgaben des Programms befolgt und Makrospiralen ausgearbeitet werden, ermöglicht es den Mitgliedern der Fachkonferenz sich entsprechend zu positionieren und entweder darin mitzuarbeiten oder, sollten sie das Programm als eher weniger hilfreich empfinden, sich davon distanzieren zu können. Problematisiert werden kann die Abspaltung einer Untergruppe jedoch hinsichtlich der Kommunikation der Fachkonferenz, da es keine klare Grenzziehung gibt und nicht eindeutig geklärt scheint, welche Themen und Aufgaben im Rahmen der regulären Fachkonferenzsitzungen und welche innerhalb der Untergruppe angesprochen bzw. bearbeitet werden. Möglicherweise entwickelt sich die Untergruppe Makrospirale durch den intensiven und regelmäßigeren Kontakt untereinander zur heimlichen Fachkonferenz und trifft auch entsprechende Entscheidungen, ohne die nicht-PSE-willigen Lehrkräfte vorher einbezogen zu haben.

Wie positioniert sich die Fachkonferenz in ihrer institutionellen Umwelt?

Die institutionelle Aufgabe der Fachkonferenz ist es die für das eigene Fach relevanten Angelegenheiten zu regeln. Die entsprechenden Entscheidungen der Fachkonferenz werden nur für die eigenen Mitglieder sowie die Schüler. Andere Fachlehrerinnen und -lehrer der Schule sind nicht mittelbar von den entsprechenden Entscheidungen betroffen. Insofern kann zunächst einmal keine Wechselwirkung zum Kollegium vermutet werden. Nach eigener Einschätzung hat die Fachkonferenz keinen größeren als den zuvor beschriebenen Wirkungskreis.

„wir haben hier in der schule ( ) nit irgendwie ne außenwirkung also auf die andern fachkonferenzen ( )" (Hell B/49/27f.)

In ihrer Äußerung bezieht sich die Leiterin der Fachkonferenz auf andere Fachkonferenzen. Unter Außenwirkung versteht sie demnach die positive Auswirkung der eigenen gelungen Kooperation die Zusammenarbeit anderer Fachkonferenzen. Allerdings verneint sie diesen Aspekt. Jedoch wurde gerade dieser Tatbestand seitens des Schulleiters beschrieben, was eine Lehrerin der Fachkonferenz im Rahmen der Gruppendiskussion anspricht.

> „ah: die mathematiker das sind ganz fitte da hab ich ne ganz tolle gruppe ( ) so ne kleine die arbeiten richtig gut zusammen da sind sie bestimmt bestens aufgehoben also der [Schulleiter, N.B.] hat die äh gruppe richtich bei mir schon so: ( ) im vorhinei:n gelobt" (Hopf).

Diese positive Einschätzung der Zusammenarbeit innerhalb der Fachkonferenz Mathematik teilen auch die Mitglieder. Die Kooperation wird als besonders positiv beschrieben und auch gegenüber der in anderen Gremien hervorgehoben.

> „ham wir hier schon irgendwie so ne stufe von miteinander erreicht die nit unbedingt überall zu finden ist (…) halt eben och en gutes stück näher so in dat mitenander halt eben reingekommen sind" (Hell).

Damit wird der Gruppe innerhalb der Schule, zumindest in der Selbstwahrnehmung, eine besondere Position zugeschrieben. Es zeigt sich an verschiedenen Stellen innerhalb der Kommunikation der Fachkonferenz, dass die eigene Zusammenarbeit als besonders gelungen und damit auch zum Teil als besser als in anderen Fachkonferenzen erlebt wird. Es wird häufig ein Bild der Überlegenheit in Bezug auf andere Kooperationszusammenhänge an der eigenen Schule gezeichnet. Diese Sichtweise scheinen die Beteiligten auch nach außen zu tragen. Einen Bezug zu anderen Fachkonferenzen stellt die Fachkonferenz Mathematik auch bei Prozessen der Entscheidungsfindung her. In solchen Situationen werden Parallelen gezogen und sich an den Vorgehensweisen der anderen orientiert. Dabei werden die Beispiele aus anderen Fachkonferenzen insbesondere zur Legitimation eigener Entscheidungen herangezogen.

> „wenn englisch dat kann warum dürfen wir dann nit? meinst du hier wird mit zwei verschiedenen latten gemessen?" (Hell).

Die Fachkonferenz fühlt sich in ihrer Arbeit durch die Schulleitung unterstützt. Die lobende Äußerung des Schulleiters wurde bereits aufgeführt. Und auch ansonsten erleben und beschreiben sie Rückhalt durch die (erweiterte) Schulleitung. Der Kontakt wird dabei hauptsächlich zum Didaktischen Koordinator der Schule gehalten. Zwei Mitglieder der Fachkonferenz sind ebenfalls Mitglieder der erweiterten Schulleitung. Die Fachkonferenz beschreibt den Rückhalt aus der Schulleitung so, dass sie als Gremium einen großen Spielraum in ihrer Arbeit haben und stets zu selbständigem und reflektiertem Arbeiten, insbesondere in Bezug auf externe Vorgaben, ermutigt werden. Vor allem im Kontext der Beteiligung am Programm der Pädagogischen Schulentwicklung ist die Schulleitung erfreut über das Engagement der Fachkonferenz Mathematik bzw. der vor allem der Untergruppe Makrospirale, die sich gänzlich der PSE-Arbeit verschrieben hat.

> „weil et von der schulleitung ja letztendlich auch irgendwo- **klar** die wollen natürlich auch leute haben die- die sachen <u>um</u>setzen irgendwo und ja ich denk bei uns passiert <u>schon</u> hier und da was" (Hell).

Die Fachkonferenz muss sich in Bezug auf die externen Vorgaben der Bildungs-administration positionieren. Dabei sollte diese nicht nur die eigene Situation im Blick haben, sondern auch die allgemeine Entwicklung an der eigenen Schule berücksichtigen. Innerhalb der Kommunikation der Fachkonferenz wird deutlich, dass diese die bildungspolitischen Vorgaben und Anordnungen zum großen Teil sehr kritisch betrachten. Es wird eine gewisse Abneigung gegenüber neuen und als sinnlos wahrgenommenen Anforderungen deutlich. Eine entsprechende Positionierung der Fachkonferenz erfolgt dabei den Kontext der Schule miteinbeziehend, d.h. die Fachkonferenz sieht sich in ihre eigenen Entscheidungen von der allgemeinen Haltung der Schule her bestärkt.

> „sondern tatsächlich schon mit der schulleitung mit ( ) <u>aller</u> unterstützung ( ) auf <u>der</u> seite auch (1) und wir <u>hatten</u> ja auch irgendwann mal jo ham mer uns eigentlich auch über die <u>geschicht</u> von ( ) kultusministerium oder sowat drüber hinweg gesetzt" (Hell).

Dass sich die Fachkonferenz über von außen kommende Vorgaben hinwegsetzt, liegt vor allem daran, dass sie viele der geforderten Arbeitsschritte als unnütz erachtet. Über die Zeit der Zusammenarbeit hinweg hat sich anscheinend eine entsprechend, von allen geteilte, Meinung herausgebildet. Neue Anforderungen von außen werden zunächst einmal als Anforderung oder gar als Zumutung aufgefasst. Die Fachkonferenz fühlt sich durch die eigene Erfahrung darin bestärkt, dass die vor allem seitens des Bildungsministeriums geforderten Maßnahmen nicht hilfreich sind und entsprechende Arbeitsschritte auch rückblickend unnötig waren. Innerhalb der Fachkonferenz scheint es kein Korrektiv zu geben, indem bspw. eine Person stellvertretend für die externen Vorgaben deren Ziele erläutert und die Fachkonferenz zur Auseinandersetzung damit anregt. Stattdessen werden Neuerungen unter bereits erlebte Situationen subsumiert und die Vorgaben in leicht ironischer Art und Weise thematisch eingeführt.

> „ich find das schon wieder lustisch wenn da steht- wenn da steht ( ) <u>planen</u> einer <u>sinn</u>vollen <u>ab</u>folge einzelner <u>teil</u>abschnitte aus den leitideen ( ) so; ( ) und dann <u>planen</u> wir dat grandioser weise wie ma dat schonma getan ham und dann kriegen wir <u>doch</u> wieder gesacht <u>ne</u> ( ) <u>so</u> sollt ihr das machen und dann war et <u>wieder</u> für die füß ( ) wofür machen mer des" (Simm).

Es wird deutlich, dass die Lehrkräfte der Fachkonferenz die Erfahrung gemacht haben, dass ihr Engagement teilweise unnötig war, weil sie letztlich doch eine Anweisung erhalten haben etwas in einer vorgegeben Art und Weise tun zu müssen, die nicht unbedingt mit den eigenen, selbst entwickelten Ideen einher gehen muss. Hier wird eine gewisse Ohnmacht sichtbar, die sich in Bezug auf die externen Vorgaben bei den Beteiligten eingestellt zu haben scheint. Es gibt jedoch keine generelle Abwehr von Neuem, von außen Initiiertem, sondern insgesamt wird eine Relevanzsetzung zu Gunsten der Orientierung an der Lebenswelt der Schülerinnen und Schüler deutlich, die mitunter dazu beiträgt, dass sich die Fachkonferenz über administrative Vorgaben hinwegsetzt.

Akzeptanz der Arbeit der Untergruppe

Die Arbeit der Untergruppe Makrospirale kommt allen Mitgliedern der Fachkonferenz zu Gute, insofern diese auf die ausgearbeiteten Unterrichtsmaterialien zurückgreifen. Bereits in den Äußerungen bezüglich des Verhältnisses zwischen der Fachkonferenz und der Untergruppe Makrospirale wurde deutlich, dass nicht alle Lehrkräfte die gleiche Begeisterung für die Arbeit an Makrospiralen empfinden und dementsprechend auch nicht alle gleichermaßen diese Unterrichtsmaterialien im eigenen Unterricht anwenden. Da jedoch die gesamte Schule sich dem Programm der Pädagogischen Schulentwicklung verschrieben hat, müsste vermutet werden, dass es einen gewissen Zwang zur Arbeit mit den entsprechenden Materialien gibt. In dieser Hinsicht ergibt sich eine weitere interessante Konstellation: inwiefern wird die Einigung von vier ähnlich eingestellten Lehrkräfte und damit die von diesen ausgearbeiteten Materialien von den anderen Lehrkräften akzeptiert? Die Mitglieder der Untergruppe sind bei ihrer Arbeit bestrebt die anderen Fachkolleginnen und -kollegen nicht allzu sehr zu bevormunden und diesen einen möglichst großen individuellen Spielraum zu erhalten.

5.2.2 Fallanalyse

In diesem Kapitel wird exemplarisch anhand ausgewählter Transkriptpassagen das sequenzanalytische Vorgehen nachgezeichnet. Diese Passagen wurden innerhalb der Formulierenden Interpretationen identifiziert, insofern sie thematisch relevant erscheinen bzw. sich durch eine hohe metaphorische oder interaktive Dichte auszeichnen.

Sitzungseröffnung

Die zu analysierende Passage stammt aus einer Sitzung einer Untergruppe der Fachkonferenz Mathematik einer Integrierten Gesamtschule. Es waren folgende Gruppenmitglieder anwesend: Alexander Ritt, Simone Hell, Stefanie Lab, Petra Simm. Bei der vorliegenden Textstelle handelt es sich um die Anfangssequenz der Sitzung.

Hell	ja. liebe damen und herren, liebe diebe ( ) sach doch ma wat; (3) d- du hast ne schöne
?	[seufzt]
Hell	einführungsstunde hast du gesagt. ( ) mach doch ma; ( ) zeig doch ma;

Hell beginnt ihren Redeakt mit der Interpunktion „ja". Damit eröffnet sie eine Sitzung der freiwillig agierenden Untergruppe der Fachkonferenz, die gemeinsam an der Entwicklung von Makrospiralen für den Mathematikunterricht arbeitet. Sie verschafft sich im Stimmengemurmel der anderen Anwesenden Gehör und markiert einen Wendepunkt dahingehend, dass die Sitzung nun anscheinend durch sie eröffnet werden soll. Bei einer Sitzungseröffnung wird eine Anrede notwendig, die als spezifische Form der Bezeichnung der anwesenden Personen auch einen Aufschluss darüber gibt, wie die Sprecherin sozialen Kontakt herstellt und welches Beziehungsgefüge der Anrede zugrunde liegt.

Hell spricht die anderen anwesenden Lehrerinnen und Lehrer mit „liebe damen und herren" an. Der Begriff „liebe" weist auf ein vertrauensvolles Verhältnis der Sprecherin zu den Adressaten ihrer Anrede hin. Im Sinne der dekontextualisierenden Interpretation erscheint diese Äußerung in einem privaten, freundschaftlichen Zusammenhang als angemessen. In einem öffentlichen oder halb-öffentlichen Raum findet sich solch eine Anrede seltener, wäre aber auch dort nicht als inadäquat zu qualifizieren. Mit dem Zusatz „damen und herren" wird ein Bruch in der Anrede von Hell deutlich. Die mit „damen und herren" konstruierte Anreden werden in der Regel in Kontexten verwendet, in denen es keinen konkreten Ansprechpartner gibt bzw. einem dieser nicht namentlich bekannt ist (wie bspw. bei Anreden im Schriftverkehr/bei einem Geschäftsbrief oder Anreden im Fernsehen (bspw. Tagesschau)) oder/und in Situationen, in denen eine offiziellere Anrede erforderlich ist. Während das vorangestellte „liebe" auf Nähe und Vertrautheit hinweist, erscheint „damen und herren" als ein Hinweis auf eine durch Fremdheit und Distanz geprägte Beziehung untereinander. Insofern markieren die beiden Bestandteile der Äußerung Hells zwei sich antagonistisch zueinander verhaltende Elemente. Dabei werden beide Formen der Anrede nur unvollständig angewandt: die Anrede „damen und herren" wird in der Regel ergänzt um ein weiteres Element des Honorativum („sehr geehrte"), wohingegen in vertrauensvolleren Kontexten bei der Anrede „liebe", die um den jeweiligen Namen der angesprochenen Person bzw. Personengruppe erweitert wird, auf die Verwendung von Höflichkeitsformen verzichtet wird. Einen Sonderfall bildet die Konstruktion „meine Liebe" oder „mein Lieber", in der das vorangestellte Possessivpronomen eine besonders enge Verbindung von Sender und Empfänger markiert.

Hell wählt in der vorliegenden Situation nicht eine der beiden Alternativen, sondern schafft eine Eigenkonstruktion, durch die sie sich als Sprecherin nicht eindeutig zu den Anwesenden positioniert. Einerseits drückt sie durch die Qualifizierung der Anwesenden als „liebe" Personen eine Nähe und Vertraulichkeit aus, die sie andererseits durch die distanzierte und förmliche Konkretisierung „damen und herren" wieder ins Gegenteil verkehrt.

Sind es diese beiden Werte Nähe und (respektvolle) Distanz, die Hell in ihrer Rolle zu balancieren versucht? Eine natürliche Form der Distanz im Sinne von Unbekanntheit kann ausgeschlossen werden, wenn der konkrete Kontext zur Interpretation hinzugezogen wird. Eine Fachkonferenz ist in ihrer Besetzung nicht spontan zufällig; alle Fachlehrer gehören ihr mit Beginn der Lehrtätigkeit an der entsprechenden Schule an. Im vorliegenden Falle ist durch die Gruppendiskussion bekannt, dass einige der Lehrerinnen und Lehrer (auch die Sprecherin) bereits über viele Jahre hinweg gemeinsam in dem fachbezogenen Gremium zusammenarbeiten. Möglicherweise ist die Anrede „damen und herren" als ein Zeichen und Ausdruck von entgegengebrachtem Respekt zu werten, wenngleich dieses Element in der Regel auch in freundschaftlich-vertrauten Anrede impliziert werden kann.

Die extreme Brechung, die bereits in den ersten Worten Hells zu finden ist, wird nachfolgend durch die weitere Anrede „liebe diebe" getoppt. Warum spricht Hell die anwesenden Kolleginnen und Kollegen als Diebe an? Nur weil sich die beiden Begriffe „liebe" und „Diebe" reimen oder steckt mehr dahinter? Bereits die gemeinsamen Verwendung des Adjektivs „liebe" mit dem Substantiv „diebe" erscheint paradox, würde man in der Regel doch Diebe nicht als liebe Personen qualifizieren. Diebe sind Menschen, die sich unrechtmäßig etwas zu Eigen machen, was rechtmäßig im Besitz eines Anderen ist. Diebstahl von Sachen bedeutet damit immer auch, dass dem eigentlichen Besitzer sein Eigentum weggenommen wird.

Sind Lehrkräfte in solchen Kooperationszusammenhängen Diebe, weil sie etwas von anderen klauen, was sie dann selbst in ihrem Unterricht vermitteln (wie im vorliegenden Falle die "einführungsstunde")? Überspitzt formuliert lässt sich hier eine Anspielung auf das Einzelkämpfertum entdecken: Jede Lehrkraft macht eigenverantwortlich ihren Unterricht, in der sich andere Kolleginnen und

Kollegen nicht einmischen sollen und in den diese auch keinen Einblick haben. Kommen nun Lehrkräfte in Kooperationsprozessen zusammen und wollen im Hinblick auf unterrichtliche Fragestellungen voneinander profitieren, muss zwangsläufig eine Öffnung der eigenen Unterrichtspraxis erfolgen. Die Frage bleibt, ob Lehrerinnen und Lehrer in dem Moment Diebe sind, wenn sie sich Fremdes aneignen und selbst verwenden möchten.

Hells weitere Aufforderung:

| Hell | sach doch ma wat; (3) d- du hast ne |
| | schöne einführungsstunde hast du gesagt. ( ) mach doch ma; ( ) zeig doch ma; |

geht in diese Richtung. Sie spricht eine anwesende Lehrkraft mit der Aufforderung an sich zu äußern, über die eigene schöne Einführungsstunde zu reden. Letztlich ist dies der Versuch den Anderen die Unterrichtspraxis der angesprochenen Lehrkraft zu zeigen bzw. darüber berichten zu lassen. Die Aufforderung bedeutet: zeig doch mal, dann können wir anderen uns das aneignen. Der Umstand, dass Hell mehrfach die angesprochene Person dazu animieren muss sich entsprechend zu äußern, könnte darauf hinweisen, dass dies keine alltägliche Situation in der Kooperation darstellt. Denn entscheiden ist, wie im Kontext der Kooperation das Moment der Konkurrenz balanciert wird. Konkret geht es hierbei darum, wie mit Hinweisen und Vorschlägen der Anderen umgegangen wird. Werden diese eingeheimst oder wird es als selbstverständlich erachtet, dass jeder seine eigenen Ideen präsentiert, die die Anderen für sich übernehmen dürfen. Die Ausformung dieses Elements der Kooperation an dieser Stelle weist darauf hin, dass es für die Fachkonferenz eine noch nicht alltägliche Situation ist. Noch verbleiben die einzelnen Lehrkräfte im i-Modus. Es muss eine starke Aufforderung erfolgen über den eigenen Unterricht und die damit verbundenen individuellen Ideen und Konzepte zu reden.

Als Leiterin der Fachkonferenz ist Hell diejenige, die die anderen Anwesenden begrüßt. Diese Funktion erfüllt sie an dieser Stelle. Jedoch erfüllt sie sich in diffuser, nämlich ambivalenter Weise. Ihre Anrede zeugt von Unsicherheit im Umgang mit ihren Kolleginnen und Kollegen, insbesondere in der direkten Ansprache der Kolleginnen und Kollegen aus der Rolle der Fachkonferenzleiterin heraus.

Frau Hell als Fachkonferenzleiterin nimmt ihre Rolle als Gruppenleiterin nicht an. Deutlich wird dies anhand der starken Brechungen innerhalb der Sequenz (z.B. *„liebe Damen und Herren"*), der Ironisierung (*„liebe Diebe"*) sowie der Übernahme von Lehrer-Schüler-Interaktion (*„mach doch ma; zeig doch ma"*). In dieser Anfangssequenz verweigert Frau Hell eine angemessene kommunikative Rahmung für Kooperation. Auf der einen Seite zeigt sich die fehlende Kompetenz angemessen mit der Rolle der Fachkonferenzleiterin, der Situation und dem Kooperationsformat umzugehen, auf der anderen Seite zeigt sich eine spezifische Strategie eben damit umzugehen.

Deutlich werden an diesen Beispiel bestimmte Spannungsverhältnisse, durch die die gemeinsame Kooperation bestimmt ist.

1. Kollegialität vs. Konkurrenz

Kollegialität gelangt unter Umständen an ihre Grenzen, wenn die Lehrenden sich in Bezug auf ihre individuelle Berufsausübung im Unterricht in einer Konkurrenzsituation sehen. Frau Hell fordert einen Kollegen dazu auf seine *„schöne Einführungsstunde"* an alle weiterzugeben, damit diese die Stunde eventuell adaptieren können.

2. Kollegiales Handeln vs. Unterrichtshandeln

Die Sequenz erinnert eher an einen Unterrichtsslapstick, denn an eine Anfangssituation einer Konferenz unter Kolleginnen und Kollegen, wie sich beispielsweise an der Aufforderung an den Kollegen *„mach doch ma; zeig doch ma"* ablesen lässt. Diese Aufforderung ähnelt stark entsprechenden Lehrer-Aufforderungen an Schüler in der unterrichtlichen Situation.

3. Lehrer-Lehrer-Verhältnis vs. Lehrer-Schüler-Verhältnis

Lehrende sind in Kooperationsprozessen hochsensibel für Hierarchisierungsprozesse. Im Gegensatz zur unterrichtlichen Situation ist das Lehrer-Lehrer-Verhältnis symmetrisch und nicht asymmetrisch wie zwischen Lehrenden und Schülern, wenngleich Hierarchisierungselemente in Kooperationsprozessen nötig sind.

Letztlich laufen diese Oberflächenerscheinungen auf ein zentrales Spannungsfeld hinaus:

4. Professionelle Autonomie vs. Kollegiale Kooperation

Hier zeigt sich dieses Phänomen im Sinne des Initials: wie schaffe ich es als Fachkonferenzleiterin in das neue Format der Kooperation hereinzukommen; wie fange ich damit an?

Sitzungseröffnung 2

| Hell. | wat <u>mach</u> ich denn jetzt, geh ich mal schnell in=d lehrerzimmer gucken? (2) |

Die Sprecherin beginnt mit der einleitenden Frage „wat mach ich denn jetzt,", die sich eher im Selbstgespräch vermuten lässt und weniger im Kontext einer professionellen Kooperationssituation. Der Ausspruch dieser Frage zeugt von einem gewissen Maß an Unsicherheit und Hilflosigkeit. Als sprachlich angemessene Äußerung würde diese in Situationen erfolgen, in denen etwas Unerwartetes eingetroffen ist und in denen man keine individuellen Handlungsroutinen für einen adäquaten Umgang mit der Situation hat. Die Frage nach dem notwendig gewordenen Handeln („mach ich") markiert eine Reflexionsphase, die expliziert wurde und damit den anderen Anwesenden bewusst wird. Wichtig ist in diesem Zusammenhang, dass es um die Frage nach individuellem Handeln der Sprecherin geht und nicht um Handeln der gesamten Gruppe. Mit ihrer einleitenden Frage macht die Sprecherin deutlich, dass nach einer Problemlösung gesucht wird. Da es sich bei der vorliegenden Passage um den Beginn der gemeinsamen Sitzung handelt, kann konstatiert werden, dass der Anfang als Krise, als Problemsituation konstruiert wird. Es liegt für Hell ein Umstand vor, der für sie eine strukturelle Krise bedeutet und der sie zur Suche nach Handlungsmöglichkeiten nötigt. Gegenbeispiele für solch einen Anfang sind jene, die einen direkten sozialen oder inhaltlichen Einstieg markieren, wie beispielsweise „ich begrüße euch/Sie zu unserer Sitzung" oder „fangen wir an". Der Sprechakt von Hell allerdings macht klar, dass etwas Entscheidendes fehlt, um den Beginn der Sitzung vollziehen zu können. Dabei könnte es sich um bestimmte Materialien, Medien und Instrumente oder auch um Personen handeln. Das Verb „gucken" verweist eher auf die Notwendigkeit einer Suche nach dem Fehlenden; wohingegen das Verb „holen" auf etwas Gesuchtes hinweisen würde, das an einem bestimmten festgelegten Ort erwartet wird. Wenn man nach etwas gucken muss, ist diese Sache beweglich und befindet sich nicht unbedingt am vermuteten Ort. Dennoch lassen sich noch beide Lesarten aufrechterhalten. Es handelt sich entweder um eine Sache, die noch geholt werden muss oder es handelt sich um eine Person, die noch nicht anwesend ist. Im ersten Falle wäre die strukturelle Krise zu Beginn durch ein sachliches Problem bedingt, während das Fehlen einer Person ein soziales Problem darstellen würde. Vermutlich wäre im letzteren Fall das Fehlen eines Mitglieds der Fachkonferenz Auslöser für das soziale Problem. Für die Einordnung der einleitenden Frage von Hell ist vor allem der entsprechende Zeitpunkt dieser Äußerung interessant. Bislang ist nicht ersichtlich, ob zum Zeitpunkt der Äußerung der offizielle Beginn der Sitzung bereits überschritten ist oder nicht. Bei Sitzungen von schulischen Gremien kann erwartet werden, dass es festgelegte Anfangszeiten gibt. Weiterhin erwartungsgemäß wären das pünktliche Vor-Ort-Sein der Mitglieder bzw. das Vorliegen einer Form der Entschuldigung im Falle der Verhinderung der Teilnahme an der Sitzung. Wäre der Startzeitpunkt in der vorliegenden Sequenz bereits überschritten, würde sich also die Frage des Verbindlichkeitscharakters der vereinbarten Sitzungszeiten stellen. Jedoch ist bis zu diesem Zeitpunkt des Transkripts noch keine Äußerung gefallen, die als Verärgerung über das Fehlen zu deuten wäre. Wenn es eine sehr hohe Verpflichtung zur Teilnahme und zur rechtzeitigen Anwesenheit geben würde, könnte von Hell eine anders geartete Reaktion auf das Fehlen der Person erwartet werden. Allerdings nur insofern Hell in der entsprechenden Position ist, das Fehlen zu problematisieren. Möglicherweise müsste der Abwesenheit der Person keine große Bedeutung beigemessen werden, wenn diese nicht problematisiert wird. Dagegen spricht aber, dass es sehr wohl thematisiert wird. Denn die Anwesenheit der Person scheint entscheidend für den offiziellen Beginn der Sitzung zu sein. Dies kann aus verschiedenen Gründen der Fall sein:

- die Fachkonferenz beginnt immer erst dann, wenn alle Mitglieder anwesend sind
- die Fachkonferenz ist in der aktuellen Sitzung auf die Beteiligung der fehlenden Person angewiesen

Hell deutet neben der Markierung der Situation als krisenhafte Situation bereits einen Handlungsimpuls an („geh ich mal schnell in=d lehrerzimmer gucken?"). Das Tun steht im Vordergrund; Hell scheint ein gewisses Verantwortungsgefühl für die Situation zu haben, das sie mit ihrem Handlungsvorschlag äußert. Allerdings stellt sie ihren Handlungsimpuls in Frage; es zeigt sich eine eigenartige Mischung aus Entschlossenheit und Unsicherheit. Zu überlegen wäre, inwieweit die Frage tatsächlich an die anderen Anwesenden gerichtet oder ob es wiederum eher eine Art der Selbstvergewisserung ist. In dieser kurzen Passage lassen sich drei verschiedene Ebenen finden, die durch den Sprechakt von Hell tangiert werden: Zunächst geht es um die Frage der Zuständigkeit innerhalb der Situation bzw. der Krise, weiterhin wird ein Problemlösevorschlag gemacht und vor allen Dingen ist der Sprechakt auch ein Kommunikationsangebot für die anderen Anwesenden. Es geht gewissermaßen auch um eine gemeinsame Problemdefinition. Denn auf den formulierten Handlungsimpuls hin ist nun entscheidend, wie die Reaktion der anderen Teammitglieder ausfällt. Der Sprechakt von Hell hat damit auch die Logik einer Orientierung. Interessant ist zu sehen, ob der Vorschlag nun bestätigend, ablehnend oder eine-Alternative-bietend kommentiert („ja mach das mal'; ‚das ist doch nicht notwendig' oder ‚ich kann das übernehmen') oder die markierte strukturelle Krise weiter thematisiert bzw. problematisiert wird und beispielsweise eine kollektive Krise daraus gemacht wird (‚der/die fehlt jedes Mal').

Hell	wat mach ich denn jetzt, geh ich mal schnell in=d lehrerzimmer gucken? (2)
Ott	oder schicks=den alexander
Hell	ja alexander ist doch unterwegs
?	alexander hast du ma grad im
Hell	lehrerzimmer einmal rundgeguckt nach herta? (1)

Auf die Aussage der Sprecherin Hell folgt eine zwei Sekunden andauernde Pause, bevor weitere Anwesende sich äußern. Das gleichzeitige Ausatmen von Ott während der Gesprächspause könnte als impliziter Kommentar gewertet werden und in diesem Sinne als ein Kundtun des eigenen Unmuts von Ott verstanden werden. Insgesamt erfolgt eine rasche Reaktion der Gruppe. Es wird nicht weiter über das pragmatische Problem des Fehlens gesprochen, sondern gemeinsam nach einer Problemlösung gesucht. Der Sprechakt von Simm stoppt den Handlungsimpuls von Hell nicht dahingehend, dass diese Handlung nicht ausgeführt werden soll. Sondern es geht darum einer anderen Person, hier Alexander, den Auftrag zu erteilen. Die Gruppe reagiert kooperativ, schlägt eine Arbeitsteilung vor. Hell scheint in der Lage zu sein anderen Gruppenmitgliedern Arbeitsanweisungen geben zu dürfen und dieser Umstand ist den anderen Mitgliedern bekannt. Deutlich wird dies in der Verwendung des Verbs „schickst", das auf eine klare Rollenstruktur impliziert. Hell hat möglicherweise in der Kooperation eine wichtige Position inne, weshalb es nicht angemessen erscheint, dass sie selbst die Gruppe noch einmal verlässt, um nach der fehlenden Person bzw. der fehlenden Sache zu schauen. Gleichzeitig wird hier in der Äußerung von Simm ein Dreiecksverhältnis markiert: sie empfiehlt Hell, also anscheinend der Person mit entsprechender Befugnis, jemand anderen zu schicken. Die Äußerung von Ott ("ja alexander ist doch unterwegs") kann so verstanden werden, als sei das Gruppenmitglied Alexander noch unterwegs und es sei legitim ihn für das „Gucken" zu beauftragen. Damit wird der Verfahrensvorschlag eingekleidet in die als legitim konstruierte Inanspruchnahme Anderer und damit auch als ein effizientes Vorgehen deklariert. Die Fachkonferenz ist in dieser Phase ihrer Zusammenarbeit konstruktiv auf eine pragmatische Problemlösung bedacht. Möglicherweise wird die Zusammenarbeit des Teams hier als eine zwanglose Kooperation auf Grundlage bestimmter Konventionen realisiert; geschickt werden kann nur derjenige, der nicht bereits sitzt. Verwunderlich erscheint in diesem Kontext jedoch die Äußerung von Hell „alexander hast du ma grad im lehrerzimmer einmal rundgeguckt nach herta? (1)", da diese als Frage formuliert ist und sich auf die Vergangenheit bezieht. Hell vollzieht hier nicht das empfohlene „schicken", wie es eine Äußerung bspw. im Sinne von „Alexander geh mal ins Lehrerzimmer nach Herta gucken" implizieren würde. Vielmehr wird das „gucken" hier als ein zufälliger, nicht intentionaler Prozess konstruiert.

	[etwas knallt]
Hell	mh : gut danke
Ritt	das hört man schon
Hell	ja
Ritt	mh
Hell	[lacht laut] (xx) so ist dat ( ) hier ( ) ja ( ) hopp ( )

arbeit (1) arbeit

Die strukturelle Krise, die zu Beginn dieser Passage deutlich wurde, wird im Anschluss an den Versuch der Klärung nicht weiter verfolgt. Es ist unklar, wie Alexander auf die Frage von Hell und eventuell auf die implizite Bitte des Nachschauens antwortet bzw. reagiert. Mit ihrer anschließenden, bewertenden Äußerung „gut danke" versucht Hell in einer Leitungsposition zu agieren. Jedoch erfolgt auf diese erste, scheinbar gelöste Krise des Fehlens einer Person eine weitere Krise – und zwar jene der Audioaufnahme und damit des Eindringens der wissenschaftlichen Öffentlichkeit in die Privatsphäre der Fachkonferenz. In der Gruppensitzung ist eine Wissenschaftlerin als dritte Person anwesend, die eine Normalformerwartung impliziert. Als Leiterin der Fachkonferenz fühlt sich Hell dem anwesenden Gast gegenüber verpflichtet. Die Äußerung „so ist dat hier" ist eine direkte Bezugnahme auf diesen Umstand; stellt gewissermaßen eine Meta-Kommunikation dar, die implizit an den anwesenden generalisierenden Anderen gerichtet wird. Es wirkt so, als räume Hell der eigenen Zusammenarbeit einen Sonderstatus ein, der „normal" so nicht erwartet wird, hier an dieser Stelle, also in der Fachkonferenz jedoch vorgefunden wird. Sie bezieht sich damit mit ihrer Aussage auf das Gerät und die Tatsache, dass Fremde einen Einblick in ihre Zusammenarbeit haben. Zunächst können zwei Lesarten dieser Selbstbeschreibung entworfen werden, die den eigenen Kooperationsmodus unterschiedlich qualifizieren. Abweichend von der Normalform könnte die eigene Zusammenarbeit als besonders ungezwungen wahrgenommen und erlebt werden und damit gewissermaßen kokettiert werden. Als zweite Lesart lässt sich „so ist dat hier" als eine Art der Entschuldigung dafür lesen, dass die Normalerwartung nicht erfüllt wird und gleichzeitig wird impliziert, dass Hell an dem vorgefundenen Umstand nichts ändern kann. In jedem Falle rekonstruiert Hell mit dieser Äußerung ihr Wissen über die Fallstruktur der Gruppe.

Schließlich erfolgt der Übergang zur eigentlichen Sitzung, den Hell mit ihrer Äußerung „arbeit arbeit" markiert. Darin steckt auch eine latente Kritik am Anfang, der sehr informalisiert wirkt. Jedoch bleibt eben jene informalisierte Struktur bestehen. Für Hell ist es die Aufgabe aus der sozialen Konstitution nun den sachlichen Beginn zu schaffen. „hopp" ist eine straffe, umgangssprachliche Aufforderung, die die Gruppe antreiben soll. Insgesamt stellt die Äußerung „hopp ( ) arbeit (1) arbeit" eine Beschleunigungsfigur dar, die von Hell (auch) selbstkritisch angewendet wird. Hier lässt sich eine besondere Form der Eröffnung erkennen, die mit einer fast selbstironisierenden Verzweiflung der Sprecherin einhergeht. Mit dem Begriff „arbeit" wählt sie das wohl allgemeinste Wort, das in diesem Zusammenhang benutzt werden kann. Bei ihrer minimalistische

Aufforderung die gemeinsame Arbeit zu beginnen, scheut sie sich davor konkrete Arbeitszusammenhänge der Fachkonferenz anzusprechen und sich selbst in der Kommunikation als Sprecherin und vor allem als Leiterin sichtbar zu machen.

Die analysierte Passage weist Spannungsmomente auf, die auf gewisse Strukturprobleme der Gruppe in ihrer Kooperation schließen lassen. Die Textstelle zeigt einen offenen, unstrukturierten Anfang. Es gibt keine förmliche Eröffnung; es ist kein klarer Verfahrensvorschlag zu erkennen. Markiert wird ein pragmatisches soziales Problem, nämlich dass eine Person noch nicht anwesend ist. Aus dem Fehlen eines einzelnen Mitglieds entsteht keine kollektive Krise. Das Fehlen von Herta scheint wichtig, aber kein emotional berührendes Element zu sein. Jedoch wird der Beginn der eigentlichen gemeinsamen Arbeit von der Anwesenheit aller abhängig gemacht. Gegenüber der Normalformerwartung der Eröffnung einer Fachkonferenzsitzung als relativ formeller Akt, findet sich hier eine Fachkonferenz, die diffus beginnt. Es fehlt ein deklarativer Anfang, in dem die Leitungsrolle eindeutig übernommen wird. Stattdessen erfolgt von Hell eine Selbstproblematisierung, die gewissermaßen als Affektierung ein soziales Problem ausdrückt, ohne dieses direkt zu formulieren. Hell bringt durch ihre Aussagen ein Unsicherheitsgefühl zum Ausdruck. Sie zeigt Elemente der Verzweiflung und schreibt damit zugleich die Ursache des Problems anderen Personen zu (im Sinne von: da tut man mir was an – „was mach ich denn jetzt?"). Nicht sie selbst ist der Auslöser des Problems, sondern die Unvollständigkeit der Gruppe zu Beginn der Sitzung erscheint problematisch. Für sie gestaltet sich die Anfangssituation als Bewährungssituation, der sie sich gegenübergestellt sieht. Ihre Äußerungen lassen sich als eine unangemessene Bearbeitungsform der eigenen Leitungsschwäche bezeichnen. Sie vermeidet es als Leiterin der Gruppe aufzutreten. Sie schafft es nicht in der konkreten Kooperation bzw. Kommunikation die ihr auf der Strukturebene zugesprochene Leitungsfunktion zu realisieren – sie befindet sich als Leiterin der Gruppe in einem Machtvakuum. Begründet liegt dieser Umstand jedoch keineswegs in mangelnder Anerkennung oder Autorität innerhalb der Fachkonferenz. Vielmehr ist es Frau Hell selbst die ihre Rolle nicht angemessen zu erfüllen weiß, da sie sich ironisch distanzierend zu eben dieser Leitungsrolle verhält. Sie verbündet sich mit den anwesenden Gruppenmitgliedern und erfüllt damit nicht die Funktion als Leiterin, in der sie ebenfalls Verständnis für die abwesenden Teammitglieder zeigen müsste. Stattdessen konstruiert sie das Fehlen des einen Mitglieds als das Problem und nicht ihre Unsicherheit im Umgang mit der ihr zugeschriebenen und von ihr erwarteten Rolle.

Die zu erkennende relative Strukturlosigkeit dieser Anfangssituation innerhalb der Fachkonferenzsitzung wird innerhalb der Kooperation nicht als Problem konstruiert und thematisiert. Dennoch deutet sich darin ein Spannungsverhältnis an; wenn die Fachkonferenz in ihrer Handlungs- und Entscheidungsfähigkeit auf die Teilnahme aller angewiesen ist und alles konsensuell abgeklärt werden muss, macht sie sich selbst handlungsunfähig. Die Strukturschwäche der Gruppe hat positive Seiten, insofern sie mehr Nähe innerhalb der Fachkonferenz ermöglicht, diese in der Bearbeitung ihrer Themen dynamischer und thematisch offener macht. Seitens der Leiterin der Gruppe gibt es keine Hierarchisierungsversuche oder Versuche illegitime Machtbedürfnisse zu befriedigen. Andererseits ist es problematisch, wenn es ein Effizienzbedürfnis in der Gruppe gibt und gleichzeitig viel Zeit für Klärung benötigt wird. Denn somit wird es schwieriger und langwieriger die der Fachkonferenz zugeschriebenen, institutionell verankerten Aufgaben zu erfüllen. Die Fachkonferenz wird im Verlauf ihrer gemeinsamen Arbeit immer wieder an das Spannungsfeld der Grenze des Einvernehmens aller und organisationaler Vorgaben geraten und sich ständig neu konstituieren müssen. Im Verhältnis von Organisation und Interaktion stellt die Organisation der Kooperation den Rahmen dar, der Interaktion sichert. Die Organisation vermag die Interaktion zu entlasten. Jedoch erscheint die Fachkonferenz als schulisches Gremium als minimal organisiert. In ihr müssen erst durch Interaktion die Konstitutionsbedingungen hergestellt werden.

Aus der analysierten Passage lassen sich zwei wesentliche Strukturhypothesen herausarbeiten.

1. Die Fachkonferenz kann die ihr von der Organisation Schule zugeschriebenen, originären Aufgaben so lange nicht erfüllen, solange die Funktion der Moderation bzw. Leitung der Fachkonferenz nicht wahrgenommen wird.

2. Die unzureichende Erfüllung der Leitungsrolle und der damit verbundenen Aufgaben liegt an der Ablehnung der Leitungsrolle und nicht wie symbolisch konstruiert an der Vollständigkeit der Fachkonferenz als Gremium

5.2.3 Fallstruktur: Die Fachkonferenz Mathematik als fraktales Bündnis

Die Fachkonferenz ist eine etablierte Kooperationsform an Schulen, der alle Fachlehrerinnen und Fachlehrer des entsprechenden Fachs zugehörig sind. Aufgabe der Fachkonferenz ist die Beschäftigung mit allen Angelegenheiten des eigenen Unterrichtsfachs. Die in diesem Falle fachbezogene Zusammenarbeit der Lehrkräfte wird gleichsam erzwungen wie ermöglicht. Die damit verbunden Möglichkeiten und Schwierigkeiten dürften je Fachkonferenz höchst unterschiedlich sein.

Im vorliegenden Falle erscheint insbesondere die Rolle der Fachkonferenzleiterin betrachtenswert, um die Strukturproblematik der Gruppe zu verdeutlichen. Jede Fachkonferenz muss aus den Reihen ihrer Mitglieder eine Leitungsperson wählen. Im Rahmen der Gruppendiskussion darauf angesprochen, wie sie zur Leiterin gewählt wurde, reagiert die Lehrerin mit einer scheinbar ironischen Antwort: man müsse sich nur dumm genug anstellen. Nicht nur durch diese Aussage zeigt sich, dass eine große Unsicherheit in Bezug auf die Rollenausübung der Fachkonferenzleitung besteht. Letztlich findet sich innerhalb der Sitzungen ein immerwährendes Prinzip der Nicht-Realisierung der Leitungsfunktion auf der Strukturebene. Frau Hell nimmt die Rolle der Fachkonferenzleitung nicht an, was sich häufig innerhalb der Kommunikation in starken Brechungen und Ironisierungen bemerkbar macht. An diesen Stellen zeigt sich ein Mangel der Anwendung an Moderationsmethoden und -kompetenzen. Dass die jeweilige Lehrkraft nicht über die Kooperationskompetenz im Sinne der Sozialtechnologie verfügt, kann bezweifelt werden. Vielmehr wird deutlich, dass die Nicht-Erfüllung der Leitungsrolle durch eine Unsicherheit innerhalb der Kooperationsprozesse und -formate bedingt ist und auf einen Mangel an entsprechenden Routinen zurückzuführen ist.

Hinsichtlich der wahrgenommenen Aufgaben und Inhalte der Kooperation und damit verbunden mit der Bedeutung der Kooperation lässt sich für die Fachkonferenz Mathematik ein zentrales Spannungsverhältnis rekonstruieren. Dieses besteht zwischen einer distanzierten Fachkultur und den innerhalb der Fachkonferenz bestehenden gegensätzlichen Kooperationswünschen. Innerhalb der Zusammenarbeit der Fachkonferenz werden unterschiedliche Bedarfe und Wünsche in Bezug auf die Kooperation sichtbar, die sich im Grad der Interdependenz der beteiligten Lehrkräfte unterscheiden lassen. Einige der Mitglieder sind interessiert an sehr engen Kooperationsformen, die unter anderem in der gemeinsamen Bearbeitung von Unterrichtseinheiten münden sollen, wohingegen andere die Fachkonferenz lediglich als ein übergreifendes Gremium verstehen, in denen grundsätzliche Entscheidungen getroffen werden (bspw. die Auswahl entsprechender Fachbücher) und der eigene Unterricht in der professionellen Autonomie der einzelnen Lehrkraft verbleiben soll. Dieses grundsätzliche Spannungsverhältnis wird in unterschiedlichsten Themen und Aufgaben der Gruppen virulent, indem in den entsprechenden Abstimmungsprozessen letztlich auch unterschiedliche Kooperationsbedürfnisse ausgehandelt werden.

Strukturell wird das Spannungsverhältnis insbesondere dadurch sichtbar, dass sich aus den Reihen der Fachkonferenz eine Untergruppe einzelner Lehrkräfte gebildet hat, die sich regelmäßig zur Konzeption und Diskussion verschiedener mathematischer Unterrichtsreihen entsprechend der Maßgaben des Programms der Pädagogischen Schulentwicklung (PSE) trifft. Die Arbeit der Lehrkräfte, die sich auf freiwilliger Ebene zur gemeinsamen Ausarbeitung von Unterrichtsmaterialien treffen, wird durch die Schulleitung sehr positiv aufgenommen und nach außen hin als besonders gelingende Kooperation innerhalb einer Fachkonferenz dargestellt. Die Schule, die sich vor einiger Zeit an dem PSE-Programm beteiligt hat, wünscht in Persona der Schulleitung eine entsprechende Fortführung der PSE-Arbeit und konstruiert insofern die aktive Untergruppe der Fachkonferenz und damit letztlich die Fachkonferenz selbst als besonders herausragendes Gremium innerhalb der Fachkonferenzlandschaft der eigenen Schule. Dabei wird von der Untergruppe das Vorgehen von Klippert nicht unbedingt als Novum dargestellt, viele der Methoden hätte es bereits zuvor gegeben. Die Beteiligten schätzen es jedoch gemeinsam verschiedene Methoden zu einzelnen Unterrichtsthemen zuzuordnen und vor dem Hintergrund unterschiedlichster Berufserfahrung gemeinsam Unterrichtsreihen zu entwickeln. Erleichtert wird die Zusammenarbeit deutlich durch die gemeinsame durch die PSE-Arbeit bedingte Fachsprache. Innerhalb der Untergruppe finden sich zahlreiche Elemente einer ko-konstruktiven Kooperation, die innerhalb der schulpädagogischen Debatte als besonders positiv bewertet wird. Dabei verkörpert die Fachkonferenz einen harten personalen, aber auch ideellen Kern. Die Arbeit ist intrinsisch durch die Begeisterung für das Konzept der PSE motiviert. Innerhalb der Untergruppe findet sich ein bestimmter kollegiale Ethos: die eigenen Ausarbeitungen zu den Unterrichtsreihen sollen für die übrigen Fachlehrerinnen und Fachlehrern keine Vorschriften darstellen, vielmehr geht es den Beteiligten um die wechselseitige Entlastung für die eigene Unterrichtsplanung.

Die übrigen Fachkonferenzmitglieder sind weniger an einem solchen kollegialen Unterstützungssystem interessiert. Das hängt in erster Linie damit zusammen, dass nicht alle Mitglieder der Fachkonferenz in gleichem Ausmaß überzeugt von der Arbeit an den sogenannten Klippert-Spiralen sind. Dem Engagement ihrer Konferenzkolleginnen und Kollegen in der Untergruppe stehen sie skeptisch bis ablehnend gegenüber. Abwertend wird davon gesprochen, dass bereits irgendwo mit Sicherheit schon einmal solche Spiralen gemalt worden seien, womit letztlich das gesamte Vorgehen „entzaubert" wird – hat man es einmal gemacht, kennt man das Prinzip. Gleichsam erscheint die Begeisterung für die Arbeit an Unterrichtsreihen gemäß des PSE-Programms als zentrale Zugangsvoraussetzung für die Teilnahme an der Untergruppe zu fungieren.

Letzten Endes birgt die Zusammenarbeit innerhalb der Untergruppe jedoch auch Gefahren. Denn die Untergruppe ist ein Zusammenschluss von Mitgliedern der Fachkonferenz, die sich untereinander gut verstehen und auch im Hinblick auf den Mathematikunterricht gleiche Wertmaßstäbe vertreten. Das verbindende Element der Kooperation ist die gemeinsame Begeisterung für ein bestimmtes pädagogisches Programm, die zugleich die Offenheit nach außen hin deutlich einengt. Professionelle Kooperationsformen dürften sich jedoch weder anhand vorhandener Formen von Nähe und Distanz noch anhand der Übereinstimmung in pädagogischen Fragestellungen konstituieren. Eine innerhalb der Zusammen-

arbeit erwünschte Möglichkeit der Dezentrierung der Perspektive ist nur in professionellen Zusammenschlüssen möglich.
Die Fachkonferenz erscheint als ein fraktales Bündnis. Durch den institutionell hergestellten Kooperationszusammenhang sind die selbstähnlichen, paritätischen Mitglieder miteinander verbunden und zugleich verbleiben sie innerhalb der Kooperation fragmentiert. Gemeinsam bilden sie – wenn auch organisatorisch erzwungen – das Bündnis der Fachkonferenz und gehen damit eine Beziehung miteinander ein, während sie hierbei die einzelnen Mitglieder weitestgehend so belassen, wie sie sind. Die Fachkonferenz ist geradezu ängstlich auf die Eigenständigkeit ihrer Mitglieder bedacht. Das Fach spielt eine dominante Rolle innerhalb der Kommunikation.

5.3 Mittelstufenteam – Gymnasium A

5.3.1 Fallporträt

Wie organisiert sich das Mittelstufenteam in seinen Kooperationsprozessen?

Dieses Kapitel gibt einen Überblick über die Zusammenarbeit des Mittelstufenteams. Dabei geht es neben den äußeren Rahmenbedingungen als Grundlage der Zusammenarbeit auch um die konkrete Organisation der gemeinsamen Arbeit. Einen Schwerpunkt der Organisation des Kooperationsprozesses markiert die Gruppenleitung durch Herrn Hammen, weshalb dieser Aspekt der Zusammenarbeit näher betrachtet wird.

Äußere Organisationsbedingungen

Die Arbeitsorganisation des Mittelstufenteams ist vor allem durch die stringente Ergebnisorientierung der Gruppenmitglieder geprägt. Bedingt ist diese durch den von außen an das Team vorgegebenen starken Handlungsdruck sowie die zeitliche Limitierung des Gruppenbestehens. Das Gymnasium A als sehr große Schule unterliegt dem zentralen Prozessproblem, angesichts der Überkomplexität der Schule, einzelne Arbeitsgruppen arbeitsfähig zu machen und zu halten. Dabei sind die meisten Arbeitsgruppen unweigerlich temporäre Gruppen, wodurch sich Probleme hinsichtlich der Gruppenfindung und Art der Themenbearbeitung ergeben können.

> „es war ne temporäre gruppe ( ) ja. das=is dann immer nochma ( ) n=bisjen schwieriger"(Scholl).

Zeitlich nur befristet agierende Gruppen haben in der Regel nicht das Zeitbudget, um Aspekte des Selbstverständnisses der Gruppe bzw. implizite wie explizite Gruppenregeln zu thematisieren. Zugleich stellt eben die Neuformierung besondere Anforderungen an die Beteiligten.

Das Mittelstufenteam hatte eine von der Schulleitung klar festgelegte Arbeitsaufgabe zu bewältigen; die Gruppe wurde eigens zur Bearbeitung der Aufgabe installiert. Tragen die geschilderten äußeren Organisationsbedingungen dazu bei, dass die Arbeitsweise der Gruppe gelähmt und blockiert wird? Das Mittelstufenteam sieht die zeitliche Vorgabe rückblickend als für den Arbeitsprozess weitestgehend positiv an. Die Produktivität innerhalb ihrer Kooperation sei durch das Vorhandensein einer Deadline gefördert worden. Der erlebte Handlungsdruck wurde jedoch zunächst als problematisch erlebt. Eine Lehrerin räumt ein, dass sie es zu Beginn unerfreulich fand einen festen Termin für die Präsentation der Arbeitsergebnisse des Mittelstufenteams vorgegeben zu bekommen.

„ich würd gern nochma kurz auf den termin zurückgehen ich mein, der- es hat ja <u>schon</u> ne rolle gespielt ( ) mein wir ham uns zusammengefunden un=ham=wa naja wir <u>machen</u> das mal un dann hieß=es auf einmal bis dann muss es aber <u>fertich</u> sein weil=s da vorgestellt werden soll, ( ) und das hat das ganze <u>schon</u> noch mal, ( ) beschleunigt" (Drößler) - „ja klar aber des: ( ) also wenn ich von <u>mir</u> ausgehe ich <u>brauch</u> termine." (Scholl) - „jaja ja <u>eben</u> ( ) ich wollt des auch gar=nich ich wollt des gar=nich <u>ankreiden</u> sondern, ( ) aber ich- ich weiß noch also ich hab schon ganz=schön gestöhnt weil=ich gedacht hab <u>eigentlich</u> hat ich gesagt ich kann dann ( ) <u>nach</u> februar wieder oder nach em abi wieder mehr und dann sollt ich auf einmal in der zeit des: fand ich schon ( ) ä- am anfang unerfreulich, ( ) aber es hat ja dann gut funktioniert; hat ja spaß gemacht" (Drößler).

Rahmenbedingungen für die Zusammenarbeit

Die Rahmenbedingungen für die Zusammenarbeit des Mittelstufenteams sind gegenüber institutionell verankerten Gruppen ungünstiger. Es gibt für die Treffen keinen festen zur Verfügung stehenden Raum und keine feststehenden Sitzungszeiten. Das Mittelstufenteam hat Schwierigkeiten Termine zu finden, an denen alle Teammitglieder unterrichtsfrei haben und an den Treffen teilnehmen können.

„des is halt des ( ) die krux hier ja, in dem großen laden mit <u>der</u> zeitlichen belastung bis <u>wir</u> drei ( ) wir ham einfach bestimmt wir machen montag die achte stunde weil mer da alle drei frei ham is die <u>einzige</u> gemeinsame freistunde ( ) die wir haben ( ) und jetzt muss es auch noch mit den andern dann passen ( ) beziehungsweise wir müssen dann ( ) in zwischengruppen agieren aber wir müssen halt ein termin finden wo wer ( ) zum nächsten mal alle ( ) <u>zeit</u> haben (2) und diese- diese allein die <u>terminabstimmung</u> die verschlingt immer   schon mal viel an ressourcen" (Hammen).

Das Mittelstufenteam setzt sich nicht für jedes Treffen eine klare zeitliche Begrenzung bzw. überschreitet die teilweise vorhandene Zeitlimitierung.

> „wir ham öfter ma, unser eigenes zeitlimit überschritten; ( ) und garnit gemerkt, und=des fand=ich so toll ( ) deswegen hat mir des auch wahnsinnig spass gemacht, da hat dann keiner mehr ach=s is schon ne halbe stunde drüber jetz hörn mer nit auf sondern, ( ) wir ham=s fertig gemacht; ja?" (Hammen).

Der Lehrer Hammen führt diesen Umstand als besondere Qualität des Mittelstufenteams aus, indem zugleich ein negativer Gegenhorizont expliziert wird, bei dem der Kooperationsprozess in erster Linie am Zeitfenster und nicht an den zu behandelten Themen orientiert ist. Dennoch achtet auch das Mittelstufenteam darauf die gemeinsame Zeit ökonomisch zu verwenden. Deutlich wird das, wenn innerhalb der Sitzungen darauf hingewiesen wird, dass diese sich in einem gewissen zeitlichen Rahmen bewegen und nicht grenzenlos überschritten werden sollen.

> „ich denk ( ) wir ham eh überzogen maßlos" (Hammen).

In vielen Kooperationsgruppen wird Geselligkeit als Gelingensbedingung für die Zusammenarbeit angesehen und in den Gruppendiskussionen beschrieben. Auch das Mittelstufenteam hat einmal vor einer Sitzung – wenn auch in aller Kürze - gemeinsam Pizza gegessen. Als das Forschungsteam in der Rückspiegelung das gemeinsame Essen ansprach, antwortete eine Lehrerin:

> „also ich hätt mir des schon auch schön vorgestellt aber wir ham dann tatsächlich aus zeitökonomischen gründen gesagt ne un jetz: sitzung halt un weiter geht=s ja?" (Drößler).

In den Sitzungen herrscht eine offene, freundliche Atmosphäre und die Gruppenmitglieder scheinen sich im Team sehr wohl zu fühlen.

> „is eine <u>gute</u> Gruppe find ich" (Scholl),

> „ich find das auch is richtich angenehm hier" (Kiefer).

Dieses Wohlfühlen in der Gruppe kann die Kooperation erleichtern. Insbesondere hinsichtlich des enormen Zeitdrucks, der für das Team bestand und die sich selbst auferlegte hohe Ergebnisorientierung. Allerdings können bei dem Versuch die gemeinsame Arbeit in einem eng gesteckten zeitlichen Rahmen zu erledigen und möglichst wenige zusätzliche Belastung dadurch zu erhalten, individuelle Bedürfnisse einzelner Gruppenmitglieder zu kurz kommen. Unter den Teammitgliedern gibt es über das gemeinsam bearbeitete Thema hinweg wenig Erfahrungsaustausch. Möglicherweise wurde der allgemeine Austausch untereinander aufgrund des starken Zeitdrucks ausgeklammert? Im Datenmaterial finden sich jedoch keine Hinweise auf weitere, in der Zusammenarbeit nicht bearbeitete Bedürfnisse einzelner Gruppenmitglieder.

Arbeitsorganisation

Die Gruppe organisiert ihre Zusammenarbeit arbeitsteilig. Für die einzelnen Bausteine gibt es jeweils einzelne Mitglieder bzw. kleine Untergruppen, die dafür inhaltlich verantwortlich sind. Beim arbeitsteiligen Vorgehen ist es wichtig, dass die Untergruppen ihre Aufgaben zuverlässig erledigen, was der Gruppenleiter mittels Terminsetzung und der damit geäußerten Verbindlichkeit versucht zu gewährleisten. Da die Lehrenden in ihrem Alltag bereits zeitlich stark belastet sind und sich insofern die gemeinsame Terminfindung als ein zentrales Problem der gemeinsamen Arbeit darstellt, erscheint die Wahl eines arbeitsteiligen Vorgehens und der zeitlichen Entzerrung sinnvoll. Hinzu kommt, dass sich die Mitglieder des Teams in ihrer Zuständigkeit für einzelne Bausteine als autonom erlebt haben.

„ja des wollt ich auch sagen also dadurch dass also ich da ich jetz für mich ( ) dadurch dass ich meinen eigenen baustein hatte mit dieser naturwissenschaft, ( ) kam ich mir auch relativ autark vor in meinem handeln;" (Kress),

„ja- ja und weil weil auch jeder jeder bereit war oder ( ) <u>willens</u> war das wertzuschätzen was die andern <u>geleistet</u> ham; also garnich so so was machen dien is meins nich besser, ( ) sondern wir hatten einfach verschiedene aufgabenbereiche; ( ) jeder auch zu seinem fach-, bereich oder seinem schwerpunktbereich zugeordnet, ( ) un: ich mein letztendlich warn wir alle glaub ich ( ) oder samma <u>mir</u> gings so ich war eigenlich beeindruckt, ( ) was dabei dann alles <u>rauskam</u>; ( ) ja und des is-, ( ) genau; und wie schnell des ging" (Drößler)

Die Teamsitzungen laufen meist nach einem ähnlichen Muster ab. Herr Hammen begrüßt die Anwesenden und gibt einen Überblick über die anstehenden Themen der aktuellen Sitzung. Eine Tagesordnung gibt es für die einzelnen Treffen nicht. Ab der zweiten Sitzung stellen die Verantwortlichen ihre Ausarbeitungen zu den jeweiligen Bausteinen vor und die übrigen Lehrerinnen und Lehrer geben dazu ihre Rückmeldung ab bzw. stellen Rückfragen. So werden die Ideen der Einzelnen diskutiert und aufeinander abgestimmt bzw. allgemeine Aspekte bearbeitet, die die Gesamtaufgabe der Gruppe betreffen. Gegen Ende der Sitzung werden das weitere Vorgehen sowie der nächste gemeinsame Sitzungstermin vereinbart. Zuständigkeiten werden geklärt und transparent gemacht.

Gruppenleitung und Sitzungsmoderation

Vorbereitet, strukturiert und moderiert werden die einzelnen Gruppensitzungen vom Leiter des Mittelstufenteams Herrn Hammen. Er verschickt die Einladungen zu den Sitzungen und verfasst von diesen Protokolle, die alle Teammitglieder. Der Führungsstil von Herrn Hammen ist, ebenso wie die Zusammenarbeit der Gruppe insgesamt, sehr aufgabenorientiert. Dabei vollzieht er eine hohe integrative Leistung, denn er ist nicht nur der Leiter und Moderator des Mittelstufenteams, sondern darüber hinaus auch die Kontaktperson zu anderen schulischen Gremien, insbesondere der Steuergruppe. Diesbezüglich nimmt er eine Mittlerrolle ein, da die Steuergruppe für die Erfüllung der Teamaufgabe wichtige Rahmenbedingungen festlegt. Anforderungen, die von Seiten der Steuergruppe gestellt werden, trägt Herr Hammen an das Team heran. Als Moderator der Teamsitzungen strukturiert er diese stark durch Verfahrensvorschläge und treibt damit die enorme Aufgaben- und Leistungsorientierung der Gruppe voran:

> „ja, und wir müssen prioritäten setzen damit fangen wir an; ( ) und des wär so ein punkt den wir in der gruppe besprechen: müssten" (Hammen),

> „und äh dass wir fürs nächste treffen au noch überlegen, bei der präsentation also einstieg wär jeder präsentiert so seinen baustein, ( ) wie könnte das aussehen welches material ham mer, ( ) wo gibts noch probleme, ( ) und quasi da draus auch so die arbeitsaufträge ableitet für die gruppen" (Hammen).

Dabei versucht er sich für seine Verfahrensvorschläge die Zustimmung der anderen Mitglieder einzuholen (s.o.). Vor allem aufgrund des enormen Zeitumfangs der Sitzungen, war es wichtig eine zuständige Person zu haben, die auf die Zeiteinhaltung und strukturierte Zeitplanung bei der Zusammenarbeit achtet. Als Leiter der Gruppe wirkt Herr Hammen vertraut mit den Leitungs- und Moderationsaufgaben. Einzelne Arbeitsaufträge delegiert er selbstbewusst an die anderen Mitglieder des Teams.

Sichtbar wird die Wertschätzung für das freiwillige Engagement der Teammitglieder, die Herr Hammen (möglicherweise auch und insbesondere in seiner Funktion als Mitglied der erweiterten Schulleitung) häufig äußert. Seine Anerkennung richtet sich ebenfalls auf das gemeinsame Arbeitsergebnis „danke noch einmal für die tolle, konstruktive Sitzung und hoffe, dass es so weiter geht :-)) (Hammen, Mail vom 09.11.06 an alle Teammitglieder und das Forschungsteam). Herr Hammen scheint es als seine Aufgabe anzusehen die anderen Teammitglieder zu motivieren und eine positive Arbeitsatmosphäre herzustellen

> „und ich denke wir ham da was zu bieten un des soll auch die ( ) auch samma den stellenwert dieser Gruppe dokumentieren ( ) ja? ( ) un wir gehn net unter so wir gehn ins kämmerche un

traun uns net da raus zu gehn sondern ich denk muss auch zu dem stehen ( ) un des s für alle
denk ich ganz wichtich äh den zu zeigen" (Hammen).

Die starke Leitung durch Herrn Hammen scheint dem zeitlichen Rahmen und der
Aufgabe des Mittelstufenteams angemessen zu sein.

„aber das lag das würd ich gerne noch- nomma betonen das lag an der guten leitung Lars; ( )
und des lag daran doch dass von vornerein ( ) das ganz klar strukturiert war. ( ) und dass ( )
dass wir wussten wir kommen zu nem ergebnis. ( ) und s- es is ja ganz oft wenn wir konferenzen haben; oder so was ein gewaber aber und ( ) und ( ) ähm tschuldigung ichs sachs gelaber
und un drehen um den heißen brei und hier war einfach mal klar ( ) wir kommen hier zu nem
ergebnis. ja; un das war halt, (1) das war schon sehr schön. (1) deswegen konnte des auch ne
gute gruppe werden glaub ich ja, weil das einfach, ( ) ja; (1) weil ma wusste ( ) es bringt was
was ich jetz hier mach" (Scholl).

Von der Zusammenarbeit des Mittelstufenteams lässt sich insgesamt ein positi-
ves Bild zeichnen; die Arbeitsorganisation ist sehr effektiv. Besonders auffällig
erscheint die stringente Ergebnisorientierung, die nicht zuletzt durch den von
außen vorgegebenen Handlungsdruck bedingt ist. Das arbeitsteilige Vorgehen
des Teams scheint diesen Umständen angemessen zu sein und lässt die einzelnen
Mitglieder in ihren Teilbereichen autonom arbeiten. Eine starke Strukturierung
erfährt die Zusammenarbeit durch den Gruppenleiter, der die einzelnen Sitzungen moderiert und inhaltlich versucht voranzutreiben. Die Gruppe pflegt einen
freundlichen Umgang miteinander.

Wie bearbeitet das Mittelstufenteam seine Themen und Aufgaben?

Auswirkungen der Zusammensetzung auf die Themenbearbeitung

Das Mittelstufenteam setzt sich aus Lehrkräften unterschiedlicher Unterrichtsfächer zusammen, was als positiv für die Bearbeitung der Aufgabe angesehen
wird. Darüber hinaus bringen einzelne Lehrende Zusatzausbildungen mit, die
thematisch zum Methodentraining passen. Sowohl Frau Scholl als auch Herr
Sippel sind ausgebildete Gesprächspsychotherapeuten und arbeiten bereits im
Bereich der Klassenbildung bzw. Teamfindung mit einzelnen Schulklassen. Frau
Scholl als Lehrerin für Musik und Geschichte und Mitglied des Leitungsteams
der Mittelstufe hat bereits in der Vergangenheit Angebote in den Bereichen
Kommunikationstraining und Klassenklima bzw. Klassenfindung durchgeführt.

„also wir ham: ( ) ähm in der vergangenheit wf: ä: immer wieder so über den unterricht raus
ähm ( ) kommunikationstraining gemacht mit einzelnen klassen (1) (...) also wir ham da so
verschiedene versuche gehabt mal eintägich mal zweitägich ( ) ähm in zusammenarbeit mit

klassenleitung oder auch ohne klassenleitung ( ) und ham dann mit den schülern en vormittag ( ) erarbeitet wie des klima in der klasse is was mer verbessern könnte" (Scholl).

Auch für Herrn Sippel ist die Klassenfindung und Selbstfindung der Schülerinnen und Schüler der Mittelstufe, insbesondere im Hinblick auf die Neu-Zusammensetzung der Klassen in dieser Schulphase, elementar. Es geht bei den Schülern um Fragen „wo komme ich her, was bringe ich mit"; das beschreibt Herr Sippel als seine Blickrichtung auf die Aufgabe der Konzipierung von Methodentraining. Herr Sippel war bis 1999 Schulseelsorger am Gymnasium und unterrichtet seither die Fächer Religion, Ethik und Philosophie und ist zudem Mittelstufenleiter. Frau Kiefer unterrichtet Deutsch und Sozialkunde und ist zur Zeit der Konstitution des Mittelstufenteams neu an der Schule. Sie selbst beschreibt ihre Rolle im Team folgendermaßen:

> „ich sitze wahrscheinlich hier in der äh gruppe äh weil ich ähm moderatorin für gewaltprävention <u>bin</u> ich hab beim ifb ne zweijährige ähm moderatorenausbildung in dem bereich gemacht und schwerpunktmäßig beschäftige ich mich mit den themen mobbing und ähm mediation ( ) mach dazu studientage (…) und in dem zusammenhang hab ich halt ganz viel mit kommunikation zu tun hab mir auch schon ein paar notizen gemacht was ich so ( ) mir vorstellen könnte was ins methodentraining von <u>der</u> seite ( ) rein ( ) gehört" (Kiefer).

Die Fächer Sport und Erdkunde unterrichtet Herr Hammen, der in seiner Funktion als Didaktischer Koordinator und Gesamtverantwortlicher für das Methodentraining an der Schule das Mittelstufenteam leitet. Vor seiner Tätigkeit am Gymnasium war er hauptamtlich im Sportverband tätig. Weitere Mitglieder sind Herr Kress, Frau Drößler und Frau Wierick, die zum Zeitpunkt der ausführlichen Vorstellung der einzelnen Mitglieder am 06.11.06 nicht anwesend waren. Herr Kress ist Lehrer für Sport, Chemie und Physik, Frau Drößler unterrichtet Deutsch und Biologie und Frau Wierick die Fächer Deutsch, Englisch und Italienisch. Bei der Bearbeitung der gemeinsamen Aufgabe konstruiert sich jedes Mitglied sein Thema entsprechend seiner eigenen Fachrichtung selbst, was sich im arbeitsteiligen Vorgehen der einzelnen Bausteine dokumentiert. Dabei sollen die individuellen Kompetenzen und Erfahrungen der Lehrenden eingebracht werden. Kommen in einer Projektgruppe unterschiedliche Kräfte wie hier im Sinne der Fachkulturen aufeinander, können sich diese aufeinanderprallend oder ergänzend auswirken. In Bezug auf die Zusammenarbeit im Mittelstufenteam und der Bearbeitung der gemeinsamen Aufgabe scheinen sich die jeweiligen Fachkulturen gegenseitig zu ergänzen.

Einige Mitglieder des Teams sind Lehrende, deren explizite Aufgabe darin bestand das Methodentraining für die Mittelstufe auszuarbeiten. Andere hingegen haben sich auf freiwilliger Basis der Gruppe angeschlossen und möchten mit ihrem Engagement bei der Bearbeitung der Aufgabe helfen. Dabei wurden die freiwilligen Mitstreiter zuvor von den beauftragten Lehrkräften auf ihre Bereitschaft zur Mitarbeit hin befragt. Die direkte Ansprache signalisiert eine hohe Wertschätzung, da die entsprechenden Lehrenden anscheinend als geeignet für die Aufgabe erachtet wurden. Im Rahmen der Zusammenarbeit wird das freiwillige Engagement dieser Lehrenden häufig thematisiert.

> „ja ähm ( ) wir ham wir ham keine personalverantwortung, wir können nichts ( ) per gesetz durchdrücken; wir sind alle auf good will angewiesen; ( ) so wie ich euch angesprochen hab mitzumachen ist euer good will" (Hammen).

Die Mitglieder des Mittelstufenteams zeigen eine hohe Eigenmotivation bei der Bearbeitung des Methodentrainings.

Angesichts der häufigen Betonung der Wichtigkeit einer nachhaltigen Durchführung des Methodentrainings, ist die Frage nach der Überprüfung der Realisierung wesentlich. Für die ursprünglich seitens der Schulleitung beauftragten Lehrkräfte Herr Hammen und Herr Sippel steht fest, dass sie auch im weiteren Verlauf mit dem Methodentraining in der Mittelstufe betraut sind.

> „des is die doppelfunktion ja? ( ) erweiterte schulleitung mit=m auftrag von der schulleitung kümmern se sich ums methodentraining zwei, ( ) zusammen mit mittelstufe, ( ) sin Jan [Herr Sippel, N.B.] un ich so in dem in dem boot, mer sollten da was entwickeln ham leute angesprochen, ( ) un jetz sind- ham Jan und ich den schwarzen peter widder mir machen uns unbeliebt un kontrollieren" (Hammen).

Es ist die Aufgabe dieser beiden Lehrer die tatsächliche Umsetzung der Methodenbausteine im Unterricht durch die einzelnen Lehrkräfte zu überprüfen. Für die freiwillig in der Gruppe mitwirkenden Lehrenden war anscheinend zu Beginn der Zusammenarbeit nicht klar, ob sie für die Überprüfung der Umsetzung des Trainings noch verantwortlich sind. Die Mitglieder sind diesbezüglich unterschiedlicher Meinung. Daraufhin angesprochen in der Rückmeldung geben sie folgende Einschätzung:

> „abber für die ( ) äh ( ) rückmeldung sozusagen oder, überprüfung der des transfers ( ) ja? (1) ä is die gruppe eigentlich nich mehr zuständich; ( ) oder doch," (Ullrich),

> „do:ch;" (Kiefer),

> „ich sach nein;" (Kress).

Zu Beginn der Kooperation scheint keine Einigung darüber erzielt worden sein, inwieweit die Umsetzung des Methodentrainings noch von dem Mittelstufenteam begleitet wird. Die beiden Lehrenden führen ihre diesbezügliche Einschätzung nachfolgend aus:

„ich denk ich hab was erarbeitet; ( ) ja? und hab=n input gegeben, ( ) für des methodentraining;
wo ich denke dass, ( ) das wichtich is ( ) zu machen; (...) wenn jetz irgendjemand denkt ( ) dass
das ( ) so nich gut is ( ) bin ich gerne bereit des mit ihm weiter zu entwickeln. (1) aber ich denk
ich hab erst=ma was entwickelt. (...) wenn ich das no=ma=machen sollte wenn mich jemand bittet das nochma zu überdenken weil da und da hat=s gehakt, ( ) mach ich das auch; dann bin ich
wieder zuständich ( ) also ich seh jetz schon erstmal so=n schnitt ( ) ja, jetz kann=s in verschiedene richtungen gehen;" (Kress),

„ja, ( ) wobei ich aber auch sagen muss ich- ( ) so klar wie jonas du des jetz formuliert hast war
des für mich nich; ( ) also bei mir kam auch zwischendudurch immer ma wieder die frage auf is
das jetz eiich- ( ) soll=ich jetz das ding machen un abliefern? ( ) oder is das irgendwie: ne längerfristige sache;" (Drößler).

Der Lehrer Kress vertritt den Standpunkt, dass er mit der Ausarbeitung der Bausteine betraut wurde, aber keinen darüber hinausgehenden Auftrag hat. Sollte er
diesen noch erhalten, würde er weiterhin an der Aufgabe arbeiten. Für die Lehrerin Drößler stellt sich die Sachlage anders dar. Sie kann ihre Position nicht eindeutig beziehen.

„un ich bin da muss=ich auch sagen selber ganz hin un her gerissen, ( ) einerseits find=ich das
toll und=ich find das ganz wichtich dass wir uns noch mal treffen und das reflektieren un machen und tun und=anbinden und weiter ausarbeiten, ( ) andrerseits ä:h hab=ich: eben gut zuge-
hört und empfinde durchaus auch, ( ) dass=ich noch andere dinge zu tun habe und äh ( ) ich bin
eben nich von der schulleitung dafür angesprochen und grade eher dabei ( ) mich auch ma
nochma zurückzuziehen ( ) und zu kucken dass das was ich dann tue auch läuft" (Drößler).

Die Lehrerin Drößler gibt an dieser Stelle eine innerliche Zerrissenheit preis. Auf
der einen Seite erkennt sie für sich und die Schule die Qualität der Zusammenarbeit des Mittelstufenteams, auf der anderen Seite kann sie sich eine dauerhafte
Verfolgung der Teamaufgabe nicht vorstellen. Denn für sich hat das Alltagsge-
schäft, in erster Linie das Unterrichten, Priorität. Kooperation wird an dieser
Stelle als Zusatzaufgabe konstruiert, die neben den „normalen" Verpflichtungen
zusätzlich geleistet werden muss und dauerhaft nur zu deren Ungunsten realisiert
werden kann.

Ziele der Bearbeitung der Aufgabe

Die Arbeit des Mittelstufenteams mit dem zentralen Ziel einzelne Bausteine für
das Methodentraining in der Mittelstufe zu konzipieren ist bedarfsorientiert.

„aus der notwendichkeit heraus w-wir unterrichten ja alle in der mittelstufe dass mer sehen wo sin
die defizite, ( ) un warum funktioniert=s nicht obwohl im lehrplan drinsteht, ( ) deutsch macht
das bio macht das aber die kommen net zueinander. ( ) also dieses gelaber. ( ) ja, was
mir=immer=ham in den konferenzen. ( ) und dann ma abhilfe zu schaffen zu sagen wir ( ) bieten
jetz ein konstrukt das funktioniert," (Hammen).

Alle beteiligten Lehrkräfte sehen die Notwendigkeit ein einheitlich konzipiertes Methodentraining für die Mittelstufe erarbeiten zu müssen. Dabei wird besonders häufig von erforderlicher Nachhaltigkeit gesprochen. Die Arbeit der Gruppe setzt an praktischen Problemen des Alltags an.

> „sowohl die kollegen wünschen sich was ( ) und für die schüler wärs auch ne riesen hilfe ( ) dass me bestimmte dinge einfach standartisieren" (Hammen).

Punktuelle Angebote existierten zwar, allerdings sei das zentrale Problem die Nachhaltigkeit der Vermittlung von Methodenkompetenz. Insbesondere in der Mittelstufe, in der es diesbezüglich eben eine Lücke gibt. Das Mittelstufenteam arbeitet sehr ergebnisorientiert auf die Schließung der Lücke hin. Ziel ist es den Schülerinnen und Schüler die zunehmend an Bedeutung gewinnende Methodenkompetenz mittels eines einheitlichen Modells zu vermitteln. Vom Ergebnis der Zusammenarbeit des Mittelstufenteams soll die Schülerschaft und die Lehrerinnen und Lehrer gleichermaßen profitieren.

> „die [Kollegen, N.B.] sind froh wenn se das kriegen und sagen mensch super jetzt hammer was un jetzt mache mer da mit;" (Hammen).

Der Wert der Kooperation wird nach außen in die Schulgesamtheit verlagert. Nicht nur die beteiligten Mitglieder, sondern alle Lehrerinnen und Lehrer und die Schüler profitieren von der eigenen aufgabenbezogenen Zusammenarbeit. Neben der Bedeutung, die jeder Einzelne der Aufgabe des Teams beimisst, kann als Lohn für die Arbeit auch der Dank und die Anerkennung des Kollegiums und/oder der Schulleitung angesehen werden. Die positive Resonanz der Zusammenarbeit des Teams wird jedoch erst in der konkreten Umsetzung des Methodentrainings sichtbar. Und diese Umsetzung ist von der individuellen Lehrkraft abhängig. Insofern liegen die Effekte der Zusammenarbeit außerhalb der Gruppe und sind nur indirekt durch diese zu beeinflussen.

Mit der Aufgabe verbundene Schwierigkeiten

Die von Mittelstufenteam erarbeiteten Vorschläge sollen auf einem Studientag dem gesamten Kollegium vorgestellt werden und dann gewissermaßen in Abstimmung gehen, ob das Training in der vorgeschlagenen Form bzw. mit welchen Änderungen es implementiert werden soll. Bei den Mitgliedern spürt man die Sorge um die Tiefenwirkung ihrer Arbeit. Die tatsächliche Umsetzung des Methodentrainings ist von der Akzeptanz des Kollegiums abhängig, da es auch keine entsprechende Weisung seitens der Schulleitung gibt.

„wir ham keine personalverantwortung, wir können nichts ( ) per gesetz durchdrücken; wir sind
alle auf good will angewiesen;" (Hammen).

Die Gruppe muss bei der Bearbeitung ihrer Aufgabe auf die Bedenken und Bedürfnisse ihrer Kolleginnen und Kollegen Rücksicht nehmen.

„ja ich denk äh wir stellen ja ( ) i-ich denke unsre aufgabe is ja was vorzuschlagen vorzustellen
hier zu diskutieren was is praktikabel, weil es wird ja i- muss ja sich immer auch mal in die rolle
derer versetzen die jetz nich so direkt hinter der sache stehen, ( ) was welche gegenargumente
werden kommen;" (Hammen).

Für das Mittelstufenteam stellt das Methodentraining einen wichtigen Bestandteil der schulischen Ausbildung der Schülerinnen und Schüler dar. Sie sind sich
allerdings auch bewusst, dass einige ihrer Kolleginnen und Kollegen dazu eine
andere Meinung vertreten. Da ohne die Zustimmung des Kollegiums und deren
Mitarbeit keine Standardisierung und Nachhaltigkeit bei der Methodenanwen-
dung und -einübung erfolgen kann, ist es wichtig eine möglichst hohe Akzeptanz
mit den Vorschlägen zu erreichen.

„also es muss handhabbar sein so dass die akzeptanz auch groß is des: ( ) durchzuführen und
dann weiterzuführen" (Hammen).

Die Bausteine des Methodentrainings müssen sich in den meisten Fällen in den
regulären Fachunterricht integrieren lassen. Um der sich daraus ergebenden
Mehrbelastung für die Fachlehrer entgegenzuwirken, soll ein entsprechender
Materialpool zusammen mit Vorschlägen zur Umsetzung angelegt werden, damit
die Lehrenden sich daran orientieren können. Das Team will am Studientag mehrere Materialvorschläge präsentieren, damit sich die anwesenden Lehrkräfte eine
Umsetzungsvariante vorstellen können. Auf dem Studientag soll geklärt werden,
ob das Kollegium mehrheitlich der grundlegenden Konzeption zustimmt und
sich damit gewissermaßen selbst zur Umsetzung verpflichtet.

„wenn mer des so bisje demokratisch dann: machen will an dem studientag ( ) ä: ( ) mer bietet
zwei wege an die für uns beide machbar sin: (1) und die kollegen müssen ( ) gefracht wern, ( )
mehrheitsmäßig vorschlache und=können die pro kontra antumenta dann: ( ) dann brauchen
wer=aba=n votum ja, damit wer auch die leute im boot ham, ( ) weil sonst stülp=mer=s von
oben drüber ( ) und da ham mir ja gar keine berechtigung dezu (…) da müssen wer am ende der-
ne sch- abfrage machen ne abstimmung ( ) so; wie wolln mer=n vorgehen" (Hammen).

Allerdings setzt das Mittelstufenteam auf geringe Zustimmung, indem sie formu-
lieren, dass es schließlich nur noch zur Debatte stehen soll, ob es so nicht geht.
Bei der Erstellung der Umsetzungsvorschläge werden stets bereits mögliche
Gegenargumente mitgedacht. Es werden Lehrkräfte beschrieben, die sich stark

an ihrem Fachunterricht orientieren und sich vor zu viel Unterrichtsausfall durch Methodentage bzw. einzelne Methodenbausteine im Unterricht sorgen.

„dass biologie: ä:h zum beispiel an nem sachtext arbeitet oder erdkunde, ( ) der dann ins fach passt sodass auch der unterrichtliche fortschritt weitergeht. ( ) weil sonst sehen die meisten kollegen des als hemmschuh an ( ) ich muss ja zusätzlich noch das machen. (1) und des muss klargemacht werden nein es hilft dir weil wir (1) äh ja eigentlich am selben strang ziehen ja? ( )" (Hammen).

Das Team denkt aber auch an Lehrkräfte, die eine grundlegende Ablehnung gegenüber speziellen Methodentrainingsbausteinen haben und diese als nicht notwendig erachten. Als besonders schwierig in diesem Zusammenhang wird der Bereich der sozialen Kompetenz bzw. Kommunikationstraining eingestuft. Insbesondere Herr Sippel möchte die Lehrenden in dieser Hinsicht mehr in die Pflicht nehmen. Bislang haben er und drei weitere Kolleginnen und Kollegen als ausgebildete Gesprächspsychotherapeuten entsprechende Angebote im Bereich der sozialen Kompetenz durchgeführt, jedoch soll die Verantwortung stärker in die Hände der Klassenlehrerinnen und -lehrer gelegt werden, so dass sich diese nicht nur auf die wenigen spezifisch ausgebildeten Lehrkräfte verlassen.

„das potential is da aber gleichzeitig seh ich auch die gefahr ( ) ähm dass kollegen dann delegieren; (…) und kollegen nehmen sich sehr schnell zurück, ( ) weil sie ne gewisse kompetenz spüren, ( ) und dann eher zu zuschauerinnen ( ) äh ä werden, ( ) un=dann auch der prozess net weiter äh: läuft also, da: hab ich auch selber nen rollenkonflikt äh: (1) n: ( ) wenn ich des für kollegen mach, ( ) un=dann bring- bringt es nicht der ertrag „also" ich müsste hinter den kollegen stehen, ( ) und die kollegen müssten den mut haben, ( ) das is ja die idee mit dem matrial ordner, ( ) dann die sache äh: umzusetzen.(1)" (Sippel).

Erarbeitung von Methodenbausteinen

Der Konstitution des Mittelstufenteams vorausgehend wurde auf einem Studientag des gesamten Kollegiums eine Bedarfsmatrix für das Methodentraining in der Mittelstufe aus Fachschaftsicht erstellt. Daraufhin hat die Schulleitung einige Arbeitsschwerpunkte, das heißt einzelne Elemente identifiziert, die als erstes und schwerpunktmäßig ausgearbeitet werden sollen. Diese Entscheidung wurde vor Konstituierung der Gruppe getroffen und die Teammitglieder erhielten die entsprechende Information mit der Einladung zur ersten Gruppensitzung. Im weiteren Verlauf der ersten Sitzung wird klar, dass das Team aber noch bestimmen kann, ob es an diesen festgelegten Bausteinen arbeiten oder andere Prioritäten setzen möchte.

Von Beginn an betont das Mittelstufenteam, dass es die Komponente des sozialen Lernens und in diesem Sinne Trainingsbausteine zur Klassenfindung und Teambildung als sehr wichtig erachten. Genau für diese Trainingsbausteine, die idealerweise an einem Tag zu Beginn des Schuljahres angeboten werden sollten, rechnet das Team mit dem größten Widerstand seitens des Kollegiums. Sie selbst sehen es trotz des enormen Zeitaufwands als notwendig und letztlich doch zeitlich rentabel an. Es wird ein gemeinsames Deutungsmuster des Mittelstufenteams sichtbar. Maßnahmen zur Stärkung der sozialen Kompetenz ihrer Schülerschaft, werden von allen anwesenden Lehrkräften als wichtig erachtet. Damit erfolgt zugleich eine Abgrenzung gegenüber anderen Kolleginnen und Kollegen, die diesem Baustein keine große Bedeutung beimessen. Auch hinsichtlich anderer Bausteine des Methodentrainings, wie beispielsweise Texterschließung und der Arbeit mit PCs, sieht das Mittelstufenteam einen Bedarf bei den Schülerinnen und Schülern.

> „man überschätzt da auch viele jugendliche ( ) was die können ( ) also die können da net allzu viel" (Hammen),

> „die können das net in deutsch" (Drößler).

Um Vorschläge für die Einführung und Einübung einzelner Methodenbausteine zu erstellen, greift das Team auf schon bestehende Methoden und Materialien aus der Fachliteratur zurück. Immer wieder weist Herr Hammen darauf hin, dass nichts grundlegend Neues erfunden werden muss. Zur Dokumentation der vermittelten Methoden denkt das Team über die Einführung von Klassenordnern nach, in denen die Fachlehrer und Klassenlehrer dokumentieren sollen, welche Methoden im Rahmen welcher Unterrichtseinheiten eingeübt wurden. Ein Klassenordner wäre in diesem Sinne vor allem auch für Fachlehrer mit wenigen Stunden in den entsprechenden Klassen sehr hilfreich.

Die Grundlage der Arbeit des Mittelstufenteams stellt der Auftrag zur Erarbeitung des Methodentrainings dar, der seitens der Schulleitung an einzelne Teammitglieder in ihren Funktionärspositionen gestellt wurde. Das zentrale Ziel ist die Standardisierung des Methodentrainings in der Schule. Im Vorgehen ist die Gruppe offen und kann eigene Prioritäten setzen. Alle Teammitglieder zeigen eine hohe Motivation und großes Interesse an der Thematik des Methodentrainings. Aus unterschiedlichen Fachzusammenhängen kommend, ergänzen sie sich in dieser Hinsicht in der gemeinsamen Arbeit. In der konkreten Erarbeitung der Trainingsbausteine geht das Team pragmatisch vor. Es muss nicht alles neu erfunden werden; wichtig erscheint vor allem das Erreichen einer möglichst hohen Akzeptanz im Kollegium.

Uneinheitlich geregelt ist die Zuständigkeit für die tatsächliche Umsetzung des Trainings. Die von der Schulleitung beauftragten Lehrenden werden weiterhin das Methodentraining in der Mittelstufe betreuen.

**Wie gestaltet das Mittelstufenteam seine kooperativen Kommunikations-
prozesse?**

Beteiligung an den Sitzungsgesprächen

An den Gesprächen innerhalb der Teamsitzungen sind alle Teammitglieder beteiligt. Die Zahl und Dauer der Redebeiträge einzelner Mitglieder unterscheidet
sich allerdings. An den gemeinsamen Diskussionen beteiligen sich vor allem
Frau Drößler, Herr Kress und Frau Kiefer. Frau Wierick ist in den meisten Fällen
eher zurückhaltend und äußert sich nicht so häufig wie die anderen. Der bezüglich der Kommunikation dominante Akteur ist Herr Hammen. Er ist stärker als
alle anderen an der Kommunikation beteiligt; an seiner Stelle laufen sozusagen
die Gesprächsfäden zusammen. Herr Hammen ist Leiter und Moderator der Sitzungen des Mittelstufenteams. Dabei sind seine Äußerungen nicht nur inhaltlicher Natur, sondern sollen in vielen Fällen dazu dienen, die gemeinsame Arbeit
zu strukturieren und voranzubringen.

> „ich d:achte so aus meiner aus meiner sicht jetz von der zielsetzung her dass mer überlegen ( )
> ob mer bei dem ursprünglichen konzept bleiben, ( ) oder obs neue ideen gibt" (Hammen),

> „so. welche- welchen weg gehn mer denn jetz," (Hammen).

In ihren Äußerungen beziehen sich die Teammitglieder meistens direkt aufei-
nander. Ein Nebeneinanderher Reden gibt es nur selten und wenn, dann in Form
kurzer Flüstergespräche mit dem Tischnachbarn. In den Sitzungen findet relativ
wenig Erfahrungsaustausch statt, der nicht auf die Gruppenaufgabe bezogen ist.
Die Kommunikation ist zielgerichtet auf das Arbeitsergebnis. Dabei laufen die
Sitzungen zumeist ähnlich ab: Herr Hammen eröffnet die Sitzung, indem er die
Anwesenden begrüßt und einen Überblick über die anstehenden Themen gibt.
Zum Vorstellen der einzelnen Bausteine übergibt er das Wort an die jeweils
zuständigen Lehrkräfte; diese präsentieren die von ihnen ausgearbeiteten Themenbereiche und die anderen Gruppenmitglieder fragen nach bzw. geben ihre
Kommentare dazu ab. Die Kommunikation des Teams zeichnet sich dadurch aus,
dass ungeklärte Dinge oder Meinungsverschiedenheiten offen angesprochen
werden. Gegenpositionen können von den Einzelnen eingenommen werden und
werden insgesamt vom Team ausgehalten. Die einzelnen Mitglieder äußern auch
offen ihre Meinung über Kolleginnen und Kollegen.

> „nicht jeder is so offen ( ) wie wir jetz hier diskutieren; des wissen me auch ( ) ja; ( ) manche hal-
> ten ja von dem ganzen ( ) z-zeuch garnix un die dokumentierens ja auch darauf brauche me ich
> machs doch im fachunterricht; (1) ich brauch des net ja?" (Hammen C/12/1-8).

An einigen Stellen der Kooperation wirkt der Leiter der Gruppe den Anderen wissensmäßig überlegen, weshalb er die Rolle des Experten für die Sachlage einnimmt. In der Regel zeigen die übrigen Mitglieder ein komplementäres Verhalten, indem sie eher aus einer passiv-fragenden Haltung heraus agieren.

„ich hab das jetzt noch nicht verstanden" (Kiefer),

„was ich jetz abber ( ) noch nich weiß is gibt=s irgendwo schon=ne zusammenstellung dieser punkte die da alle diskutiert werden sollen, (1) oder kriegen machen wir da eine einheitliche oder macht da jeder" (Drößler).

Die fragende Haltung resultiert aus dem Umstand, dass zwischen dem Team und Herrn Hammen ein ungleicher Wissenstand in Bezug auf die gemeinsame Aufgabe existiert. Als Mitglied der Steuergruppe erhält Herr Hammen als Erster wichtige Informationen für die Arbeit des Mittelstufenteams, die er erst an das Team weitergeben muss.

Informationspolitik durch Gruppenleitung

Die Konstellation, dass die Steuergruppe wichtige Entscheidungen über die Arbeit des Mittelstufenteams ohne dessen Beteiligung treffen kann ist prekär. Obwohl Herr Hammen in der Steuergruppe als Interessensvertretung auftreten kann, ist mit der Doppelzugehörigkeit zu den beiden Gruppen auch eine Schwierigkeit verbunden. Er muss die Entscheidungsprozesse der Steuergruppe für das Mittelstufenteam möglichst transparent machen und die Mitglieder des Teams sind ihrerseits auf die Informationsweitergabe angewiesen. In der Regel informiert Herr Hammen zu Beginn der Sitzungen das Team über die Ergebnisse der Sitzungen der Steuergruppe. Allerdings erfolgt dies anscheinend nicht immer in der notwendigen Ausführlichkeit. Es ist es vor allem die Lehrerin Anne Drößler, die diesbezüglich Nachfragen stellt bzw. darauf hinweist, dass ihr wesentliche Informationen fehlen.

„ich hätt noch ne bitte und zwar ( ) du hast so ich merk so du- du hast dir ja viele gedanken drüber gemacht und noch steuergruppe und du so- son paar feste begriffe zum beispiel welcher baustein welche nummer hat (...) un so was ( ) wenn du uns des vielleicht einfach ma geben könntest [lacht] (...) dann könnten wir da- dann könnten wir da irgendwie mitmachen (...) is oder ah- gi- gibt s da noch irgendwie andere wichtige sachen die wir vielleicht auch wissen sollten," (Drößler).

An einer anderen Stelle zeigt sie auf, dass das Team teilweise gar nicht weiß, ob die von Herrn Hammen vorgetragenen Aspekte durch die Steuergruppe festgelegt oder von ihm selbst erdacht wurden. Während der Rückspiegelung der Eindrücke des Forschungsteams bestätigten die Lehrenden diesen Eindruck, räumten allerdings auch die positive Seite der ungleich verteilten Informationsmacht ein:

> „isch äh- für mich hats schon ne rolle gespielt ne ziemlich große sogar und zwar nich in bezug auf mein thema, da hab ich des genauso empfunden wie du=u ( ) aber ähm ich fand des zum einen wie auch eben schon gesagt wurde sehr entlastend; ( ) dass der Lars der war der sagen konnte oke: so so so ja dass da stehts mit im zusammenhang, ( ) und umgekehrt kann ich mich auch an eine sitzung erinnern ( ) wo ich dast- wo ich da saß un irgenwann dachte, ( ) samma ( ) wovon redet er überhaupt grade? ( ) ja er sagt dauernd äh wir ham abgesprochen wir ham äh wir hams schon gesagt, und ich dachte hm? hab ich alles noch nie gehört; (1) wo ich das eben auch als problematisch erfunden- ähm empfunden hab ( ) weil äh ( ) ich da auf einmal das gefühl hatte ich bin total ausm vor ja ich soll hier irgenwas machen, ( ) hab aber eigent- hab aber von vielem keine ahnung; ja, was ( ) natürlich eben das war halt die empfindung in dem moment. ( ) ich hab das jetzt weiter nich als problem gesehen, ich glaub ich hab da auch irgéndwann mal gesacht samma kannst du nich ma erklären ja, ( ) äh was du da eigentlich alles meinst; ( ) aber jetz ( ) eben da auch en-entfernt von der sache sondern mehr ( ) dann ( ) in der organisation; ( ) ja: einerseits positiv andereseits dann ( ) problematisch; ( ) andererseits auch wieder ( ) ähm (1) für mich immer klar gewesen ( ) klar es kann nich jeder überall: ( ) dabei sitzen un ich wollt das auch garnich [lachend] ja ich ( ) ähm ( ) und äh un e ja es is halt ganz wichtich da ne verknüpfung zu haben un n mittelsmann; ( ) un jetz so von der hierarchie her (1)hab ich auch nich so empfunden;" (Drößler).

In dieser Sequenz kommt die Ambivalenz des ungleichen Wissensstandes der Mitglieder des Teams einerseits und dessen Leiter andererseits deutlich zum Ausdruck. In seiner Doppelfunktion als Teamleiter und Steuergruppenmitglied verfügt der Lehrer Hammen über zentrale Informationen, die den übrigen Teammitgliedern nicht so leicht zugänglich sind. Dabei bezieht sich Herr Hammen bspw. auf bestimmte innerhalb der Steuergruppe festgelegte Begrifflichkeiten, die für die übrigen Anwesenden zunächst einmal neu sind. Diesbezüglich äußert die Lehrerin Drößler auch ihren Unmut und zugleich den Wunsch besser informiert zu werden. Zugleich verweist sie auf das entlastende Moment, das sie ebenfalls damit empfunden hat.

Das Kommunikationsmuster im Mittelstufenteam zeichnet sich durch eine sehr hohe Zentralisierung auf Herrn Hammen aus. Als Leiter und Moderator der Gruppe lenkt er die Gespräche und Diskussionen innerhalb des Teams. Alle anderen Mitglieder beteiligen sich an den Gesprächen. Lediglich eine Lehrerin ist bezogen auf die Häufigkeit ihrer Redebeiträge zurückhaltender. Die Diskussionen sind stark an Herrn Hammen orientiert, da dieser in den meisten Fällen über einen Wissensvorsprung verfügt. Dieses Wissen muss den Mitgliedern für die Gruppenarbeit zur Verfügung gestellt werden, was in den meisten Fällen von Herrn Hammen geleistet wird. Vereinzelt kommt es zu Missverständnissen, wenn die Informationsweitergabe nicht funktioniert hat. Obwohl die Informationspolitik des Leiters an diesen Stellen konfliktuös erscheint, scheint sich letztlich nicht negativ auf die Zusammenarbeit des Teams auszuwirken.

Wie positioniert sich das Mittelstufenteam in seiner institutionellen Umwelt?

Institutionelle Positionierung

Das Mittelstufenteam ist als informelles Gremium nicht in der Institutionsstruktur der Schule verankert. Das Team arbeitete gewissermaßen als Projektgruppe zusammen über einen zeitlich begrenzten Zeitraum und an einer festgelegten Aufgabe. Dabei ist die Aufgabe des Teams stark auf die anderen Mitglieder der Schulgemeinschaft bezogen, da es sich um das Methodentraining handelt, das in der Mittelstufe in allen entsprechenden Klassen und von den jeweiligen Klassen- sowie Fachlehrern vermittelt werden soll. Die Arbeit des Teams wirkt sich also auf die Schüler gleichermaßen wie auf die Lehrenden aus. In dieser Hinsicht ist es besonders interessant zu sehen, welches Bild die Teammitglieder von ihren Kolleginnen und Kollegen zeichnen. Insgesamt fährt die Gruppe gewissermaßen zwischen zwei Leitplanken, denn neben dem Versuch beim Kollegium eine möglichst hohe Akzeptanz herzustellen, erhält das Mittelstufenteam externe Vorgaben durch die Steuergruppe, die es zu erfüllen gilt.

Vorgaben der Steuergruppe

Die Steuergruppe scheint für das Mittelstufenteam die wesentlichen Entscheidungen zu treffen. Nachdem in der Folge des Studientags die Bearbeitung des Methodentrainings durch eine Gruppe bestimmt wurde, legte die Steuergruppe den Termin für den nächsten Studientag und damit auch den Termin für die Präsentation der Arbeitsergebnisse der Gruppe fest.

„wir ham uns zusammengefunden un=ham=wa naja wir machen das mal un dann hieß=es auf einmal bis dann muss es aber fertich sein weil=s da vorgestellt werden soll, ( ) und das hat das ganze schon noch mal, ( ) beschleunigt" (DRößler).

Der Einfluss, den die Steuergruppe mit ihrer Entscheidung auf die Zusammenarbeit des Teams übt, ist in dieser Hinsicht enorm. Auch während der Zeit der Zusammenarbeit greift die Steuergruppe durch eigene Entscheidungen in die Arbeit des Mittelstufenteams ein.

„wie mer das jetzt umsetzen am aschermittwoch[26] ist noch net klar; (2) das regelt aber die steuergruppe." (Sippel).

---

[26] An diesem Tag soll der entsprechende Studientag stattfinden

Das Mittelstufenteam ist in seiner Arbeit von außen fremdbestimmt und erlebt insbesondere durch die Terminsetzung der Steuergruppe einen starken Handlungsdruck. In der ersten Sitzung weist Herr Hammen auf die Vorgabe der Steuergruppe hin, die an das Arbeitsergebnis des Mittelstufenteams die Anforderung formuliert hat „»es muss schlank sein«" (Hammen 06.11.06). „Schlank sein" bedeutet in diesem Falle der Versuch, eine möglichst hohe Akzeptanz innerhalb des Kollegiums hervorrufen zu können. Diese Vorgabe begleitet das Mittelstufenteam über den Zeitraum seiner Zusammenarbeit, denn immer wieder weist der Leiter des Teams darauf hin.

> „es muss handhabbar sein so dass die akzeptanz auch groß ist des: ( ) durchzuführen und dann auch weiterzuführen" (Hammen).

Die Steuergruppe formuliert einen Anspruch an das Arbeitsergebnis des Mittelstufenteams, ohne hierbei die konkreten Arbeitsinhalte zu tangieren. Die Vorgaben beziehen sich auf die grobe Form der Vorschläge sowie auf die Form der Präsentation am Studientag. Das Mittelstufenteam kann nur bedingt selbst entscheiden, wie es seine Arbeitsergebnisse am Studientag vorstellen möchte. Diesbezüglich hat das Team den Wunsch die inhaltliche Diskussion mit den Kolleginnen und Kollegen durch externe Moderatorinnen und Moderatoren leiten zu lassen. Herr Hammen soll diese Idee an die Steuergruppe herantragen und die konkrete Umsetzung planen. Letztlich entschied sich die Steuergruppe gegen die Moderation durch externe Personen. Die entsprechende Entscheidung wurde von Herrn Hammen jedoch erst auf Nachfrage hin in der Sitzung des Mittelstufenteams transparent gemacht.

Bezugsrahmen Kollegium

Wenn das Mittelstufenteam von „wir" und „die" spricht, erfolgt dabei die Abgrenzung zwischen der eigenen Gruppe und dem Kollegium. Der Zusammenhang wurde bereits an anderer Stelle skizziert; das Team erarbeitet Vorschläge, die vom Kollegium ohne direkte Weisung umgesetzt werden sollen.

> „wir können nur versuchen zu überzeugen, un wir laufen bei vielen offene türen ein ( ) es gibt immer, ( ) drei vier in der fraktion, die dagegen sind weil sie mü- müssen ihr buch was se seit zwansich jahrn ham, ( ) überarbeiten ( ) des wissen mer auch ( ) und die werden wir schwer überzeugen; werden wir schwer überzeugen; aber die anderen achtzich prozent ( ) die sind froh wenn se das kriegen und sagen mensch super jetzt hammer was" (Hammen).

Das Mittelstufenteam kämpft dabei vor allem gegen die abwehrende Haltung einzelner Lehrender gegenüber Methodentraining im Allgemeinen.

> „nicht jeder is so offen ( ) wie wir jetz hier diskutieren; des wissen me auch ( ) ja; ( ) manche
> halten ja von dem ganzen ( ) z-zeuch garnix un die dokumentierens ja auch darauf brauche me-
> ich machs doch im fachunterricht; (1) ich brauch des net ja?" (Hammen).

In dieser Hinsicht versucht das Team klarzumachen, dass es Vorschläge erarbeitet hat, die in dieser Form, aber eben auch anders umgesetzt werden können. Die
Gruppe kann dem Kollegium nichts aufdrängen, da sie dazu nicht legitimiert ist.
Ebenso ist dem Mittelstufenteam bewusst, dass die eigene Ausarbeitung nicht die
optimale Variante darstellen muss.

> „wir sin nicht allein seelig machend sondern, ( ) wir ham eine idee des könnten mer so umset-
> zen, ( ) un dann gibt=s noch andere ideen;" (Hammen).

Besonders sensibel versucht die Gruppe bei dem Baustein zur sozialen Kompetenz und den entsprechenden Umsetzungsvorschlägen umzugehen.

> „ich hab ja viel matrial nur für unsre sache gesacht aso dass dass weil das eher was is wo man
> individuell mit umgehen muss" (Scholl).

Auf der einen Seite wird hier eine gemeinsam geteilte pädagogische Grundan-
nahme sichtbar, nach der das Material zur Unterrichtsgestaltung zur einzelnen
Lehrkraft und den Schülern passen muss. Auf der anderen Seite basiert das vor-
sichtige Vorgehen des Mittelstufenteams bezüglich dieser Thematik auf dessen
Vermutung, dass nicht alle Lehrenden die Notwendigkeit des Bausteins sozialer
Kompetenz gleichermaßen sehen.

> „sodass auch der unterrichtliche fortschritt weitergeht. ( ) weil sonst sehen die meisten kolle-
> gen das als hemmschuh an ( ) ich muss ja zusätzlich noch das machen. (1) und des muss klar-
> gemacht werden nein es hilft dir" (Hammen).

Das Mittelstufenteam erwartet in einigen Bereichen eine ablehnende Haltung des
Kollegiums gegenüber den eingebrachten Vorschlägen.

> „also ich hab wenn ich jetz mir die leute manche leute angucke, weil ich denk ( ) die werden
> sagen, (pf) des mach ich nie; (2) könnt ich mir gut vorstellen; ja grad jetz bei meinem thema
> weil das: son bissi was neues is ja und da scheiden sich für mich ( ) äh ( ) da scheiden die geis-
> ter";" (Kress).

Mögliche mangelnde Akzeptanz für die Implementierung von Methodentraining
in der Mittelstufe kann sich auf einzelnen Themenbereiche beziehen (bspw.
Soziale Kompetenz, Kommunikation, einheitliche Protokollführung, etc.), aber
eben auch auf den grundlegenden Umstand, dass die Lehrenden das Gefühl vermittelt bekommen, in ihrem normalen Fachunterricht die Methodenkompetenz
der Schülerinnen und Schüler nicht ausreichend zu schulen. Herr Hammen sieht

diesen Vorwurf bei einigen Lehrerinnen und Lehrern als grundsätzlich berechtigt an.

> „ich sach jetz nur ketzerisch angeblich machen alle des was da drin steht; ( ) un dann kommst du in ne klasse un denkst jawoll die ham des gemacht, (1) un dann kommst du in einen zwölfer kurs un die machen daumenkino am atlas; ( ) un die atlaseinführung ham mer dort fünfmal gemacht; ( ) also ( ) äh de de probleme sin immer die nachhaltichkeit, äh ähm wie wirds betrieben," (Hammen).

Aus diesem Grund möchte das Team beim Studientag die Hilfe von externen Moderatoren in Anspruch nehmen, die die Diskussion mit dem Kollegium leiten und moderieren sollen. Allerdings wird letztlich von der Steuergruppe entschieden, dass diese die Moderation der einzelnen Arbeitsgruppen übernimmt.

Das Mittelstufenteam bewegt sich mit seiner Arbeit gewissermaßen zwischen den beiden Polen der Schulleitung in Form der Steuergruppe auf der einen Seite und dem Kollegium auf der anderen Seite. Während die Steuergruppe die Vorgabe an das Team gibt, „schlanke", also in ihrer Umsetzung leicht zu praktizierende Vorschläge zu erarbeiten, sind die Erwartungen des Kollegiums an die Arbeit des Mittelstufenteams nicht eindeutig und klar formuliert. Das Mittelstufenteam erwartet von Teilen des Kollegiums eine abwehrende Haltung gegenüber ihrer Arbeit, von Großteil vermuten sie, dass sich diese Lehrenden die Ergebnisse der Ausarbeitung wünschen. Insgesamt versucht die Gruppe praktikable Umsetzungsvorschläge für das Methodentraining in der Mittelstufe zu erarbeiten, die die Lehrkräfte in ihrem Unterrichtsalltag unterstützen und für die Schülerinnen und Schüler ebenfalls eine enorme Hilfe darstellen. Die Lehrerautonomie beim tatsächlichen Einsatz von Methodentraining im Unterricht soll gewahrt bleiben und die noch kritischen Lehrenden davon überzeugt werden, dass die nachhaltige Anwendung von einzelnen Bausteinen zum Methodentraining für alle Beteiligten eine sinnvolle Zeitinvestition im Fachunterricht darstellt.

5.3.2 Fallanalyse

In diesem Kapitel wird exemplarisch anhand ausgewählter Transkriptpassagen das sequenzanalytische Vorgehen nachgezeichnet. Diese Passagen wurden innerhalb der Formulierenden Interpretationen identifiziert, insofern sie thematisch relevant erscheinen bzw. sich durch eine hohe metaphorische oder interaktive Dichte auszeichnen.

Bitte von Emma

Die nachfolgende Passage stammt aus der dritten der insgesamt vier Sitzungen des Mittelstufenteams. Es waren folgende Gruppenmitglieder bei der Sitzung anwesend: Anja Wiereck, Emma Drößler, Jonas Kress, Lars Hammen, Lea Kiefer

Drößler	ich hätt noch ne bitte

Mit diesem Einstieg erfolgt zunächst einmal eine Selbstadressierung („ich…") der Lehrerin Drößler. Diese exponiert sich in diesem Moment als Sprecherin und weist insgesamt darauf hin, dass sie ein Anliegen hat, das zuvor im Rahmen der Kommunikation noch nicht behandelt worden ist. Deutlich wird ein partikulares Interesse, das vermutlich in der Folge von Drößler eingeführt wird. Die Sprecherin bindet sich in die aktuelle Situation ein, formuliert ein noch offenes Bedürfnis, das sie schließlich innerhalb der Teamkommunikation offenbaren möchte. Interessant ist die Verwendung des Konjunktivs, der verschiedene Lesarten zulässt:

- Die Bitte an sich ist noch fragil und es gilt zunächst innerhalb der Kommunikation abzustimmen, ob die Lehrer Drößler noch vor der Formulierung dessen an der Bitte festhält. In diesem Falle wäre die Bitte an das Wohlwollen der Anderen als Bedingung geknüpft. Erst wenn diese ihre Zustimmung zur Äußerung der partikularen Bitte geben, formuliert Drößler sie.
- Der Satzteil „ich hätt noch ne bitte", lässt die Anschlussmöglichkeit eines „aber" offen und damit die Variante, dass Drößler auf die Metaebene der Kommunikation wechselt, bspw. im Sinne von ‚ich hätt noch ne bitte aber ich komme ja nicht zu wort/sie wird von euch nicht berücksichtigt' etc.
- Die Verwendung des Konjunktivs hat möglicherweise einen appellativen Charakter und soll den Adressaten auf ein Versäumnis hinweisen. In diesem Falle würde die Sprecherin durch ihren Einschub verdeutlichen, dass innerhalb der Kommunikation nicht alle Aspekte behandelt wurden oder eben nicht alle gleichermaßen beteiligt waren.
- Die Verwendung des Konjunktivs zeitigt eine vorsichtige, evtl. besonders höfliche Formulierung für das Einbringen der eigenen Bitte.

Das Wort „noch" verweist darüber hinaus auf dem Umstand, dass sich die Äußerung von Drößler durchaus auf etwas Vorheriges bezieht. Möglich ist, dass bereits eine Bitte formuliert wurde und sie nun eine weitere, eben „noch" eine einbringen möchte. Denkbar ist aber auch, dass vorher zwar über etwas gesprochen wurde bzw. etwas thematisiert wurde, jedoch dabei eben ein Aspekt ausgelassen

wurde, weshalb sie „noch" eine Bitte einbringen möchte, bevor das Thema endgültig beendet wird.
Die Fortführung des Satzes durch die Sprecherin erscheint sehr offensiv:

Drößler | ich hätt noch ne bitte und zwar ( )

Es erfolgt kein Pause zwischen der Einführung und der Weiterführung des Satzes. Die Sprecherin beginnt direkt damit ihre Bitte zu spezifizieren. Damit wird
zugleich verhindert, dass die anderen Anwesenden die Bitte der Lehrerin Drößler
von vornherein abwehren können. Von Kooperationszusammenhängen, die bereits länger bestehen, kann angenommen werden, dass sich gewisse Routinen
und Normen innerhalb der Zusammenarbeit eingestellt haben, die das Einbringen
von partikularen Interessen und Wünschen regeln. Im vorliegenden Fall haben
wir es mit einem Team zu tun, das in dieser Konstellation noch nicht lange besteht und auf keine entsprechenden Routinen zurückgreifen kann. Insofern erscheint das Vorgehen der Lehrerin Drößler offensiv und verweist zugleich auf
eine gewisse Dringlichkeit in Bezug auf die von ihr eingebrachte Bitte. Für den
Fall, dass es sich bei ihrer Bitte um eine Bagatelle handelt, dürfte der Einschub
für den Sitzungsverlauf unproblematisch sein. Als wahrscheinlicher dürfte gelten, dass sich die Bitte auf einen inhaltlichen Aspekt bzw. die Sache bezieht,
weshalb sich das Mittelstufenteam trifft. In diesem Fall soll ein für die Sprecherin wichtiger Punkt noch behandelt werden. Nach der direkten Anknüpfung und
Weiterführung der Aussage können lediglich die beiden letzten Lesarten aufrechterhalten werden, wonach es sich um eine besonders höfliche Formulierung
handelt oder um eine solche, die den Adressaten auf ein Versäumnis hinweisen
soll. Orientiert an der Sparsamkeitsregel müsste jedoch auch die Lesart der besonders vorsichtigen, höflichen Formulierung verworfen werden. Denn in einem
solchen Falle würde die Sprecherin wahrscheinlich eine direkte Entschuldigung
in ihre Äußerung einbauen bzw. sich vor dem weiteren Ausführen zunächst ver-
gewissern, dass sie sich äußern darf und nicht direkt weitersprechen.

Drößler | ich hätt noch ne bitte und ( ) du hast so ich merk so du-

Die Sprecherin richtet sich an eine einzelne Person in ihrem Sprechakt. Gleichwohl sie eine einzelne Person adressiert, könnte sich ihre Bitte nach wie vor aber
auch auf die gesamte Lehrergruppe beziehen. Nach der einführenden Metakommunikation, wird der Sprechakt schließlich spezifischer. „du hast so" ist keine
vage, sondern durchaus sehr dezidierte Äußerung. Mit dieser Einführung wird
eine Grundrealität beschrieben, die allgemein, also personenunabhängig wahrge-

nommen werden kann. Die folgende Verschleifung drückt eine Unsicherheit bzw. Vorsicht der Sprecherin aus. Bis die Aussage auf den Punkt gebracht wird, erfolgt zunächst eine Figur des elliptischen Kreisens um die eigentliche Aussage. Zugleich ist der Einschub „ich merk so" eine Subjektivierung bzw. perspektivische Einschränkung. Die entschiedene Äußerung über eine andere Person im Sinne von ‚du bist', ‚du hast' ist stets riskant und kann mit der Rückbindung an die eigene Wahrnehmung abgemildert werden. Gleichsam entzieht sich die entsprechende Äußerung damit ein Stück weit der objektiven Überprüfbarkeit, wenn es sich um eine subjektive Wahrnehmung handelt. Dieser kann nur schwer von anderen widersprochen werden. Als besonders interessant in dieser Sequenz erscheint das Verb ‚merken'. Bei der Umschreibung einer subjektiven Wahrnehmung wird häufig ‚ich find' oder ‚ich denk' verwendet. Merken bzw. bemerken im Gegensatz dazu verweist zwar ebenfalls auf einen subjektiven Eindruck, jedoch wird dieser entschiedener präsentiert. Merken bedeutet etwas zu beobachten, etwas aufzudecken. In der extremsten Form bedeutet es etwas zu durchschauen, was von anderen bislang möglicherweise versucht wurde zu verbergen. Insgesamt wird mit diesem Verb ein höherer Geltungsanspruch erhoben, auf etwas Wichtiges und keineswegs Unwichtiges verwiesen.

Diese Sequenz weist eine eigentümliche selbstreferenzielle Struktur auf („du" und „ich"): die Sprecherin markiert einen Sachverhalt („du hast so") mit der Perspektivität ihres Sprechakts („ich merk so"). In einer normalen, unproblematischen Kommunikation wird diese Perspektivität nicht immer markiert. In der Regel gehen wir in der Alltagskommunikation davon aus, dass wir die Welt stets mit unseren Augen sehen. Eine solche Markierung erscheint in diesem Sinne insbesondere in solchen Gesprächen wichtig, in denen die Sprecherin bzw. der Sprecher besonders vorsichtig vorgehen oder die Perspektivität besonders hervorheben möchte. Der bisherige Sprechakt von Drößler verweist auf eine Form der Kontrolle, da sie sich selbst in die Position der Beobachterin über eine dritte Person erhoben hat. Für das Mittelstufenteam ist die Situation durchaus prekär: die Kommunikation weist an dieser Stelle eine Dreierstruktur auf, da es die Sprecherin gibt, die sich direkt an eine anwesende Person richtet und darüber hinaus das restliche Team als Zuhörer fungiert. Möglicherweise wissen diese Dritten, was Drößler weiterhin als ihre Bitte ausführen wird. In jedem Falle lässt die bisherige Äußerung vermuten, dass eine hochriskante subjektive Einschätzung folgt, die für die Sprecherin eine hohe Relevanz hat. Die Relevanz wird durch das Fokussierungselement deutlich, das in der Kommunikation zum Ausdruck kommt.

| Drößler | ich hätt noch ne bitte und ( ) du hast so ich merk so du- du hast dir ja viele <u>gedanken</u> drüber gemacht |

Der Sprechakt wird mit einer Äußerung fortgeführt, die weiterhin als Einleitungssequenz für die eigentliche Aussage angesehen werden kann. Nach wir vor bleibt unklar, wer angesprochen wird und welcher Sachverhalt thematisch werden soll. Zunächst wird der Adressat vor den Anderen qualifiziert, dadurch dass er sich viele Gedanken über etwas gemacht hat. Zugleich wird an diese Person ein gewisser Erwartungshorizont eröffnet. Offen bleibt, inwieweit es sich um eine tatsächliche Anerkennung oder eine nur scheinbare Anerkennung der Gedanken des Adressaten handelt. Beide Lesarten können zunächst aufgestellt werden, jedoch erscheint die zweite Variante als wahrscheinlicher. Als Anschlussmöglichkeit liegt eine Einschränkung in Form eines ‚aber' nahe. Zudem lässt die Betonung des Wortes ‚gedanken' die Schlussfolgerung zu, diese insofern besonders betonenswert erscheint, als dass sie im Gegensatz bspw. tu Taten und Handlungen steht oder einem – trotz der vielen Gedanken – offensichtlichen Scheitern. Insgesamt markiert die spezifische Ausdrucksweise der Sprecherin einen Widerspruch zum Inhalt der Anerkennung. Der Sprechakt stellt insofern eher eine negative Anerkennung dar: der Adressat hat etwas getan bzw. gesagt, das Ergebnis eines reflexiven Prozesses ist. Dieser wird in der Tat anerkennt, nicht jedoch das Ergebnis der Gedanken bzw. das, was daraus resultiert. Der Sprechakt ist eine Einleitungsstruktur für erwartete Kritik. Auf diese kann der Adressat nur schwer reagieren, da sein Reaktionsspielraum durch die scheinbare Anerkennung erheblich eingeschränkt wird. Diese Lesart der Sequenz scheint naheliegend zu sein, da es sich um eine durchaus diffuse Einleitungssequenz handelt, die zudem eine private Perspektive markiert.

| Drößler | drüber gemacht und noch steuergruppe und du so- son paar feste begriffe zum beispiel welcher baustein welche nummer hat ( ) |

Bislang erscheint der Sprechakt von Drößler hochgradig indexikal, implizit. Nach wie vor ist unklar, welche Bitte sie an eine einzelne anwesende Person bzw. die gesamte Gruppe stellen möchte. Die Aussage der Sprecherin erscheint nicht in der Form eines verständlichen Satzes. Viele Aspekte werden angesprochen, die nicht expliziert werden. Bspw. ist nicht klar, über was sich der Adressat viele Gedanken gemacht hat, die zuvor lobend erwähnt wurden. Im ersten Satzteil dieser Sequenz („und noch steuergruppe") spiegelt sich die Unsicherheit syntaktisch wieder. In diesem Zusammenhang bleibt die Erwähnung der Steuergruppe zunächst einmal unverständlich. Die angesprochenen „gedanken" und die „steuergruppe" werden sprachlich zusammengefasst, weshalb es vermutlich eine Relation dazwischen gibt. In der weiteren Ausführung kommt die Sprecherin vom Existenziellen ins minutiös Praktische, indem sie ein Beispiel für die Gedanken einwirft: nämlich „welcher baustein welche nummer hat". Die Zuordnung von Ordnungszahlen zu einer Sache, hier einem „baustein" erscheint als wesentliche Markierung, die benötigt wird, wenn sich mehrere Personen darüber verständigen möchten. Die Frage welcher Baustein welche Nummer hat mag lapidar wirken, erscheint an dieser Stelle jedoch als relevant für die Sprecherin. Schließlich markiert sie mit diesem inhaltlichen Aspekt den Übergang von der personalen zur inhaltlichen Ebene. Interessant ist in diesem Zusammenhang, dass nach der Äußerung auf der personalen Ebene „du hast dir ja viele gedanken gemacht" keine weitere Beurteilung bzw. Bewertung erfolgte. Die „vielen gedanken" definiert die Sprecherin auf einfache Feststellungen herunter (,,welcher baustein welche nummer hat"). Letztlich werden die Person und die Sache zusammengezogen.

Bis zu diesem Zeitpunkt des Sprechakts erscheint dieser als zugespitzter Angriff auf den Adressaten. Plausibel wird nun, warum im Anschluss an die als Konjunktiv verkleidete Bitte keine Pause erfolgte: bei der Sprecherin hat sich eine Verärgerung bzw. ein Bedürfnis aufgestaut, das sich nun innerhalb der Kommunikation Bahn bricht. Die Rede der Lehrerin Drößler wirkt diffus, weil sie unsicher und offensiv zugleich ist. Zwar wird der Sprechakt mit einer scheinbar höflichen Redeweise eröffnet, jedoch wird die gesamte Argumentation von Drößler durch die Sprechgeschwindigkeit und Punktlosigkeit untermauert. In Bezug auf den Adressaten stellt sie klar, dass der von der entsprechenden Person betriebene Aufwand durchaus wahrgenommen und gewürdigt wird, zugleich zieht der anerkennende Akt eine Entwertung nach sich.

| Hamm. | drüber gemacht | achso ja |

Die Reaktion von Hammen zeigt, dass er sich angesprochen fühlt. „achso ja" verweist aber nicht zwangsläufig auf ein Schuldeingeständnis. Zunächst sind zwei Lesarten denkbar:

- Hammens Reaktion ist lediglich die Aussprache der Erkenntnis dessen, welchen Sachverhalt die Lehrerin Drößler angesprochen hat. Damit verbunden vermutet er evtl. bereits welche Bitte damit verbunden ist. Jedoch vollzieht er bislang keine inhaltliche Anbindung an die vorherige Äußerung. Eine Reaktion auf den impliziten Angriff seiner Person bzw. Vorgehensweise erfolgt vorerst nicht.
- Mit seiner Äußerung stimmt Hammen den vorherigen Ausführungen insofern zu, dass es für die Bausteine bestimmte feste Begriffe gibt, die er verwendet.

Hammen hat nicht die Möglichkeit sich weitergehend zu äußern, da Drößler weiter ausführt bzw. in ihrer Aussage durch eine weitere Lehrerin unterstützt wird.

Kiefer	drüber gemacht	ja des kriege (xx) [lacht]
Drößler		un so was ( ) wenn du uns des vielleicht einfach
	ma geben könntest [lacht]	

Die beiden Teammitglieder Kiefer und Drößler führen gleichzeitig den Sprechakt weiter fort. Inhaltlich scheint Kiefer eine passivere Rolle als Drößler einzunehmen. Deutlich wird dies auch durch das unsichere Lachen am Ende der Aussage „ja des kriege". Unverständlich bleibt das Ende der Aussage von Kiefer. In jedem Falle ist es als Bestätigung und Unterstützung der Position von Drößler zu werten.

Drößler knüpft auf der inhaltlichen Ebene an: brachte sie zuvor noch das konkrete Beispiel der Nummerierung der Bausteine ein, bezieht sie sich an dieser Stelle auf ein grundsätzliches Muster („un so was"). Es scheint neben der Bezeichnung von Bausteinen weitere Inhalte zu geben, auf die sich ihre Äußerung bezieht. In der weiteren Ausführung der Sprecherin vereinnahmt diese die anderen anwesenden Teammitglieder („uns"). Nach wie vor findet das Gespräch sowohl auf personaler („du") als auch inhaltlicher („des") Ebene statt. An dieser Stelle wird die eigentliche Bitte von Drößler zum ersten Mal sichtbar, es geht darum etwas von Hammen einzufordern. Dabei entpuppt sich die partikulare Bitte von Drößler als Gruppenbedürfnis. Es geht um die Verteilung von Gütern (bspw. der Information), die einzelnen Personen vorenthalten wird und nun von diesen eingefordert wird. An dieser Stelle wird das latente Strukturproblem der unzureichenden Partizipation der Gruppenmitglieder auf die manifeste Ebene gehoben, indem es zum Thema der Kommunikation wird. In Anbetracht der Tatsache, dass Drößler ein Partizipationsdefizit innerhalb der Kooperation anspricht, erscheint die vorherige ausholende Struktur „ich hätt noch ne bitt" als vorgeschobene Entschuldigung. Letztlich hat sich die Sprecherin entschuldigt, bevor sie überhaupt etwas angesprochen hat, denn sie möchte den Adressaten damit nicht kränken. Dennoch ist es ihr wichtig, das Partizipationsdefizit anzusprechen. Die Weitergabe von zentralen Informationen innerhalb von Kooperationszusammenhängen dürfte als selbstverständlich gelten, dennoch erscheint die vorliegende entsprechende Kommunikationssequenz als krisenhaft. Es stellt sich die Frage, was für die Lehrerin Drößler auf dem Spiel steht, wenn sie sich entsprechend äußert. Und wie wird mit dem Ausspruch des Partizipationsdefizits umgegangen?

Letztlich muss das Mittelstufenteam nun gemeinsam eine Situationsdefinition aushandeln, wie das markierte Problem gesehen wird und wie damit umgegangen wird.

Hamm.	drüber gemacht	ja (1) sorry ja weil des auf dem
Kiefer		(xx) ja

Drößler	dann könnten wir da- dann könnten wir da irgendwie
	mitmachen

Die angesprochene Person registriert sehr schnell das eigene Versäumnis, das zugleich mit der Bejahung und Entschuldigung eingeräumt wird. „sorry" als Kurzform und eher umgangssprachliche Variante der Entschuldigung zeigt zwar, dass sich der Sprecher einer Schuld bewusst ist, jedoch erfolgt keine ausführlichere Form der Entschuldigung. Stattdessen wechselt der Sprecher in den Modus der Rechtfertigung „weil des auf dem". Es scheint so als würde Hammen der Situation keinen Ausnahmecharakter zuschreiben, sondern das Monieren eines Informationsdefizits lediglich als kleinen Betriebsunfall werten, der schnell wieder behoben werden kann.

Die Lehrerin Drößler setzt jedoch nach wie vor ihren Sprechakt fort. Sie möchte weiter ausführen, welche Möglichkeiten sich durch die Weitergabe der Informationen durch Hammen für die Anderen ergeben würden. Sie verdeutlicht, dass ein „geben" von Hammen einen Handlungsspielraum für die anderen Gruppenmitglieder eröffnen würde, welche diese wiederum nicht zwangsläufig nutzen müssten, aber könnten. Die beiden Begriffe „könnten" und „irgendwie" verweisen auf einen bestehenden Beteiligungswunsch, der insgesamt jedoch noch diffus ist. Es scheint um eine grundsätzlich bestehende Möglichkeit zu gehen. Das wird auch durch die Verwendung des Verbs „mitmachen" klar, das nicht darauf hinweist, dass die anderen Gruppenmitglieder als Vorreiter agieren möchten, sondern eher an etwas Bestehendem bzw. Laufenden partizipieren möchten.

Für den Adressaten Hammen bestehen die beiden Optionen entweder das Versäumnis symbolisch zu heilen und der Bitte nachzukommen oder weiterhin eine Sonderposition zu behaupten.

Hamm.	drüber gemacht	also äh baustein eins
Drößler	[kichert]	
Hamm.		is referat freier vortrag präsentati-
Drößler	on (2)	
	is oder ah- gi- gibt=s da noch irgendwie andere wichtige sachen die wir vielleicht	
	auch wissen sollten, also wenn du das nämlich hier eh irgendwo aufgeschrieben hast	
	vielleicht kann man=s nachher einfach auf den kopierer legen und dann hätten wir das	
	( )	

Die Reaktion von Hammen zeigt, dass dieser sich direkt auf den konkreten Fall bezieht. Es ist zunächst keine Irritation erkennbar; seinerseits wird das Versäumnis ohne weitere Erläuterungen sachlich ausgeräumt, indem die geforderten Informationen geliefert werden. Die Situationsauflösung könnte am ehesten als geordneter Rückzug umschrieben werden.

Demgegenüber steht die Reaktion der Lehrerin Drößler. Diese gibt sich nicht mit der Reaktion zufrieden. Gewissermaßen erfolgt eine Reformulierung der Aufforderung zur Informationsweitergabe an die anderen Mitglieder. Dabei wird die Weitergabe zentraler Informationen von ihr als sehr simpler Vorgang beschrieben. Man könne die Sachen „einfach auf den kopierer legen". Nach wie vor wirkt der Anspruch ihres Wunsches sehr gering, wird jedoch mit hohem Nachdruck von ihr verfolgt. In einer entdramatisierenden Figur wird von ihr angedeutet, dass es Hammen keine Probleme bereiten dürfte die Unterlagen für alle Teammitglieder vervielfältigen zu können. Zugleich tut der Adressat des Sprechakts dies nicht, obwohl es doch als einfach beschrieben wird. Zumal die Sprecherin Drößler sich explizit nach anderen wichtigen Sachen erkundigt, die sie und die anderen unter Umständen auch wissen sollten. Implizit schwingt in dieser Aussage die Unterstellung mit, dass Hammen bestimmte Dinge für sich behält und alleine angeht. In Bezug auf die Aufgabe des Teams könnte möglicherweise seinerseits eine Selektion der Informationen erfolgen, die er weitergeben möchte. Die übrigen Teammitglieder haben in Bezug auf die Arbeit des Mittelstufenteams damit möglicherweise nur noch eine Pseudopartizipation. Besonders brisant erscheint dies vor dem Hintergrund, dass Hammen das einzige Teammitglied ist, das seitens der Schulleitung zur Arbeit in diesem Team berufen wurde. Wenngleich das in dieser Passage sichtbar werdende Partizipationsdefizit nicht zwangsläufig durch die Schulleitung intendiert sein muss. Seitens der Person, die offensichtlich die Informationsmacht für sich beansprucht, kann die Arbeit im Team auch als Profilierung missbraucht werden. Unklar bleibt, wer letztlich entscheidet, welche Informationen das Team erhält.

Hamm.	drüber gemacht	hm:
Drößler		oder nicht, (3)
Hamm.	die sin- die sin aus der einladung für die steuergruppe ( ) das muss ich nochma raus-ziehen un euch schicken ( ) ja?	

Hammen gibt mit seiner Äußerung für den konkreten Fall klein bei. Er versucht zu rationalisieren, warum er in der aktuellen Situation der Forderung nach Transparenz und Partizipation nicht nachgekommen ist. Damit geht er zwar auf die Forderung der Lehrerin Drößler ein, jedoch ist nach wie vor eine gewisse Zurückhaltung zu erkennen. Seine Reaktion würde im Normalfall anders verlaufen, wenn er sich bewusst wäre, ein Kommunikationsproblem hervorgerufen zu haben. Dann würde er sich eher folgendermaßen äußern: ‚ist doch klar das bekommt ihr'. Die für gelingende Kooperation angenommenen zentralen Werte des Vertrauens und der Partizipation müssten von einer Person mit Führungsqualität ernst genommen werden und das würde im konkreten Fall bedeutet, dass das

Versäumnis der Informationsweitergabe sofort und ohne weitere Einschränkungen nachgeholt wird. Stattdessen wird von Hammen der Grundkonflikt markiert, der sowohl für ihn als handelnder Akteur innerhalb des Mittelstufenteams als auch für die gesamte Teamaufgabe relevant ist: das Verhältnis zur Steuergruppe. An dieser Stelle wird die Steuergruppe durch Hammen als eine Autorität eingeführt. Hammen selbst ist in der Steuergruppe und zugleich durch die Schulleitung als Leiter des Mittelstufenteams eingesetzt. Damit bildet er das Bindeglied zwischen diesen beiden Gremien. Dabei stellt die Steuergruppe die formal höhere Instanz dar, die das Mittelstufenteam nicht nur ins Leben gerufen hat, sondern nach wie vor auch inhaltliche Hoheit über zentrale Aspekte besitzt, die prinzipiell in den Zuständigkeitsbereich des eigens dafür installierten Teams fällt.

Die vorliegende Passage zeigt keine zufällig innerhalb der Kooperation entstandene Schwierigkeit, sondern markiert vielmehr ein zentrales Problem des Mittelstufenteams. Die Lehrerin Drößler bringt sich innerhalb der Kommunikation ein und trägt einen Angriff vor, bei dem sie letztlich auf ein bestehendes Informations- und damit Partizipationsdefizit der Teammitglieder hinweist und zugleich darum bittet dies auszuräumen. Der Leiter der Gruppe Hammen wird damit konfrontiert. Drößler konstruiert die Konstellation des Teams so als würde sich jemand innerhalb der Zusammenarbeit verselbständigen, ohne die Anderen miteinzubeziehen. Die angesprochene Person Hammen lenkt zwar für die konkrete Situation bzw. ein konkretes Beispiel ein, verweist aber nicht darauf, grundsätzlich an dem Problem arbeiten zu wollen. Als Begründung für das durch ihn verursachte Informationsdefizit wird die Steuergruppe als höhere Instanz als Legitimation eingebaut. Das Strukturproblem der Lehrerkooperation im Mittelstufenteam ist folglich die Etablierung einer symmetrischen Kooperation durch den Leiter des Teams, der selbst einem höher postierten Gremium der Schule angehört.

5.3.3 Fallstruktur: Das Mittelstufenteam als intermediäres Projekt

Mit der Aufgabe, das Methodentraining für die Mittelstufe der Schule zu konzipieren, betreibt das Mittelstufenteam Unterrichtsentwicklung und kommt damit der im normativen Schulentwicklungsdiskurs als Ideal postulierten Kooperationsform der „community of practice" (Wenger 1998) sehr nahe. Insbesondere für den Bereich der Unterrichtsentwicklung wird die ziel- und aufgabenbezogene Zusammenarbeit von Lehrkräften als eine wesentliche Gelingensbedingung angesehen. Eine entsprechende Anspruchshaltung zur Kooperationsform findet sich sowohl innerhalb des Mittelstufenteams selbst als auch in der kollegialen Umwelt und von der Schulleitung adressiert.

Die Spezifik der vorliegenden Gruppe liegt vor allem in ihrer „Verankerung" innerhalb der Schule. Das Mittelstufenteam wurde von der Schulleitung eingesetzt, um eine sehr konkrete Aufgabe zu erledigen, die sich unmittelbar auf die Unterrichtspraxis der Lehrkräfte (in der Mittelstufe) auswirkt. Die Mitglieder des Teams erfüllen eine Stabsfunktion ohne dabei vom Kollegium mandatiert zu sein. Das Team wurde top down initiiert und ist zugleich als eine ad hoc-Gruppe anzusehen, unter der ein Zusammenschluss verstanden werden soll, der sich durch seine Tätigkeit selbst überflüssig machen soll. Die skizzierte Spezifik des Mittelstufenteams verdeutlicht zugleich dessen prekären Status innerhalb der Schule.

Das Mittelstufenteam ist ein auf Zeit angelegtes und in seiner Aufgabenstellung klar festgelegtes Team, das die Aufgabe hat das Methodentraining für die Mittelstufe an einem Gymnasium auszuarbeiten. In seiner Zusammensetzung aus einerseits von der Schulleitung beauftragten und andererseits freiwillig agierenden Lehrkräften stellt das Team eine Mischung von formeller und informeller Kooperationsform dar. Dabei ist die Gruppe in den top-down-Prozess der Steuerung durch die Schulleitung eingebunden. Angesichts der Überkomplexität dieser Schule ist es eine schwere Aufgabe die einzelnen Arbeitsgruppen arbeitsfähig zu machen und zu erhalten. Die Teams agieren als „Zwischengruppen", als intermediäre Projekte, wobei damit bereits ein erstes zentrales Strukturproblem angedeutet wird. Die intermediären Projekte sind in die Komplexität der Organisation eingebunden und unterliegen zugleich einem prekären Status. Das Mittelstufenteam muss für sich Stabilität herstellen, um arbeitsfähig zu sein. Doch die Mitglieder machen die Strukturerfahrung, dass die Sicherung der Bedingungen für das, was man zu tun hat, bereits viele Ressourcen verschlingt.

Die Besonderheit des Mittelstufenteams ist der klare Auftrag, der innerhalb eines vorgegebenen Zeitfensters bearbeitet werden soll ohne dass eine stabile Institutionalisierungsform existiert, die Kontinuitäten entstehen lassen und das Ausbilden von Routinen begünstigen würde. Trotz dieser auf den ersten Blick eher ungünstig erscheinenden Rahmenbedingungen arbeitet das Mittelstufenteam aufgabenbezogen und produktorientiert und aus der Sicht der Akteure sehr gut zusammen. Es lässt sich eine stark am Output orientierte instrumentelle Form der Kooperation identifizieren. Das Mittelstufenteam soll einzelne Bausteine eines Methodentrainings zur Umsetzung auch durch andere Lehrkräfte entwickeln. Dabei unterliegt das Team einem enormen Realisierungsdruck: sie müssen etwas entwickeln, was unmittelbar im Anschluss in der Unterrichtspraxis umgesetzt werden soll. Dabei entwickelt die Gruppe etwas, was letztlich für alle Lehrkräfte dieser großen Schule gelten soll. Für die Teammitglieder besteht eine Ungewissheit ihrer Effektivität, da die konkrete Umsetzung der von ihnen entwickelten

Ideen im Verfügungsraum der einzelnen Lehrkraft verbleibt. Damit sind sie mit einem Feld betraut, das die Autonomie der einzelnen Lehrkraft tangiert.

Angesichts der Aufgabenstellung des Mittelstufenteam könnte es sich bei diesem um eine Professionelle Lerngemeinschaft (Rolff 2000) handeln, wie sie aktuell in der schulpädagogischen Diskussion häufig als besonders relevant für das Schülerlernen und die Personalentwicklung der Schule umschrieben wird. Jedoch findet die mit diesem Konzept verbundene unterrichtsnahe Entwicklung und gemeinsame Reflexion nahezu nicht statt; stattdessen wird der Arbeitsauftrag der Gruppe parzelliert und jedes Teammitglied bearbeitet individuell die eigene Aufgabe. Das Fallbeispiel offenbart eine Form der Kooperation, in der sich das in der Organisation Schule gegebene Kooperationsdilemma reproduziert: Die alltägliche Lehrerarbeit ist gefügeartig organisiert; aus der arbeitsteiligen Organisation der Schule ergibt sich ein Nebeneinanderherarbeiten der Lehrkräfte (Rolff 1980).

Charakteristisch für die Teamkooperation ist die realisierte Führungsrolle des Leiters, der in dieser Funktion durch die Schulleitung eingesetzt wurde. Der Leiter der Gruppe agiert in einer dominanten Rolle und managt die Kooperation. Dabei vollzieht er gewissermaßen eine Methodisierung der Kooperation, insofern er - begünstigt durch außerschulische Kompetenzen - bereichsfremde Methoden der Kooperation anwendet. Die damit implementierte Form der Kooperationstechnik führt auf der Oberfläche zu einer Strukturierung der Zusammenarbeit und der zuvor skizzierten arbeitsteiligen Vorgehensweise. Dass die Kooperation des Mittelstufenteams weitgehend gefügeartig verbleibt, ist letztlich der positiven Sanktionierung durch den Leiter der Gruppe geschuldet. Die Form der Strukturierung und Systematisierung durch den dominanten Akteur des Teams reproduziert die gefügeartige Kooperation und verunmöglicht Ko-Konstruktion.

Interessant ist, dass die Mitglieder des Teams die Führungsstruktur und realisierte Form der Zusammenarbeit in überwiegend positiv bewerten. Den Gruppenmitgliedern des Mittelstufenteams ist eine negative Hypothek von Kooperationserfahrungen gemein, die sie insbesondere aus Gesamtkonferenzen mitbringen. Sie distanzieren sich in ihrer eigenen (Zusammen)Arbeit von dem dort erfahrenen „*Gelaber und Gewaber*", und konstruieren die Kooperation im Mittelstufenteam als effektiv und produktiv. Die strikte Führung im Mittelstufenteam erleben sie in erster Linie als Entlastung. Die Methodisierung und Strukturierung der Zusammenarbeit erscheint ihnen sinnvoll. Die Zufriedenheit der Mitglieder mit ihrer Kooperationssituation kann auch daran liegen, dass innerhalb der Zusammenarbeit das Prinzip der Kollegialität gewahrt wird, indem die einzelnen Mitglieder ihre Autonomie beanspruchen und auch wechselseitig achten.

Der Leiter der Gruppe tritt nicht als „Primus inter pares" auf, er agiert als Kooperationsagent und behält die Fäden in der Hand, was der Vorstellung einer paritätischen Kooperation mit gleichem Informationsstand der Akteure widerspricht. Die starke Strukturierung durch und der Wissensvorsprung des Leiters, der selektiert, welche Informationen an die Gruppe weitergegeben werden können, kann für die Gruppenmitglieder entlastend sein, es kann jedoch auch zu Konflikten führen. Es ist anzunehmen, dass solche als „Missstände" empfundenen Verhaltensweisen aufgrund der zeitlich begrenzten Dauer der Zusammenarbeit eher hingenommen werden, als wenn die Kooperation auf Dauer angelegt wäre.

Innerhalb seiner Kooperationsstruktur reproduziert das Mittelstufenteam die Schule typische gefügeartige Struktur. Das Nebeneinanderherarbeiten wird dabei insbesondere durch den relativ mächtigen und von der Schulleitung bestimmten Gruppenleiter und die von ihm vollzogene methodisch professionelle Gesprächsorganisation bedingt. Partiell erfolgt eine Identifizierung mit der Aufgabe; insgesamt bleibt die Gruppe jedoch fragmentiert. Innerhalb der Kooperation geschieht wenig Wechselwirkung und letztlich verbleibt jede Lehrkraft in ihrem eigenen Handlungsfeld und lässt die Autonomie des jeweils anderen ebenso unberührt, wie die die eigene professionelle Autonomie beansprucht wird: „es hat sich eigentlich keiner ( ) in diese unterschiedlichen bereiche reingehängt und eingemischt (...)" Kiefer 20.09.07). Die durch die strukturierte Entkopplung in Form der Verantwortlichkeit einzelner Lehrkräfte für je eigene Methodenbausteine, erfolgte letztlich eine Freistellung von einer engeren kokonstruktiven Aufgabenbearbeitung. Dieser Umstand wurde von den Beteiligten durchaus positiv bilanziert: „dadurch dass ich meinen eigenen baustein hatte mit dieser naturwissenschaft, ( ) kam ich mir auch relativ autark vor in meinem handeln;" (Kress 20.09.07). Die Mitglieder des Mittelstufenteams bleiben im Sinne der organisationstheoretischen Vorstellung der Schule lose gekoppelt. Für die Einzelnen ist das entlastend, wenn sie fragmentiert bleiben können. Für andere Kooperationszusammenhänge ist die Erarbeitung eines gemeinsamen Werthorizonts für das Gelingen der Zusammenarbeit entscheidender; bspw. für ein Jahrgangsstufenteam, das sich selbst als ein eigener professioneller Akteur konstruiert.

6 Kontrastierung und Theoretisierung der Fälle

Das dieser Arbeit zugrunde liegende Datenmaterial bietet eine besondere Erkenntnisquelle, anhand derer ein mikroskopischer Blick auf Kooperationsprozesse von Lehrkräften möglich wird. Auf Grundlage von in-situ-Daten konnte die fallspezifische kommunikative Praxis der Lehrerkooperation in drei verschiedenen Lehrergruppen rekonstruiert werden.

Hierzu wurde zunächst das Audiomaterial der einzelnen Teamsitzungen und Gruppendiskussionen mit dem Verfahrensschritt der Formulierenden Interpretation der Dokumentarischen Methode aufbereitet und strukturiert. In diesem Arbeitsgang konnten zugleich zentrale Passagen identifiziert werden, die sich durch eine hohe metaphorische oder interaktive Dichte auszeichneten bzw. thematisch relevant waren und deshalb zur weiteren Analyse transkribiert wurden. Die Feinanalyse dieser Passagen erfolgte in Form der als Ergänzungsmodell[27] (Fielding/Schreier 2001: o.S.) zu verstehenden Methodentriangulation von Dokumentarischer Methode und Objektiver Hermeneutik.

Die beiden methodischen Verfahren wurden ausgewählt, um einerseits latente Sinnstrukturen und andererseits kollektive Orientierungsräume und Erfahrungsmuster der Akteure rekonstruieren zu können. Als Ergebnis wurde für jede der drei ausgewählten Lehrergruppen eine je spezifische Strukturlogik herausgearbeitet, die als lokales Wissens verstanden werden muss. Denn die rekonstruierte Fallstruktur ist im Fall selbst situiert und wurde nicht vom Fall abgehoben erzeugt. Zugleich reicht das Strukturwissen über die reine Selbstbeschreibung der Akteure hinaus, insofern es methodisch kontrolliert und im Medium von theoretischen Referenzen geniert wurde (Idel/Baum/Bondorf i.E.). Das gewählte methodische Verfahren ermöglicht darüber hinaus neben der Fallerkenntnis (das Besondere im Fall) gleichsam eine Gesetzeserkenntnis (das Allgemeine im Fall), d. h. über Lehrerkooperation insgesamt.

Dem induktiven Vorgehen der vorliegenden Arbeit folgend, liefert das letzte Kapitel den Beitrag der Empirie zur Theorie bzw. zeigt die Verbindung zwischen Empirie und Theorie auf. Der empirische Gegenstand zeigt selbst die Dimensionen, die dabei Anwendung fanden und wird zugleich entsprechend dem

---

[27] Im Gegensatz zum Validitätsmodell, wonach die Methoden zur Validierung der jeweils anderen Ergebnisse angewandt werden.

Prinzip der Intersektionalität von mehreren Kategorien her erfasst. Schließlich soll mittels des empirisch gewonnen Materials zur Weiterentwicklung der Theoriebildung beigetragen werden.

Nachfolgend werden hierzu zunächst anhand von vier Kontrastierungslinien verschiedene Konstellationen der Kommunikation und Kooperation der untersuchten Lehrergruppen dargestellt (Kap. 6.1). Mit der Kontrastierung geht eine Reduktion der Vielschichtigkeit der einzelnen Fälle einher, insofern die Fokussierung auf allgemeine Fallstrukturen erfolgt. Als generelle Gesetzeserkenntnis können aus den Fallstudien Strukturbesonderheiten der Lehrerkooperation abstrahiert werden, die in Kapitel 6.2 dargelegt werden. Im abschließenden Kapitel 6.3 erfolgt schließlich die Loslösung vom konkreten empirischen Material in Form der Verhältnisbestimmung von Profession und Kooperation am Beispiel der Lehrerkooperation.

6.1 Konstellationen der Kommunikation und Kooperation

Aus dem empirischen Material wurden vier Kontrastierungslinien herausgearbeitet, anhand derer sich Kooperationszusammenhänge differenzieren lassen. Jede Lehrergruppe weist eine je spezifische Ausprägung der einzelnen Dimensionen auf. In der Summe ergeben sich verschiedene Konstellationen der Kommunikation und Kooperation.

Modus der professionellen Assoziation

Schule stellt mittlerweile ein breites Feld von Kooperationsanlässen und -formaten dar. Insbesondere formelle Formen der Zusammenarbeit von Lehrkräften unterliegen institutionalisierten Rahmenbedingungen. Dennoch ist es für formelle wie informelle Kooperationszusammenhänge gleichermaßen charakteristisch, dass sie sich hinsichtlich der internen Beziehungsdichte ihrer Mitglieder unterscheiden lassen. Es ist stets die Frage, welche Verbindungen und Bündnisse die Beteiligten miteinander eingehen. Letztlich lassen sich aus gruppensoziologischer Sicht verschiedene Modi der professionellen Assoziation beschreiben. Welchen Modus der Gemeinschaft erreichen die Lehrergruppen und inwieweit verbleiben die einzelnen Mitglieder, trotz ihres Kooperationszusammenhangs, eher individualisiert?

Die Mitglieder des **Jahrgangsstufenteams** haben aus der Voraussetzung einer institutionellen Zwangsgemeinschaft eine exklusive Professionsgemeinschaft geformt. Das Team weist eine besondere Form der Vergemeinschaftung auf. Durch die kollegiale Kooperation wird die Vereinzelung der ansonsten eher individualisiert agierenden Lehrkräfte zeitweise aufgelöst und der we-mode (vgl. Tuomela 2002: 36-39) dominiert innerhalb des Gruppengefüges. Mit dem we-mode verbunden ist die Übernahme von Gruppenzielen und einer Team- bzw. Wir-Perspektive. Die Mitgliedschaft in diesem Jahrgangsstufenteam wird zu einem identitätsstiftenden Faktor. In Analogie zur intensiven Beziehungsdichte des Kooperationszusammenhangs werden innerhalb der Kommunikation insbesondere Authentizität, Offenheit und Vertrauen als zentrale Werte formuliert und eingefordert. Die Kooperation im Jahrgangsstufenteam ist insgesamt außerordentlich stark auf der Ebene von emotionalen und angstreduzierenden Beziehungen realisiert. Solche Teamkonstellationen sind für die einzelnen Beteiligten hochfunktional, jedoch zugleich hochkontingent. Insbesondere personelle Wechsel und die Integration neuer Teammitglieder stellen den vergemeinschafteten Teamzusammenhang vor große Herausforderungen.

Die **Fachkonferenz** stellt sich als Kooperationszusammenhang dar, der durch eine innere Differenzierung gekennzeichnet ist, indem sie aus einem engeren, stärker assoziierten Kern der Untergruppe Makrospirale und der übrigen, nur lose gekoppelten Fachkonferenzmitglieder besteht. Die Teilnahme an der Fachkonferenz wird von den einzelnen Mitgliedern überwiegend individuell motiviert genutzt. Diese assoziieren sich nicht als eine Koalition innerhalb der Schule. Stattdessen erfüllen sie ihre institutionell verankerte Teamaufgabe ohne sich intensiver zu assoziieren. Die Beteiligten an der Untergruppe, die gemeinsam an der Unterrichtsentwicklung ihres Faches arbeiten, zeigen Ansätze eines we-mode (ebd.), indem gemeinsame Ziele und Regeln verfolgt werden, die sich ursächlich durch die Beteiligung PSE-Programm ergeben. Damit erfolgt zugleich die Abgrenzung gegenüber den restlichen Fachkonferenzmitgliedern. Die Kooperation innerhalb der Gesamtfachkonferenz wird dadurch erschwert, dass es diese Binnendifferenzierung gibt und zugleich wird ein enger Modus der professionellen Assoziation verunmöglicht.

Innerhalb der Kooperation des **Mittelstufenteams** reproduziert sich die Organisationsspezifik der Schule, wonach die alltägliche Lehrerarbeit gefügeartig organisiert ist und ein Nebeneinanderherarbeiten der Lehrkräfte begünstigt wird. Um ihren Gruppenauftrag, die Erarbeitung von Methodenbausteinen zur Implementierung in der Mittelstufe, zu erfüllen, wählt das Team ein arbeitsteiliges Vorgehen. Vor dem Hintergrund einer negativen Hypothek von Kooperationserfahrungen im Kollegium, erfolgt eine Professionalisierung des eigenen Kooperationszusammenhangs, insbesondere im Hinblick auf die Methodisierung und realisierte Gruppenführung. Letztlich verbleiben die einzelnen Mitglieder des Mittelstufenteams innerhalb ihres Kooperationszusammenhangs lose gekoppelt. Gemeinsam der Sache, dem Methodentraining, verpflichtet sind sie institutionell gekoppelt, aber wahren zugleich ihre professionelle Autonomie, indem es feste Zuständigkeiten für die einzelnen Arbeitsbereiche gibt.

Intensitätsstufen der Besonderung

Aus den verschiedenen Modi der professionellen Assoziation resultieren in der Regel auch entsprechende Formen der Abgrenzung gegenüber anderen Kolleginnen und Kollegen oder der Schulöffentlichkeit. Die meisten der Lehrergruppen sind Organisationselemente ihrer Einzelschule und weisen damit aus organisationstheoretischer Perspektive je spezifische Formen der Abschließung und Abgrenzung nach außen auf. Kooperationszusammenhänge von Lehrkräften können demnach nach Intensitätsstufen der Besonderung differenziert werden, die sich auf einem Kontinuum zwischen exklusiven und integrativen Formen der Kooperation bewegen.

Die besondere Form der Vergemeinschaftung innerhalb des **Jahrgangstufenteams** basiert wesentlich auf der Abgrenzung gegenüber anderen. Dabei richtet sich das Team nicht nur gegen die Schulleitung, sondern insbesondere auf symmetrischer Ebene gegen die anderen Kolleginnen und Kollegen im Gesamtkollegium. Der eigene Jahrgang stellt für das Jahrgangsstufenteam das eigene Hoheitsgebiet dar; aus der institutionell verankerten Steuerungszumutung resultierte letztlich eine Steuerungsambition die eigene Schülerschaft betreffend. Das Jahrgangsstufenteam wird zu einer Koalition in der Schule, wobei die bewusst hergestellte Exklusivität des Teams nur über Distinktion erfolgen kann. In Bezug auf die berufliche Stabilisierung der einzelnen Lehrkraft und die Handlungsfähigkeit des Teams ist diese integrative Form der Kooperation als höchste Intensitätsstufe der Besonderung hochfunktional. Das Jahrgangsstufenteam stellt für seine Mitglieder eine belastbare Beziehungsstruktur dar, die wesentlich für das emotionale Wohlbefinden und die Identität innerhalb der Schule ist. Jedoch führt die benötigte und beanspruchte Exklusivität dazu Kooperationsmöglichkeiten mit anderen innerhalb der Schule zu verschließen bzw. zumindest zu erschweren. Die Kehrseite der Exklusivität dieses Kooperationszusammenhangs liegt in den Ausschließungsmechanismen. Das starke Kreisen in sich selbst führt dazu, dass die anderen Kolleginnen und Kollegen sowie die Eltern der eigenen Schülerschaft tendenziell als Bedrohung konstruiert und entsprechende (Defizit-) Zuschreibung vorgenommen werden.

Vor der Vergleichsfolie anderer Fachkonferenzen an der Schule konstruiert die **Fachkonferenz Mathematik** ihre Zusammenarbeit als durchaus gelingend. Dennoch entwickelt sich bei den Mitgliedern kein Selbstverständnis einer „Leuchtturmgruppe", die für andere Kooperationszusammenhänge der Schule eine Vorreiterrolle einnehmen könnte. Die Fachkonferenz nimmt sich nicht als eine exklusive Verbindung innerhalb der eigenen Schule wahr, sie realisiert eine integrative Form der Kooperation. Weder die Beziehungsdichte in der Fachkonferenz noch die Zuständigkeit für den Mathematikunterricht der Schule verhilft der Fachkonferenz zum Status einer exklusiven Lehrerverbindung. Die einzige Abgrenzung, die seitens der Fachkonferenzmitglieder vorgenommen wird, richtet sich gegen die Vorgaben der Bildungsadministration. Diesbezüglich nehmen die Konferenzmitglieder eine gemeinsam geteilte tendenziell abwehrende Haltung ein. Steuerungsimpulse der Bildungsadministration werden zunächst als Zumutung aufgefasst und stets vor der Folie des gemeinsamen Orientierungsmusters am Schülerwohl modifiziert. Das Eigene dieses Kooperationszusammenhangs ist damit ein von allen geteiltes Verständnis der Notwendigkeit der Orientierung an den Alltagserfahrungen und -bedürfnissen der Schülerinnen und Schüler ihrer Gesamtschule.

Das **Mittelstufenteam** bewegt sich mit seinen Aufgaben und deren Bearbeitung zwischen den beiden Polen der Schulleitung (Steuergruppe) als Auftraggeber und dem Kollegium als Empfänger der Dienstleistung. Das Team muss sich in seiner Arbeit an die Vorgaben der Steuergruppe halten und konkrete Umsetzungsvorschläge erarbeiten, die schließlich auf eine möglichst große Akzeptanz bei den Kolleginnen und Kollegen stoßen soll. Die Mitgliedschaft der einzelnen Lehrkräfte ist unterschiedlich motiviert (institutionell erzwungen, freiwillige Teilnahme aufgrund entsprechender Vorerfahrung, etc.); eine professionelle Assoziation der Mitglieder ergibt sich nur temporär. Dennoch trägt die institutionelle Verankerung dazu bei, dass das Mittelstufenteam als gemeinsamer Akteur innerhalb der Schule auftritt und damit zugleich Ausschließungsmechanismen bedient werden. Einige der Kolleginnen und Kollegen werden als potenzielle Gegner der Gruppenarbeit konstruiert und eine Abgrenzung zu ihnen hergestellt. Insgesamt realisieren die Mitglieder des Mittelstufenteams eine exklusivere Form der Kooperation, wenngleich diese Exklusivität im Gegensatz zum Jahrgangsstufenteam nicht bewusst hergestellt wird, sondern sich durch die institutionelle Verankerung der Gruppe und den Gruppenauftrag ergibt.

Grad an Professionalität als Anerkennung der Kollegialität – Ausprägung bindender Entscheidung

Organisationstheoretisch betrachtet, dienen die Lehrergruppen innerhalb ihrer Organisation der Einzelschule dazu Entscheidungen zu treffen. Diesem Verständnis folgend darf „Entscheidung" nicht nur auf die Festlegung gemeinsamen Handelns in Gruppen reduziert werden, sondern es können ebenso vorbereitende

Überlegungen für spätere Festlegungen subsummiert werden. Diese treten in der Gestalt formell bürokratischer Festlegungen oder durch Kommunikation charakterisierte Entscheidungen auf. Letztere sind in erster Linie als Prozess der Herstellung von Verbindlichkeit, Kollektiv und Konvention zu verstehen. Lehrerkooperationszusammenhänge unterscheiden sich hinsichtlich der Ausprägung bindender Entscheidung und des Grades an Professionalität als Anerkennung der Kollegialität, d. h. der Autonomie der einzelnen Lehrkraft. Dabei lassen sich hinsichtlich der Entscheidungsebenen zwei Spielarten der Kooperation von Lehrkräften klassifizieren, die zugleich auch als Mischformen auftreten können: Kooperation als vorrangig organisatorisches Entscheidungshandeln oder Kooperation als pädagogisch-professioneller Reflexionsraum.

Das **Jahrgangsstufenteam** hat die institutionell verankerte Aufgabe den eigenen Altersjahrgang aus pädagogischer, didaktischer und organisatorischer Sicht zu steuern und entsprechende Entscheidungen zu treffen. Dabei ist das Ausmaß an bindender Entscheidung innerhalb des Teamzusammenhangs sehr hoch. Das Team trifft planend Entscheidungen über den Verlauf des Schuljahres, Entscheidungen über gemeinsame Veranstaltungen, aber auch und insbesondere pädagogische Entscheidungen (bspw. Umgang mit unentschuldigtem Fehlen, etc.). Dabei sind die Gruppenentscheidungen an einem Wertmaßstab orientiert, der in kollektiven Prozessreflexionen von den Beteiligten hergestellt wurde. Das kooperative Handeln des Jahrgangsstufenteams geschieht nach einer Gruppen-Raison, d. h. nach gemeinsamen Zielen, Werten, Normen und Regeln. Für die Einzelnen bedeutet dies jedoch keineswegs den partiellen Verlust ihrer professionellen Autonomie oder eine Einschränkung ihres Handlungsspielraums. Zum einen da die Entscheidungen innerhalb des Jahrgangsstufenteams gemeinsam reflexiv hergestellt wurden und zum anderen da diese auf die Kohärenz des pädagogischen Programms in der Jahrgangsstufe und nicht das konkrete Unterrichtsgeschehen zielen. Das Jahrgangsstufenteam stellt ein Beispiel für die „Aufhebung isolierter Arbeit im Klassenzimmer und die Substitution individueller durch kollektive Verantwortung dar" (Kuper 2008: 156) dar. Die kollegiale Zusammenarbeit im Jahrgangsstufenteam ist als ein Modus des partizipativen Entscheidens in Schulen (ebd.: 157) zu verstehen, deren Wirkungen bis in den Unterricht der einzelnen Lehrkraft hineinragt. Dennoch steht neben dem Element der Kooperation als Organisationshandeln die pädagogische-professionelle kollegiale Reflexion im Vordergrund der Zusammenarbeit im Jahrgangsstufenteam.

Auch die **Fachkonferenz** hat die Aufgabe innerhalb des Schulgefüges bestimmte Entscheidungen zu treffen, nämlich jene, die mit dem Unterrichtsfach Mathematik zusammen hängen. Diesbezüglich treffen die Mitglieder bspw. Entscheidungen über die Wahl bestimmter Schulbücher, Entscheidungen über Termine und Themen von Vergleichsarbeiten und die Entscheidungen über die

Verwendung des Fachetats. Über diese organisatorisch geprägten Entscheidungsebenen hinweg weist die Fachkonferenz in ihrer Zusammenarbeit jedoch einen Mangel an bindenden Entscheidungen auf. Innerhalb der Untergruppe Makrospirale werden durchaus pädagogische Fragestellungen erörtert, aber keine verbindlichen Entscheidungen getroffen. Stattdessen erfolgt eine Einigung auf gemeinsame Vorschläge, die eher als Angebot, denn als Gebot für die Beteiligten zu verstehen sind.

Entscheidungen innerhalb der Fachkonferenz erscheinen als formell bürokratische Festlegungen in Bezug auf das gemeinsame Unterrichtsfach und damit als Variante des organisatorischen Entscheidungshandelns. Nur selten finden innerhalb der Kooperation Prozesse der Herstellung von Verbindlichkeit, Kollektiv und Konvention in pädagogisch-professioneller Sicht statt. Stattdessen herrscht diesbezüglich eher eine Einigkeit auf eine selbstverordnete Unverbindlichkeit vor.

Das **Mittelstufenteam** weist ein mittleres Maß an bindender Entscheidung auf, was insbesondere durch den spezifischen Fall seiner institutionellen Installierung begründet scheint. Das Team erfüllt, eingesetzt durch die Schulleitung, eine Stabsfunktion ohne dabei durch das Kollegium mandatiert zu sein. „Top down" wurde das Mittelstufenteam initiiert, um über die curriculare Entwicklungsarbeit das Kollegium mit einer Dienstleistung zu entlasten. Das Team trifft inhaltliche Entscheidungen über das Methodentraining in der Mittelstufe und tangiert damit potenziell den Gestaltungsraum der Professionellen, insofern die Vorschläge des Mittelstufenteams tatsächlich umgesetzt werden. De facto verfügt das Team über keinen formell bürokratischen Entscheidungsrahmen, der von den Beteiligten gefüllt werden kann. Entscheidungen werden in Gestalt von Verfahrensvorschlägen getroffen, die letztlich hinsichtlich ihres Geltungsanspruchs der Notwendigkeit der Akzeptanz durch das Kollegium unterliegen. Die Kooperation im Mittelstufenteam ist zwar als Element der Schulsteuerung zu verstehen, jedoch finden sich in ihr sowohl Elemente des organisatorischen Entscheidungshandelns als auch Elemente der pädagogischen Diskussion.

Effekte der Kooperation

Die Fallstudien der vorliegenden Arbeit zeigen jenseits einer idealistischen Anspruchsterminologie welche Effekte die kollegiale Zusammenarbeit in Schulen für die einzelne Lehrkraft, die entsprechende Lehrergruppe und die Organisation Schule zeitigt. Dabei werden Potenziale und Ressourcen ebenso wie Grenzen und Gefahren deutlich. Hinsichtlich ihrer Funktionalität kann die Kooperation innerhalb der einzelnen Lehrerteams als Teil der jeweiligen Schulkultur betrachtet werden, insofern diese innerhalb der kollegialen Kommunikationsprozesse zum Ausdruck kommt.

Die Kooperation im **Jahrgangsstufenteam** entfaltet für die einzelnen Mitglieder enormes Entlastungspotenzial. Das Team nutzt den Kooperationszusammenhang zur gemeinsamen Prozessreflexion. Vor dem negativen Gegenhorizont der bisherigen Berufserfahrung, wonach das Gelingen oder Misslingen der Unterrichtsstunde von anderen Lehrkräften hinter den Klassentüren verschlossen bleibt, öffnen sich die Teammitglieder und berichten von ihren alltäglichen Erfahrungen. Das Öffentlichmachen der eigenen Sorgen und Ängste und des individuellen professionellen Scheiterns ist keine „Tyrannei der Intimität" (Sennett 2008). Das hohe Maß an „self disclosure" (vgl. Jourard 1971), das die Mitglieder des Jahrgangsstufenteams aufweisen, erfüllt eine zentrale Funktion für die Professionalität und möglicherweise Professionalisierung der Akteure. Die im Rahmen der individualisierten Berufsausübung erlebten Scheiternsmomente werden im kooperativen Kontext ent-individualisiert und damit für den Einzelnen erträglich. Zugleich erhalten die Professionellen kollegiale Anerkennung in ihrer Berufstätigkeit. Innerhalb der gemeinsamen Prozessreflexion bearbeitet das Jahrgangsstufenteam die professionellen Probleme, stellvertretend am Alltagsbeispiel einer einzelnen Lehrkraft. Gleichsam wird damit die Gefahr entschärft, dass das Team als reine Tröstergemeinschaft für nicht-gelingenden Unterricht dient und anspruchsreduzierend auf die professionelle Handlungsstruktur wirkt. Das Jahrgangsstufenteam stellt eine traditionelle Form der Kooperation an Gesamtschulen dar, die als wesentliches Element der Schulen pädagogisch und konzeptionell begründet sind. Innerhalb einer demokratischen Schulkultur kommt den einzelnen Jahrgangsstufenteams eine hohe Kompetenz zu.

Die Kooperation in der **Fachkonferenz** ist geprägt durch die heterogenen Kooperationswünsche ihrer Mitglieder. Auf der einen Seite findet sich eine distanzierte Fachkultur, die eine tiefergehende pädagogisch-professionelle Reflexion verschränkt, während auf der anderen Seite einige der Lehrkräfte den Wunsch nach gemeinsamer Unterrichtsentwicklung hegen. Aus den unterschiedlichen Kooperationsvorstellungen resultiert ein eigenes Format der Kooperation, das durch die Binnendifferenzierung in einen harten Kern („Untergruppe Makrospirale") und den darum gruppierten übrigen Fachkonferenzmitgliedern besteht. Die Kooperation in der Fachkonferenz wird von den Beteiligten überwiegend individuell motiviert genutzt und beruht damit auf dem Prinzip des persönlichen Vorteils. Gemeinsam wird ein unterrichtsbezogener Ideenpool quasi als Anregungsbüffet entwickelt, an dem sich die Anderen bedienen können. Jedoch wird innerhalb der Kommunikation deutlich, dass es bislang noch nicht zu einer Normalisierung des wechselseitigen Austauschs gekommen ist und das Spannungsverhältnis von Kooperation und Kollegialität als Begrenzung der gegenseitigen

Beeinflussung stets offensichtlich wird. Die Fachkonferenz erfüllt ihre institutionelle, koordinierende Aufgabe. Trotz der partiellen Bemühungen die Kooperation zum kollegialen Austausch, einer gemeinsamen Prozessreflexion und der gemeinsamen Unterrichtsentwicklung zu nutzen, bleiben diese Effekte der Kooperation bislang aufgrund der fehlenden Routinisierung entsprechender Handlungsformate weitestgehend aus.

Als Unterrichtsentwicklungsteam kommt das **Mittelstufenteam** der im normativen Diskurs um Schul- und Unterrichtsentwicklung als Ideal postulierten Kooperationsform der Professionellen Lerngemeinschaft (Bonsen/Rolff 2006) sehr nahe. In der Tat vermochte das Team durch das gewählte arbeitsteilige Vorgehen innerhalb eines vergleichsweise kurzen Zeitraums das seitens der Schulleitung erwünschte Arbeitsprodukt zu realisieren. Zugleich verschränkte sich das Team jedoch Potenziale einer kokonstruktiven Kooperationsform (Gräsel/Fussangel/Pröbstel 2006) durch die strukturierte Entkopplung in Form der Zuteilung modularer Elemente an einzelne Teammitglieder. Die größtenteils durch Einzelkämpfertum geprägte Schulkultur kommt im konkreten Vorgehen des Mittelstufenteams zum Ausdruck. Fernab von der programmatischen Diskussion um Idealformen der Kooperation, erleben die Mitglieder des Mittelstufenteams ihre Zusammenarbeit als durchaus gelingend. Sie distanzieren sich explizit von dem in Gesamtkonferenzen erlebten „Gelaber und Gewaber" und konstruieren die eigene, durch Methodisierung und Strukturierung geprägte, Zusammenarbeit als besonders effektiven Gegenentwurf. Wenngleich der vom Mittelstufenteam realisierte Assoziationstypus für das individuelle, professionelle Lehrerhandeln nur bedingt „wirkungsvoll" erscheint, entfaltet die Kooperation als Element der Schulsteuerung an dieser Stelle seine volle Wirkung.

6.2 Strukturbesonderheiten der Lehrerkooperation

Um die Kooperation von Lehrkräften jenseits der normativ-programmatischen Diskussion und den gängigen Bestimmungen und Differenzierungen zu untersuchen, wurde ein rekonstruktiv-sequenzanalytisches Verfahren gewählt. Die dabei eingenommene Mikroperspektive verhalf dazu die Praxis der Kooperation und Kommunikation von drei verschiedenen Lehrergruppen nachzeichnen zu können und damit letztlich auch analysieren zu können, wie Kooperationsprozesse von Lehrenden tatsächlich strukturiert sind. Von den Fallbesonderheiten abstrahierend, lassen sich spezifische Strukturbesonderheiten identifizieren, die für Lehrerkooperationsprozesse konstituierend erscheinen.

Die besondere Anforderung in Bezug auf Kommunikationsstile im Rahmen der kollegialen Kooperation liegt in der grundsätzlichen Verschiedenheit dieser

Situation zum Hauptalltagsgeschäft der Lehrkräfte, dem Unterricht. Lehrerinnen und Lehrer werden auf Regulierung hin ausgebildet und greifen innerhalb der Kooperation auf entsprechende Gewohnheiten und Routinen zurück. Durch den tief sitzenden Habitus Unterricht zu machen, werden Blockierungen und Begrenzungen geschaffen, die sich innerhalb der Kooperationsprozesse negativ niederschlagen. Die Fähigkeit sich in angemessener Art und Weise mit Kolleginnen und Kollegen über Aufgaben und Probleme der Steuerung und Entwicklung der Schule und des Unterrichts zu verständigen, ist nicht mit der Fähigkeit gleichzusetzen guten Unterricht zu gestalten. Mit dem strukturellen Unterschied der Kooperationssituation zur Unterrichtssituation ist die Differenz des Unterrichtshandelns zum Kooperationshandeln verbunden. Gilt es bspw. innerhalb des schulischen Unterrichts den Austausch der Schülerinnen und Schüler untereinander weitestgehend zu unterbinden, ist es gerade eine Qualitätsanforderung an kollegiale Kooperation den Austausch untereinander und das Einbringen individueller Bedürfnisse zu gewährleisten. Hierfür ist die ausreichende Kenntnis von Verfahrenstechniken von Nöten, die eine gleichberechtigte Partizipation aller Beteiligten ermöglichen. Die Praxis zeigt jedoch, dass diese in den meisten Fällen nicht ausgeprägt genug vorhanden ist. In den Kommunikationsstrukturen der Lehrergruppen bilden sich somit häufig unterrichtsnahe, in Bezug auf die kommunikative Verhandlung pädagogisch-professioneller Fragestellungen oder entscheidungsrelevanter Steuerungsaufgaben wenig passende Gesprächsformate ab. Diesbezüglich zeigt sich in den Fallstudien das bereits von Terhart/Klieme (2006) beschriebene Problem einer fehlenden Fachsprache. Lehrerinnen und Lehrern fehlt es an einer solchen, um in professionellen Kontexten berufliche Handlungsanforderungen und -probleme in personenneutraler und entemotionalisierter Art und Weise erörtern zu können.

Innerhalb der Kommunikation in Lehrerkooperationsprozessen zeigt sich zudem häufig eine Strukturlosigkeit (insbesondere in Anfangssituationen). Obwohl Kooperation mittlerweile – bedingt durch Organisationszwang – zu einem festen Bestandteil der Lehrerarbeit geworden ist, konnte nach wie vor keine Routinisierung der professionellen Zusammenarbeit erfolgen. Bei der Betrachtung der Interaktionsverhältnisse innerhalb der Kooperation wird dies offensichtlich. Lehrkräfte erleben zwei widersprüchliche Prinzipien in ihrem Berufsalltag: das asymmetrische Lehrer-Schüler-Verhältnis im Kerngeschäft des Unterrichtens und eine prinzipielle Gleichheit in der Kooperation mit Kolleginnen und Kollegen. Zur Kooperation auf professioneller Ebene gehört auch der Aspekt, dass die Lehrenden innerhalb ihrer Teams auf der gleichen Augenhöhe arbeiten. Die Kooperation muss so organisiert sein, dass die Einzelnen sich in ihrer Kompetenz und Professionalität respektiert sehen. Zugleich bedarf es innerhalb der Kooperation auch der Anweisung. Dieses Spannungsverhältnis zwischen Symmetrie und Asymmetrie ist zentral für Kooperationsprozesse unter Lehrenden. In den Lehrergruppen besteht immer die Gefahr, dass sich funktionale und strukturelle Aspekte vermischen und Status- oder Relevanzkämpfe ausbrechen. Lehrpersonen sind in kollegialen Gremien in der Regel hochsensibel gegenüber Hierarchisierungsprozessen. Es ist also immer auch entscheidend und wichtig, in welchem Zusammenhang die Lehrenden außerhalb der Kooperationsgruppe stehen. Es kann durchaus zu Konflikten kommen, wenn die schulalltägliche Positionierung der Akteure nicht in der funktionalen Differenzierung im Kooperationszusammenhang reproduziert oder gar umgekehrt wird. Denn es ist möglich, dass Personen ohne hierarchische Strukturen Führung wahrnehmen müssen – möglicherweise sogar gegenüber Vorgesetzten.

Insgesamt erscheint Kooperation im Lehrerberuf als Anforderung, die sich an die Professionellen stellt und von diesen bewältigt werden muss. Die kooperative Gestaltung der Berufstätigkeit stellt für Lehrerinnen und Lehrer eine berufliche Entwicklungsaufgabe dar. Dabei sind mit den jeweiligen Kooperationsformaten je spezifische Strukturprobleme verbunden, die sich insbesondere durch die institutionelle Verankerung der Gruppe sowie ihren Aufgaben und Funktionen ergeben.

Innerhalb der Schulorganisation vorgegebene Kooperationsformen lassen die kollegiale Zusammenarbeit für einige Beteiligten als Zwang erscheinen. Damit drohen die entsprechenden Zusammenschlüsse von Beginn an fragil zu sein. Lehrkräfte folgen häufig, möglicherweise durch eine negative Hypothek an Kooperationserfahrungen zusätzlich manifestiert, einem Alltagsbewusstsein von Kooperation, wonach diese immer dann gelingt, wenn die Chemie unter den Beteiligten stimmt. Dieses Deutungsmuster findet sich sogar bei Lehrkräften, die empirisch eine gegenteilige Erfahrung gemacht haben. Professionelle Kooperation muss jedoch von dieser Dimension entkoppelt werden: Lehrkräfte müssen auch dann miteinander kooperieren, wenn man sich möglicherweise freiwillig nicht miteinander assoziiert hätte. Zugleich stellt der Umstand Vertrauen zueinander zu haben und sich gegenseitig in seiner Professionalität anzuerkennen eine wesentliche Grundlage der Kooperation dar. Damit wäre ein weiteres Spannungsverhältnis der Kooperation als Element der pädagogischen Professionalität markiert.

6.3 Profession und Kooperation. Eine Verhältnisbestimmung am Beispiel der Lehrerkooperation

Lehrerkooperation vor dem Hintergrund der berufskulturellen Besonderheiten des Lehrerberufs zu betrachten, erscheint sinnvoll und notwendig, da zentrale Strukturbesonderheiten durch eine professionstheoretische Betrachtungsweise besonders gut akzentuiert werden können. Das zentrale Spannungsverhältnis zwischen professioneller Autonomie und Kooperation wird erst vor der Folie des Strukturkerns professionellen Handelns von Lehrkräften evident. Dennoch ist die vorliegende empirische Arbeit nicht einer bestimmten professionstheoretischen Positionierung geschuldet. Die dominierenden professionstheoretischen Zugänge im sozialwissenschaftlichen Bereich entwickeln den Professionalitätsbegriff von der Analyse gesellschaftlicher Strukturen und Prozesse her, während die Ebene des individuellen Akteurs lediglich eine von vielen weiteren Aspekten darstellt. Zugleich weisen die herrschenden Professionstheorien in Bezug auf den Gegenstand der Lehrerkooperation ein entscheidendes Defizit auf, in dem diese – auf die professionelle Klientbeziehung fokussiert – die Bedingungen, unter denen Professionelle arbeiten nicht oder nur am Rande behandeln.

In der vorliegenden Arbeit erfolgte insofern ein theorie-integrativer, d. h. die grundlegenden Gemeinsamkeiten der verschiedenen professionstheoretischen Positionierungen hervorhebender, Zugriff auf das Untersuchungsfeld der Lehrerkooperation mit dem Fokus auf jene Aspekte, die für die Betrachtung von Kooperationsprozessen unter Lehrkräften relevant erscheinen. Auf die Darstellung und Diskussion eines umfassenden Konzepts der Professionalität und/oder Professionalisierung im Lehrerberuf bzw. die Berücksichtigung verschiedener professionstheoretischer Positionierungen wird verzichtet (vgl. hierzu die Beiträge in Combe/Helsper 1996; Gehrmann 2003).

In Bezug auf das Forschungsfeld der Lehrerkooperation sind folgende professionstheoretischen Merkmale des Lehrerberufs von Bedeutung:

1. Die Kerntätigkeit ihrer Profession, das Unterrichten, führen Lehrerinnen und Lehrer in der Regel individualisiert und von anderen unabhängig aus. Auf der Ebene der Unterrichtstätigkeit im Klassenzimmer verfügen sie über einen hohen Grad an (methodischer) Autonomie.

2. Für den Unterricht an sich lässt sich ein Mangel an Technologisierung und Standardisierung konstatieren. Die professionelle Tätigkeit von Lehrerinnen und Lehrern ist mit in der Notwendigkeit des schulalltäglichen Ausbalancierens widersprüchlicher Handlungsanforderungen verbunden (Idel 2007: 364).

3. Sowohl die organisationsstrukturellen Gegebenheiten der Schule mit der physischen Abgeschiedenheit als auch die Normen des so genannten Auto-

nomie-Paritäts-Musters (Lortie 1975) verhindern kollegialen Austausch in
der Schule. Die Einzelkämpferorientierung, gleichsam sozialisiert wie habitualisiert, führt letztlich dazu, dass ein Voneinander-Lernen und gemeinsames Reflektieren der wichtigen Aspekte ihrer Berufstätigkeit für Lehrerinnen und Lehrer nahezu verunmöglicht wird (Hargreaves 1994).
Lehrerkooperation würde – diesen Ausführungen folgend – bereits vom Phänomenbestand her ein Problem darstellen. Kooperation als „Einmischung" in den
Arbeitsbereich eines Anderen stünde dem Prinzip der Unvertretbarkeit im pädagogischen Arbeitsbündnis entgegen. Aus professionstheoretischer Perspektive
ergibt sich durch das Prinzip der Kollegialität eine systematische Grenze der
gegenseitigen Beeinflussung in Kooperationsprozessen und damit von Kooperationsansprüchen, insofern Kollegialität als Achtung der professionellen Autonomie der Kolleginnen und Kollegen verstanden wird (Wellendorf 1967). Kollegialität ist folglich das Prinzip, das die einzelne Lehrkraft vor übergriffiger Einmischung anderer schützt und die individuelle Verantwortung für den Umgang mit
Ungewissheit wahrt. Demnach bestünde die Kernstruktur von Prozessen der
Lehrerkooperation im Spannungsverhältnis zwischen Kollegialität und Kooperation, das von den Beteiligten stets balanciert werden muss.

Tatsächlich lässt sich das heuristisch angenommene Spannungsverhältnis
zwischen Kollegialität und Kooperation anhand der Empirie rekonstruieren. Mit
Hilfe einer Intensitätsstichprobe konnte ein mikroskopischer Blick auf das Phänomen der Lehrerkooperation geworfen werden. Hierbei wurde deutlich, dass die
professionstheoretische Perspektive sehr hilfreich für das Verstehen der Dynamik und Ambivalenzen von Lehrerkooperationsprozessen ist. Zugleich bleiben
jedoch wesentliche Aspekte des Gegenstandsbereichs als blinde Flecken verbor-
gen. Bisherige professionstheoretische Ansätze erscheinen geradezu unterkom-
plex zur Wirklichkeit. Auf das Konstitutivum der stellvertretenden Krisenlösung
sowie das damit verbundene professionelle Arbeitsbündis mit den Klienten fokussiert, erscheint die Theoriebildung letztlich zu eindimensional in Bezug auf
den Prozess der kollegialen professionellen Kooperation. Während zwischen
Profession und Organisation bereits differenzierte Verhältnisbestimmungen vorgenommen wurden (vgl. z.B. Böttcher/Terhart 2004, Helsper et al. 2008), ist
bislang noch keine umfassende Analyse der Frage erfolgt, ob es sich zwischen
Profession und Kooperation in der Tendenz um ein Unverhältnis oder eher um
ein Ermöglichungsverhältnis handelt. Keineswegs kann behauptet werden, dass
diesbezüglich noch keine Relationierungen erfolgt sind. So fasst Reh den basalen
Konsens der aktuellen schulpädagogischen Debatte zusammen, indem sie Kooperation als Strategie der „Weiterentwicklung der individuellen Selbstreflexionsfähigkeit der einzelnen Lehrkraft" (Reh 2008: 163) und damit deren Professionalisierung beschreibt. Grundlegender wird Kooperation in Gemeinschaften

auch als charakteristisches Strukturmerkmal von Professionen beschrieben (Shulman 1998: 516). Die Realität der Lehrerkooperation scheint sich diesem Idealbild jedoch nicht oder nur unter bestimmten Bedingungen unterwerfen zu wollen. Äquivalent hierzu existiert eine große Diskrepanz zwischen der normativen Forderung nach Lehrerkooperation und ihrer Realität. Für beide Fälle gilt, dass die intersektionale Betrachtung des Phänomens wesentlich aufschlussreicher sein dürfte. Gleichwohl sich Dynamik und Ambivalenz von Lehrerkooperationsprozessen aus einem professionstheoretischen Blickwinkel nachdrücklich rekonstruieren lassen, erscheinen darüber hinaus insbesondere organisationstheoretische und gruppensoziologische Kategorien für die Analyse des Phänomens relevant. Nur insofern Lehrerkooperation von mehreren Kategorien her zu begreifen versucht wird, kann die komplexe Realität adäquat aufgeschlüsselt werden.

Auf Grundlage des vorliegenden empirischen Materials kann eine Verhältnisbestimmung von Profession und Kooperation vorgenommen werden. Wenngleich die aus drei exemplarischen Fallstudien bestehende Datenbasis vergleichsweise schmal ist, führen die Binnenkomplexität dieser Intensitätsstichprobe sowie das gewählte methodische Vorgehen dennoch – im Sinne der Strukturgeneralisierung – zu einer Theoretisierung. Die hieraus entwickelte Verhältnisbestimmung von Profession und Kooperation unterliegt einem indeterministischen Geltungsanspruch, insofern sie eher probabilistischen Charakter hat. Es soll und kann kein Modell behauptet werden, dem sich die Realität zu fügen hat. Gleichsam laufen die theoretischen Schlussfolgerungen aufgrund des epochalen Wandels des Professionsverständnisses Gefahr eine vergleichsweise nur geringe Halbwertszeit aufzuweisen. Die Lehrerprofession ist eine solche, die innerhalb der Organisation Schule realisiert wird. Schulen stehen vor tiefgreifenden Veränderungen, die sich auf die Berufstätigkeit der Lehrkräfte auswirken. Die pädagogische Profession unterliegt insgesamt einem stetigen Ausdifferenzierungsprozess. Viele dieser Entwicklungen scheinen konstitutiv für die rekonstruierten Fallstrukturen der Kooperationszusammenhänge und -prozesse zu sein. Bei aller Einschränkung, dürfte die nachfolgende Verhältnisbestimmung zumindest zur Eröffnung neuer Aufmerksamkeitshorizonte geeignet und impulsgebend für eine theoretische Ausdifferenzierungen erscheinen.

Bezüglich der Verhältnisbestimmung von Profession und Kooperation lassen sich drei grundlegende Relationierungen identifizieren:

1   Kooperation als Element der pädagogischen Professionalität
2   Kooperation als Professionalisierungsdesiderat
3   Kooperation als Strategie der Professionalisierung

Ad 1) Kooperation als Element der pädagogischen Professionalität

Der in den vergangenen Jahren begonnene Strukturwandel der Schule als Organisation und der professionellen Tätigkeit der Lehrkräfte führt zu neuen Aufgaben und Herausforderungen sowohl für die Organisation als Ganze als auch für die Professionellen. Kooperation muss hierbei als neues Feld in der Berufstätigkeit von Lehrerinnen und Lehrern verstanden werden. Bereits etablierte Kooperationsprozesse (z. B. Konferenzwesen) werden durch tiefgreifende Veränderungen des Schulsystems, insbesondere durch bewusst bildungspolitisch gesteuerte, tangiert. Neue Kooperationsformate treten hinzu. Die gesteigerte Autonomie der Einzelschule kann in kollegialer Kooperation bewältigt werden. Nicht zwanghafte und selbstbestimmt realisierte Kooperation eröffnet die Möglichkeit, als Alternative zur fremdbestimmten bürokratischen Organisation, die professionelle Autonomie zu sichern.

Kooperation stellt ebenso wie Organisation nicht den Widerpart pädagogisch-professionellen Handelns dar. Insofern kann das heuristisch angenommene Spannungsverhältnis zwischen Kollegialität und Kooperation neu relationiert werden. Kollegialität ist einerseits ein begrenzendes Element der Kooperation, indem es eine Grenzziehung der gegenseitigen Beeinflussung nach sich zieht. Kollegialität kann jedoch zugleich als Kooperation-ermöglichendes Prinzip angesehen werden. Denn professionelles Lehrerhandeln vollzieht sich stets innerhalb der Organisation Schule, wodurch sich die Möglichkeit eröffnet, Probleme nicht ausschließlich individuell zu reflektieren oder zu lösen.

Kollegiale Kooperation kann Potenziale entfalten, insofern sie nicht als ein die professionelle Autonomie des Einzelnen und damit bedrohendes Setting innerhalb der Profession wahrgenommen wird. Vielmehr sollte die zielgerichtete Zusammenarbeit mit Kolleginnen und Kollegen als ein zentrales, gleichwertiges, nicht mit der professionellen Autonomie konkurrierendes Feld angesehen werden.

Ad 2) Kooperation als Professionalisierungsdesiderat

Lehrerkooperation ist weder auf der Ebene der Organisation noch auf der Ebene der professionellen Kompetenz der einzelnen Lehrkraft voraussetzungslos. Vielmehr stellt sie ein berufs- und organisationskulturelles Entwicklungsproblem dar, bei dem es nicht ausschließlich um die zweckrationale Optimierungen sachlicher und finanzieller Ressourcen geht, sondern insbesondere um die Veränderung vorhandener Praktiken, Überzeugungen sowie Arbeitsbeziehungen der Professionellen in ihren Einzelschulen mit je spezifischer Entwicklungsgeschichte. Die Steigerung der Professionalität im Handlungsfeld der Kooperation ist folglich nicht „reduziert" auf den Zugewinn individueller pädagogischer Kompetenz oder Selbstreflexivität, sondern gleichsam bezogen auf eine Anpassung organisatorischer Strukturen und die Entwicklung einer entsprechenden Kultur innerhalb der Schule. Kooperation erscheint als professionelles Handlungsfeld nicht professionalisiert bei den Lehrkräften. Es gilt einen zielgerichteten und kontinuierlichen Prozess der Einstellungs- und Kompetenzerweiterung in Bezug auf kollegiale Kooperation und in der Auseinandersetzung mit den entsprechenden Anforderungen herbeizuführen. Die für eine strukturierte Zusammenarbeit im Team benötigten Handlungskompetenzen müssen erst von den Akteuren angeeignet werden. Hierzu bedarf es eigener Qualifikationsbemühungen, um den Lehrkräften die Möglichkeit zu bieten, die benötigten Einstellungsvoraussetzungen und Verfahrenskenntnisse zu entwickeln.

Für den Lehrerberuf als organisatorisch gerahmte Profession ist Kooperation ein Professionalisierungsdesiderat, das sich gleichermaßen im professionellen Deutungsmuster (Kooperationsverständnis) wie im professionellen Handlungsmuster (Kooperationspraxis) manifestiert.

Ad 3) Kooperation als Strategie der Professionalisierung

Der Begriff Professionalisierung markiert sowohl den Prozess als auch das Ergebnis der gezielten und kontinuierlichen Reflexion der eigenen beruflichen Erfahrungen und des professionellen Wissens.

In der kollegialen Kooperation können Lehrkräfte eine Professionalisierung der eigenen Tätigkeit erfahren, insofern sich ihnen ein Gestaltungsraum eröffnet, innerhalb dessen eine kooperativ-reflexive Bearbeitung des konstitutiven Widerspruchscharakters ihrer Berufstätigkeit möglich wird. Kooperationszusammenhänge können als Entlastungsstrukturen greifen, die es in institutionalisierter Form bislang an Schulen kaum gibt. Die Möglichkeit sich regelmäßig kollegial über die eigene Alltagspraxis und die täglichen beruflichen Herausforderungen zu unterhalten, ist bspw. gymnasial kaum gegeben. Dabei sind affektiv geprägte Gespräche über die subjektiven Erfahrungen nur eine Dimension einer möglichen Professionalisierung. Zugleich können Inhalte und Theoriewissen ausgetauscht und ko-konstruktiv weiterenwicklt werden. Kooperation kann damit auf handlungspraktischer Ebene als Raum der gegenseitigen kollegialen Qualifizierung genutzt werden. Kooperation darf jedoch nicht übergriffig für die einzelne Lehrkraft werden, denn dadurch entsteht die Gefahr der Deprofessionalisierung. Kooperation im Lehrerberuf muss diesbezüglich nach wie vor spannungsreich

gesehen werden, denn sie kann in Bezug auf die Professionalität ebenso als Stabilisierung wie als Belastung wirken.

6.4 Implikationen für Forschung und Praxis

Das fallorientierte, rekonstruktive Vorgehen in der vorliegenden Studie vermag
gleichermaßen für Forschung und Praxis eintragreich sein. Anhand von konkreten Fällen kann durch den mikroskopischen Blick ein Beitrag zur Forschung über
Lehrerkooperation geleistet werden, indem spezifische Kooperationsformate und
-strukturen sowie mit diesen assoziierte Probleme analysiert und als Verhältnisbestimmung zwischen Profession und Kooperation im Lehrerberuf abstrahiert
werden. Zugleich kann ein Beitrag zur Entwicklung der Praxis geliefert werden,
indem gezielte Qualifikationsbemühungen abgeleitet und eine grundsätzliche
Perspektivänderung angeregt wird. Die Gewinne der Studie für Theoriebildung
und Praxis wurden im Wesentlichen bereits im vorherigen Kapitel offensichtlich.
An dieser Stelle erfolgt zur Verdeutlichung eine exemplarische Fokussierung auf
einzelne Implikationen für Forschung und Praxis.

Die Forschung und Diskussion über Lehrerkooperation ist nach wie vor
durch eine starke normative Programmatik bestimmt. Die zielorientierte Zusammenarbeit von Lehrkräften wird geradezu als Breitbandantibiotikum hochstili-
siert. Die Gefahr bei der programmatischen Debatte ist die Verkürzung des Ver-
ständnisses der Lehrerkooperation als reine Sozialtechnologie. Das zeigt sich
insbesondere in den entsprechenden Forschungsarbeiten und der damit verbundenen Operationalisierung. Daraus resultierend findet sich nach wie vor kaum
gesichertes Wissen über die Kooperation von Lehrkräften. Ein solches wäre
jedoch notwendig, um genau bestimmen zu können, wann Kooperation als sinnvoll erachtet werden kann und vor allen Dingen wie sie angeregt werden kann.
Als erstrebenswert erscheinen weitere Forschungsbemühungen, die die perfor-
mative Konstruktion der Zusammenarbeit in verschiedenen institutionellen Formen der Lehrerkooperation in den Blick nehmen.

Sowohl innerhalb der Forschung als auch innerhalb der Praxis sollte eine
Idealisierung der Kooperation als Allheilmittel für schulische Probleme und
Herausforderungen vermieden werden. Letztlich können die realisierten Koope-
rationen im Hinblick auf die Sicherung der professionellen Autonomie der einzelnen Lehrkraft auf individueller, Gruppen- und Schulebene sehr unterschiedlich sein. Innerhalb der Forschung kann dies nur durch Forschungsmethoden mit
Einzelfallbezug rekonstruiert werden.

Die vorgenommene Verhältnisbestimmung von Profession und Kooperation
im Lehrerberuf hat deutliche Verschränkungen aufgezeigt. Lehrerkooperation

muss als professionelle Tätigkeit und insbesondere berufliche Entwicklungsaufgabe betrachtet werden. Wichtig erscheint mit den damit verbundenen Anforderungen offensiv umzugehen. Dass Kooperation im Lehrerberuf bereits in Ansätzen als professionelle Tätigkeit konzeptioniert ist, zeigt sich anhand von Beratungs- und Unterstützungsangeboten an Schulen. War die klassische Schulpsychologie weitestgehend individualistisch angelegt, bspw. bezogen auf Lehrergesundheit oder Schülerabweichung, ist der Großteil der „Unterstützungssysteme" näher an die Organisation Schule herangerückt (Schulentwicklungsmoderation, Organsationsentwicklung und Schulsozialarbeit sind Beispiele für neue, veränderte Konzepte). Weitere Qualifikationsbemühungen und Berücksichtigungen der Kooperation als Element der pädagogischen Berufstätigkeit in der Schule erscheinen wünschenswert.

Ein spezifisches Professionalisierungsdesiderat der Kooperation unter Lehrkräften liegt in der Anforderung, Formen einer anspruchsvollen sachbezogenen Entwicklungsarbeit zu finden, die einerseits Reflexionspausen und andererseits die notwendigen organisationalen Ressourcen für sich reklamiert. Nur unter diesen organisatorisch und individuell herzustellenden Bedingungen erscheinen die als Ideal postulierten Formen der Lehrerkooperation im Sinne einer gemeinsamen Kokonstruktionen möglich zu sein.

Die Sicherung der Kooperation im Lehrerberuf ist jedoch nicht nur eine professionelle Herausforderung für die einzelne Lehrkraft und damit eine berufsethische Frage. Zugleich gilt es innerhalb der Organisation Schule formale Mechanismen als organisatorische Vorkehrungen zur Sicherung der Kooperation zu treffen, bspw. durch die Delegation bestimmter Lehrkräfte, das Festlegen bestimmter Verordnungswege und die Schaffung von Räumen und Zeiten für Kooperation.

Literaturverzeichnis

Altrichter, H./Eder, F. (2004): Das "Autonomie-Paritätsmuster" als Innovationsbarriere? In: Holtappels, H. G. (Hrsg.): Schulprogramme – Instrumente der Schulentwicklung. Weinheim, S. 195-221

Ashton, P. T. & Webb, R. B. (1986). Making a difference. Teachers' sense of efficacy and student achievement. New York

Bastian, J./Combe, A./Reh, S. (2002): Professionalisierung und Schulentwicklung. In: Zeitschrift für Erziehungswissenschaft. Jg. 5. Heft 3, S. 417-435

Bauer, K.-O. (2008): Lehrerinteraktion und -kooperation, in: Böhme, J./Helsper, W. (Hrsg.): Handbuch Schulforschung. Wiesbaden, S. 839-856

Bauer, K.-O./Kopka, A. (1996): Wenn Individualisten kooperieren. Blicke in die Zukunft der Lehrerarbeit. In: Rolff, Hans-Günter; Bauer, Karl-Oswald; Klemm, Klaus und Pfeiffer, Hermann (Hrsg.): Jahrbuch der Schulentwicklung. Band 9. Weinheim/München, S. 143-186

Baum, E./Bondorf, N./Hamburger, F. (2007): „und da wir ja gerne effektiv arbeiten" – über Strukturprobleme der schulischen Selbststeuerung. In: Graßhoff, G./Höblich, D./Idel, T.-S./Kunze, K./Stelmaszyk, B. (Hrsg.): Reformpädagogik trifft Erziehungswissenschaft. Mainz, S. 297-308

Baumert, J./Kunter, M. (2006): Stichwort: Professionelle Kompetenz von Lehrkräften. In: Zeitschrift für Erziehungswissenschaft 9. Heft 4, S. 469-520

Berkemeyer, N./Brüsemeister, T./Feldhoff, T. (2007): Steuergruppen als intermediäre Akteure in Schulen. Ein Modell zur Verortung schulischer Steuergruppen zwischen Organisation und Profession. In: Berkemeyer, N./Holtappels, H. G. (Hrsg.): Schulische Steuergruppen und Change Management. Theoretische Ansätze und empirische Befunde zur schulinternen Schulentwicklung. Weinheim/München, S. 61-84

Bohnsack, R. (2008): Rekonstruktive Sozialforschung. Einführung in qualitative Methoden. Opladen

Boller, S. (2009): Kooperation in der Schulentwicklung. Wiesbaden

Bonsen, M./Rolff, H.-G. (2006): Professionelle Lerngemeinschaften von Lehrerinnen und Lehrern. In: Zeitschrift für Pädagogik. 52. Jg. Heft 2, S. 167-184

Böttcher, W./Terhart, E. (Hrsg.) (2004): Organisationstheorie in pädagogischen Feldern. Analyse und Ausgestaltung. Wiesbaden

Breiter, A. (2002): Wissensmanagementsysteme in Schulen oder: wie bringe ich Ordnung ins Chaos? o. O. Verfügbar unter: http://www.medienpaed.com/02-2/breiter1.pd. Abgerufen am 10.04.2011

Buhren, C./Killus, D./Kirchhoff, D./Müller, S. (2001): Qualitätsindikatoren für Schule und Unterricht. Ein Arbeitsbuch für Kollegien und Schulleitungen. Dortmund

Butler, D. L./Novak Lauscher, H./Jarvis Selinger, S./Beckingham, B. (2004): Collaboration and self-regulation in teachers' professional development. In: Teaching and Teacher Education. Heft 20, S. 435 - 455

Clement, M./Vandenberghe, R. (2000): Teachers' professional developement. A solitary or collegial (ad)venture? In: Teaching and Teacher Education. Heft 16, S. 81-101

Combe, A/Helsper, W. (1991): Hermeneutische Ansätze in der Jugendforschung: Überlegungen zum fallrekonstruktiven Modell erfahrungswissenschaftlichen Handelns. In: dies. (Hrsg.): Hermeneutische Jugendforschung – Theoretische Konzepte und methodologische Ansätze. Opladen, S. 231-258.

Combe, A./Helsper, W. (1996) (Hrsg.): Pädagogische Professionalität. Untersuchungen zum Typus pädagogischen Handelns. Frankfurt am Main, S. 448-471

Dalin (1986): Organisationsentwicklung als Beitrag zur Schulentwicklung. Innovationsstrategien für die Schule. Paderborn

DESI-Konsortium (Hrsg.) (2006): Unterricht und Kompetenzerwerb in Deutsch und Englisch. Ergebnisse der DESI-Studie. Frankfurt am Main

Dieckmann, K./Höhmann, K./Tillmann, K. (2008): Schulorganisation, Organisationskultur und Schulklima an ganztägigen Schulen. In: Holtappels, H.-G./Klieme, E./Rauschenbach, T./Stecher, L. (Hrsg.): Ganztagsschule in Deutschland. Ergebnisse der Ausgangserhebung der „Studie zur Entwicklung von Ganztagsschulen" (StEG). Weinheim, S. 164-185

Esslinger, I. (2002): Berufsverständnis und Schulentwicklung: ein Passungsverhältnis? Eine empirische Untersuchung zu schulentwicklungsrelevanten Berufsauffassungen von Lehrerinnen und Lehrern. Bad Heilbrunn

Esslinger-Hinz, I. (2003): Kooperation ist nicht gleich Kooperation. Qualitative Unterschiede bei Kooperationshandlungen. In: Schulmanagement: die Zeitschrift für Schulleitung und Schulpraxis. Heft 2/2003. München u.a., S. 14-17.

Feldhoff, T./Kanders, M./Rolff, H.-G. (2008): Kooperation im Kollegium. In: Holtappels, H.G./Klemm, K./Rolff, H.-G. (Hrsg.): Schulentwicklung durch Gestaltungsautonomie. Münster, S. 167-173

Fend, H. (1986): Gute Schulen - schlechte Schulen. Die einzelne Schule als pädagogische Hand lungseinheit. In: Die Deutsche Schule. Heft 3/1986, S. 275-293

Feuser, G./Meyer, H. (1987): Integrativer Unterricht in der Grundschule: ein Zwischenbericht. Solms-Oberbiel

Fielding, N./Schreier, M-. (2001): Introduction. On the Compatibility between Qualitative and Quantitative Research Methods. In: Forum Qualitative Sozialforschung. Heft 1/2001. Verfügbar über: http://www.qualitative-research.net/index.php/fqs/article/view/965/2107. Abgerufen am 10.02.2009

Flick, U./von Kardorff, E./Steinke, I. (2007) (Hrsg.): Was ist qualitative Forschung? Einleitung und Überblick. In: dies.: Qualitative Forschung. Ein Handbuch. Reinbek, S. 13-29

Flick, U. (2002): Qualitative Sozialforschung. Eine Einführung. Reinbek.

Flick, U. (2004): Triangulation. Eine Einführung. Wiesbaden

Fuchs, H. W. (2004): Schulentwicklung und Organisationstheorie. Welche Erklärungskraft besitzt die Bürokratietheorie heute? In: Böttcher, W./Terhart, E. (Hrsg.): Organisationstheorie in pädagogischen Feldern. Analyse und Ausgestaltung. Wiesbaden, S. 206-220

Fullan, M. G. (1999): Die Schule als lernendes Unternehmen. Stuttgart.

Fussangel, K. (2008): Subjektive Theorien von Lehrkräften zur Kooperation. Eine Analyse der Zusammenarbeit von Lehrerinnen und Lehrern in Lerngemeinschaften. Wuppertal. Verfügbar unter: http://elpub.bib.uni-wuppertal.de/servlets/DerivateServlet/Derivate-1129/dg0802.pdf. Abgerufen am: 10.07.2010

Fussangel, K./Dizinger, V./Böhm-Kasper, O./Gräsel, C. (2010): Kooperation, Belastung und Beanspruchung von Lehrkräften an Halb- und Ganztagsschulen. In: Unterrichtswissenschaft. Heft 38(1), S. 51-67

Gamoran, A./Secada, W./Marett, C. B. (2000): The Organizational Context of Teaching and Learning. Changing Theoretical Perspectivs. In: Hallinan, M. T. (Hrsg.): Handbook of Sociology of Education. New York, S. 37-63

Gehrmann, A. (2003): Der professionelle Lehrer. Muster der Begründung. Empirische Rekonstruktionen. Opladen

Glassman, R. B. (1973): Persistence and loose coupling in living systems. In: Behavioral Science. Heft 18, S. 83-98. Verfügbar unter: http://hvass.nu/s2/artikler/teori/organisatorisk/Glasman_Behavioral%20Science%201973.pdf. Abgerufen am 02.04.11

Gräsel (2010): Professionelle Kooperation von Lehrkräften: Erwartungen und empirische Ergebnisse. Hauptvortrag der Tagung „Kollegiale Kooperation in der Schule. Analysen eines Postulats und seiner Realität, Mainz

Gräsel, U./Fussangel, K./Pröbstel, C. (2006): Lehrkräfte zur Kooperation anregen – eine Aufgabe für Sisyphos. In: Zeitschrift für Pädagogik. 52. Jg. Heft 2. Weinheim, S. 205-219

Gräsel, U./Parchmann, I. (2004): Implementationsforschung – oder: der steinige Weg, Unterricht zu verändern. In: Unterrichtswissenschaft. Zeitschrift für Lernforschung. Heft 3, S. 146-214

Graßhoff, G. (2008): Zwischen Familie und Klassenlehrer. Pädagogische Generationenbeziehungen jugendlicher Waldorfschüler. Wiesbaden

Grice, H. P. (1993): Logik und Konversation. In: Meggle, G. (Hrsg.): Handlung, Kommunikation, Bedeutung. Frankfurt am Main, S. 243-265

Halbheer, U./Kunz, A./Maag Merki, K. (2008): Kooperation zwischen Lehrpersonen in Züricher Gymnasien. Eine explorative Fallanalyse zum Zusammenhang zwischen kooperativen Prozessen in Schulen und schulischen Qualitätsmerkmalen. In: Zeitschrift für Soziologie der Erziehung und Sozialisation. 28. Jg. (1). S. 19-35

Hargreaves, A. (1994): Changing teachers, changing times. Teachers work and culture in the postmodern age. New York

Heeg, F. J./Sperga, M. (1999): Individuelle Kommunikations- und Kooperationskompetenz. In: Heeg, F. J./Kleine, G. (Hrsg.) (1999): Kommunikation und Kooperation. Bremer Schriften zu Betriebstechnik und Arbeitswissenschaft. Band 23. Aachen, S. 13-26

Helmke, A. (2003): Unterrichtsqualität – erfassen, bewerten, verbessern. Seelze

Helsper, W./Busse, S./Hummrich, M./Kramer, R.-T. (Hrsg.) (2008): Pädagogische Professionalität in Organisationen. Neue Verhältnisbestimmungen am Beispiel der Schule. Wiesbaden

Hericks, U. (2006): Professionalisierung als Entwicklungsaufgabe. Rekonstruktionen zur Berufseinstiegsphase von Lehrerinnen und Lehrern. Wiesbaden

Herzmann, P. (2001): Professionalisierung und Schulentwicklung: Eine Fallstudie über veränderte Handlungsanforderungen und deren kooperative Bearbeitung. Opladen

Herzog, W. (2009): Schule und Schulklasse als soziale Systeme. In: Becker, R. (Hrsg.): Lehrbuch der Bildungssoziologie. Opladen, S. 155-194

Holtappels, H. G. (1995): Schulkultur und Innovation – Ansätze, Trends und Perspektiven der Schulentwicklung. In: ders. (Hrsg.): Ansätze und Wege schulischer Erneuerung. Neuwied, S. 6-37

Idel, T.-S. (2007): Waldorfschule und Schülerbiographie. Fallrekonstruktionen zur lebensgeschichtlichen Relevanz anthroposophischer Schulkultur. Wiesbaden

Idel, T.-S./Baum, E./Bondorf, N. (im Erscheinen): Wie Lehrkräfte kollegiale Kooperation gestalten. Potenziale einer fallorientierten Prozessforschung in Lehrergruppen. In: Huber, S. G./Ahlgrimm, F. (Hrsg.): Kooperation in der Schule. Münster

Jourard, S. M. (1971): Self Disclosure: An Experimental Analysis of the Transparent Self. Wiley

Kelchtermans, G. (2006): Teacher collaboration and collegiality as workplace conditions. In: Zeitschrift für Pädagogik. 52. Jg. Heft 2, S. 220-237

Kelle, U. (2001): Sociological Explanations between Micro and Macro and the Integration of Qualitative and Quantitative Methods, in: Forum Qualitative Social Research. Heft 1/2001. Verfügbar über: http://www.qualitative-research.net/fqs-texte/1-01/1-01kelle-e.htm. Abgerufen am 10.02.2009

Kieserling, A. (1999): Kommunikation unter Anwesenden. Studien über Interaktionssysteme. Frankfurt am Main

Kolbe, F.-U./Reh, S. (2008): Kooperation unter Pädagogen. In: Coelen, T./Otto, H.-U. (Hrsg.): Grundbegriffe Ganztagsbildung. Das Handbuch. Wiesbaden, S. 799-808

Kraimer, K. (Hrsg.) (2000): Die Fallrekonstruktion. Sinnverstehen in der sozialwissenschaftlichen Forschung, Frankfurt am Main

Krainz-Dürr, M. (1999): Wie kommt Lernen in die Schule? Zur Lernfähigkeit der Schule als Organisation. Innsbruck

Kuper, H. (2001): Organisationen im Erziehungssystem. Vorschläge zu einer systemtheoretischen Revision des erziehungswissenschaftlichen Diskurses über Organisationen. In: Zeitschrift für Erziehungswissenschaft. Heft 4(1), S. 83-106

Kuper, H. (2008): Entscheiden und Kommunizieren. Eine Skizze zum Wandel schulischer Leitungs- und Partizipationsstrukturen und den Konsequenzen für die Lehrerprofessionalität. In: Helsper, W./Busse, S./Hummrich, M./Kramer, R.-T. (Hrsg.) (2008): Pädagogische Professionalität in Organisationen. Neue Verhältnisbestimmungen am Beispiel der Schule. Wiesbaden. S. 149-162

Lave, J./Wenger, E. (1991): Situated learning: Legitimate peripheral participation. New York

Little, J. W. (1990): The persistence of privacy: Autonomy and initiative in teachers' professional relations. In: Teachers College Record. 91(4), S. 509-536

Little, J. W. (2003): Inside teacher community: Representations of classroom practice. In: Teachers College Record. 105(6), S. 913-946

Lortie, D. C. (1972): Team Teaching. Versuch der Beschreibung einer zukünftigen Schule. In: Dechert, H.-W. (Hrsg.): Team Teaching in der Schule. München, S. 37-76

Lortie, D. C. (1975): Schoolteacher: A sociological study. Chicago

Luhmann, N. (2000): Organisation und Entscheidung. Wiesbaden

Luhmann, N. (2002): Das Erziehungssystem der Gesellschaft. Frankfurt am Main

March, J. G./Olsen, J. P. (1975): Choice Situations in Loosely Coupled Worlds. Unveröffentlichtes Manuskript. Stanford

McLaughlin, W. M./Talbert J. E. (2006): Building School-Based Teacher Learning Communities. Professional Strategies to Improve Student Achievement. New York

Mannheim, K. (1980): Strukturen des Denkens. Frankfurt am Main

Nohl, A.-M. (2006): Interview und dokumentarische Methode. Anleitungen für die Forschungspraxis. Wiesbaden

Oevermann, U. (1981): Fallrekonstruktionen und Strukturgeneralisierung als Beitrag der objektiven Hermeneutik zur soziologisch strukturtheoretischen Analyse. Unveröffentlichtes Manuskript. Frankfurt am Main. Verfügbar unter: http://publikationen.ub.uni-frankfurt.de/volltexte/2005/537/pdf/Fallrekonstruktion-1981.pdf. Abgerufen am 21.01.2011

Oevermann, U. (1993): Die objektive Hermeneutik als unverzichtbare methodologische Grundlage für die Analyse von Subjektivität. Zugleich eine Kritik der Tiefenhermeneutik. In: Jung, T./Müller-Doohm, S. (Hrsg.): „Wirklichkeit im Deutungsprozess. Verstehen und Methoden in den Kultur- und Sozialwissenschaften. Frankfurt am Main, S. 106-189

Oevermann, U. (1996): Konzeptualisierung von Anwendungsmöglichkeiten und praktischen Arbeitsfeldern der objektiven Hermeneutik (Manifest der objektiv hermeneutischen Sozialforschung). Unveröffentlichtes Manuskript, Frankfurt am Main

Oevermann, U. (2000): Die Methode der Fallrekonstruktion in der Grundlagenforschung sowie der klinischen und pädagogischen Praxis. In: Kraimer, K. (Hrsg.): Die Fallrekonstruktion. Sinnverstehen in der sozialwissenschaftlichen Forschung. Frankfurt am Main, S.58-156

Oevermann, U. (2008): Profession contra Organisation? Strukturtheoretische Perspektiven zum Verhältnis von Organisation und Profession in der Schule. In: Helsper, W./Busse, S./Hummrich, M./Kramer, R.-T. (Hrsg.): Pädagogische Professionalität in Organisationen. Neue Verhältnisbestimmungen am Beispiel der Schule. Wiesbaden, S. 55-77

Popitz, H./Bahrdt, H. P./Jüres, E. A./Kesting, H. (1957): Technik und Industriearbeit. Tübingen

Popp, S. (1998): Bedingungen kollegialer Kooperation in der Schule. Empirische Befunde und mögliche Konsequenzen. In: dies. (Hrsg.): Grundrisse einer humanen Schule. Festschrift für Rupert Vierlinger. Innsbruck u.a., S. 357-383

Pröbstel, C. H. (2008): Lehrerkooperation und die Umsetzung von Innovationen. Eine Analyse der Zusammenarbeit von Lehrkräften aus der Perspektive der Bildungsforschung und der Arbeits- und Organisationspsychologie. Berlin

Przyborski, A. (2004): Gesprächsanalyse und dokumentarische Methode. Qualitative Auswertung von Gesprächen, Gruppendiskussionen und anderen Diskursen. Wiesbaden

Przyborski, A./Wohlrab-Sahr, M. (2008): Qualitative Sozialforschung. München

Reh, S. (2008): „Reflexivität der Organisation" und Bekenntnis Perspektiven der Lehrerkooperation. In: Helsper, W./Busse, S./Hummrich, M./Kramer, R.-T. (Hrsg.): Pädagogische Professionalität in Organisationen. Neue Verhältnisbestimmungen am Beispiel der Schule. Wiesbaden, S. 163-183

Reh, S./Breuer, A. (2008): Ganztagsschule als Schule entwickeln – Bedingungen und Möglichkeiten der Kooperation mit der Jugendarbeit. In: Senatsverwaltung für Bildung, Wissenschaft und Forschung (Hrsg.): Bildung für Berlin. Berlin 2008, S. 39-42.

Reh, S./Schelle, C. (2004): Fallorientierte Schulentwicklungsforschung – Was Schulen dabei über sich erfahren können. In: Ackermann, H./Rahm, S. (Hrsg.): Kooperative Schulentwicklung. Wiesbaden, S. 249-267

Reichertz, J. (1995): Die objektive Hermeneutik – Darstellung und Kritik. In: König, E./Zedler, P. (Hrsg.): Bilanz qualitativer Forschung. Band 2: Methoden. Weinheim, S. 379-423

Reichertz, J. (2007): Objektive Hermeneutik und hermeneutische Wissenssoziologie. In: Flick, U./von Kardorff, E./Steinke, I.(Hrsg.): Qualitative Forschung. Ein Handbuch. Reinbek bei Hamburg, S. 514-524

Rolff, H.-G. (1991): Schulentwicklung als Entwicklung von Einzelschulen? In: Zeitschrift für Pädagogik. 37. Jg., Heft 6. Weinheim, S. 865-886

Rolff, H.-G. (2001): Professionelle Lerngemeinschaften. Eine wirkungsvolle Synthese von Unterrichts- und Personalentwicklung. In: Buchen, H./Horster, L./Rolff, H.-G. (Hrsg.): Schulleitung und Schulentwicklung. Berlin, D 6.5, S. 1-14

Rolff, H.-G./Haase, S. I. (1980): Schulleitungstätigkeiten und Organisationsklima. In: Rolff, H.-G.: Soziologie der Schulreform. Theorien – Forschungsberichte – Praxisberatung. Weinheim und Basel

Rolff, H.-G./Steinweg, A. (1980): Realität und Entwicklung von Lehrerkooperation. In: Rolff, H.-G. (Hrsg.): Soziologie der Schulreform. Weinheim, S. 113-129

Rosenholtz, S. J. (1991): Teachers' Workplace: The Social Organization of Schools. New York: Teachers College Press

Rothland, M. (2007): Belastung und Beanspruchung im Lehrerberuf. Modelle, Befunde, Interventionen. Wiesbaden

Rothland, M. (2007a): Wann gelingen Unterrichtsentwicklung und Kooperation? In: Becker, G./Feindt, A./Meyer, H./Rothland, M./Städel, L./Terhart, E. (Hrsg.): Guter Unterricht. Maßstäbe & Merkmale – Wege & Werkzeuge. Friedrich Jahresheft XXV 2007. Seelze, S. 90-94

Schley, W. (1998): Teamkooperation und Teamentwicklung in der Schule. In: Altrichter, H./Schley, W./Schratz, M. (Hrsg.): Handbuch zur Schulentwicklung. Innsbruck, S. 111-159

Schründer-Lenzen, A. (2003): Triangulation und idealtypisches Verstehen in der (Re)Konstruktion subjektiver Theorien. In: Friebertshäuser, B./Prengel, A. (Hrsg.): Handbuch qualitative Forschungsmethoden in der Erziehungswissenschaft. Weinheim u.a., S. 107-117

Schneider, W.-J. (2009): Grundlagen der soziologischen Theorie. Bd. 3: Sinnverstehen und Intersubjektivität – Hermeneutik, funktionale Analyse, Konversationsanalyse und Systemtheorie. Wiesbaden

Schümer, G. (1992): Unterschiede in der Berufsausübung von Lehrern und Lehrerinnen. In: Zeitschrift für Pädagogik. Jg. 38. Heft 5. Weinheim, S. 655-679

Schweizer, K./Klieme, E. (2005): Kompetenzstufen der Lehrerkooperation. Ein empirisches Beispiel für das Latent-Growth-Curve-Modell. In: Psychologie in Erziehung und Unterricht. Heft 1. München, S. 66-79

Sennett, R. (2008): Verfall und Ende des öffentlichen Lebens: Die Tyrannei der Intimität. Berlin

Senge, P./Cambron-McCabe, N./Lucas, T./Smith, B./Dutton,J./Kleiner, A. (2000): Scools that learn. London

Shulman, L. S. (1998): Theory, Practice, and the Education of Professionals. In: The Elementary School Journal, Jg. 98. Heft 5. Chicago. S. 511-526

Soltau, A. (2007): Zusammenarbeit in Schulkollegien. Teamorientierung und Einstellungen zu Formen der Lehrerkooperation bei Bremer Lehrkräften. Bremen. Verfügbar unter:
http://elib.suub.uni-bremen.de/dipl/docs/00000080.pdf. Abgerufen am 14.05.2011
Spieß, E. (2007): Kooperation und Konflikt. In: Schuler, H./Sonntag, K. (Hrsg.): Handbuch der
Arbeits- und Organisationspsychologie. Göttingen, S. 339-347
Steinert, B./Klieme, E./Maag Merki, K./Döbrich, P./Halbheer, U./Kunz, A. (2006): Lehrerkooperati-
on in der Schule: Konzeption, Erfassung, Ergebnisse. In: Zeitschrift für Pädagogik. 52. Jg. Heft
2. Weinheim, S. 185-204
Terhart, E. (1996): Berufskultur und professionelles Handeln bei Lehrern. In: Combe, A./Helsper, W.
(Hrsg.): Pädagogische Professionalität. Untersuchungen zum Typus pädagogischen Handelns.
Frankfurt am Main, S. 448-471
Terhart, E. (2001): Lehrerberuf und Lehrerbildung. Forschungsbefunde, Problemanalysen, Reform-
konzepte. Weinheim u.a.
Terhart, E./Klieme, E. (2006): Kooperation im Lehrerberuf – Forschungsprobleme und Gestaltungs-
aufgabe. In: Zeitschrift für Pädagogik. Bd. 52. Heft 2. Weinheim, S. 163-166
Terhart, E./Klieme, E. (2008): Kooperation im Lehrerberuf. In: Schulentwicklung. Auf dem Weg zur
Ganztagsschule. Verfügbar unter: http://www.ganztaegig-lernen.de/www/web733.aspx. Abge-
rufen am 10.12.2011
Tuomela, R. (2002): The Philosophy of Social Practices: A Collective Acceptance View. Cambridge
Ulich, K. (1996): Beruf Lehrer/in. Arbeitsbelastung, Beziehungskonflikte, Zufriedenheit. Weinheim
u. a.
Ullrich, H./Idel, T.-S. (im Erscheinen): „Wir sind der Fels in der Brandung". Eine Fallstudie über
Teamkooperation und kollegiale Selbstverwaltung in Freien Waldorfschulen. In: Baum, E./Idel,
T.-S./Ullrich, H. (Hrsg.): Kollegialität und Kooperation in der Schule. Theoretische Konzepte
und empirische Befunde. Wiesbaden
Weick, K. E. (1976): Educational Organizations as Loosely Coupled Systems. In: Administrative
Science Quarterly. Jg. 21. New York, S. 1-19
Weick, K. E. (1982): Administering Education in Loosely Coupled Schools. In: The Phi Delta Kap-
pan. Bd. 63, Heft 10. Bloomington, S. 673-676
Weick, K. E. (2009): Bildungsorganisationen als lose gekoppelte Systeme. In: Koch, S./Schemmann,
M. (Hrsg.): Neo-Institutionalismus in der Erziehungswissenschaft. Grundlegende Texte und
empirische Studien. Wiesbaden, S. 85-109
Wellendorf, F. (1967): Teamarbeit in der Schule. In: Die Deutsche Schule. H. 59, S. 518-528
Wenger, E. (1998): Communities of practice – Learning as a social system. In: The Systems Thinker.
Bd. 9. Heft 5. Waltham, S. 1-10
Wenger, E. (1999): Communities of practice. Learning, meaning and identity. Cambridge
Wenger, E./McDermott, R./Snyder, W. (2002): Cultivating Communities of Practice. Boston
Wernet, A. (2000): Einführung in die Interpretationstechnik der Objektiven Hermeneutik. Opladen